JN121611

口絵 1. 発光生物の進化系統樹（本文 9 頁）。白抜き文字に●があるのは発光種を含む分類群。このうち、セレンテラジンを基質として発光している種を含む分類群は●とした。樹形は比較的広く認められているものを基本的に採用している。ウミグモに発光種がいるかどうかはまだはっきりしない。

口絵 2. 発光カタツムリ（本文 27 頁）
出典：大場裕一撮影

口絵 3. 発光キノコ（本文 28 頁）
シイノトモシビタケ　出典：山下崇撮影

生態系の
情報世界

Ecosystem
Information
World

光る生き物の科学

発光生物学への招待

大場裕一
Yuichi Oba

日本評論社

◆ 生態系の情報世界 ◆

[発刊趣旨]

ある生物が他の生物をどのようにみているかは、その生物が主にどんな情報を手がかりに外界を認識しているかにかかっている。生物が生態系のなかで進化してきたことを考えるとき、生態系はさながら各種の情報網が「生物」という陰影をかたちづくる「情報世界」といってよいであろう。本シリーズでは、「光」（視覚）、「音・振動」（聴覚）など各種の情報に即して進化してきたさまざまな生物を取り上げ、その特徴的な交信システムを通して垣間見える、もうひとつの「世界観」を紹介していきたい。

はじめに

はじまりは好奇心

　生き物が光を放つ——なんと驚くべき現象だろう。この不思議な発光生物の存在に、世界中の人びとは古くから特別な関心を寄せてきた。例えば日本では、平安時代の『枕草子』や『源氏物語』にホタルが登場し、江戸時代から明治時代の浮世絵にも庶民がホタル見物に興じるようすが多く描かれている（図1）。そして現在も、ヤコウチュウの青く光るカリフォルニアの海でサーフィンに興ずる若者の姿や、オーストラリアの巨大発光キノコに虫が集まるタイムラプス動画などがネットに投稿されると、世界中から閲覧コメントが集まってしばしば大きな話題となる。このように、人間にとって発光する生物は、洋の東西を問わずいつの時代も好奇の対象であったことはまちがいない。

　当然ながら、こうした生物の発光現象は、生物学者のみならず、化学者や物理学者まで、世界じゅうの科学者たちをも魅了した。ある科学者は本業の片手間に、またある科学者は生涯をささげて発光生物の謎に取り組んだ。不思議だから知りたい——すなわち発光生物研究の源流は、好奇心に衝き動かされて行う「好奇心駆動型」の科学（⇔「使命達成型」の科学）の典型だったといってよいだろう。もっとも、発光生物の研究者の誰もが、その後のいつの時代も発光生物の魅力に虜だったわけではない。発光生物が金のなる木（業績の出せるネタ）だとわかるや、クラゲやホタルの光る様子を一度も見たことがない研究者が一斉にこの分野に群がり、そして先が見え始めたと思うとまだ何処かカネ目のありそうな分野へと去っていった。こうした発光生物の学問をとりまく歴史的な変容も、また追って紹介していこう。

図1. 月岡芳年『風俗三十二相 うれしさう』1888 年。薄衣姿の
娘がホタルを捕まえて嬉しそうにしているさまには、いかにも日
本らしい風情がある。
出典：著者個人蔵

本書の構成

　本書は、科学の対象としての発光生物、すなわち「発光生物学」の過去から
ポストゲノム時代の現在までを、既存の一般書にある表面的な記述から一歩踏
みこんで体系的に紹介したこれまでにない新しい本である。

　序章では、まず発光生物の研究の歴史を大まかにたどりながら、本書の主題
である進化を主軸とした「発光生物学」の位置づけを明確にする。なお、本書
は歴史の本ではないので、発光生物学の詳細な科学史は扱わない[1]。そのかわ
り次の間章では、本書で何度も登場することになる 4 人の「発光生物学のレジ
ェンド」について、その横顔を紹介しよう。

　続く第 1 部「発光生物学概論」では、「発光生物の定義」（第 1 章）、「発光生
物の博物学」（第 2 章）、「生息環境と発光の意義」（第 3 章）、「光のコントロー
ル」（第 4 章）、「発光メカニズム、自力と他力」（第 5 章）と題して、発光生物

とは何か、発光生物は何種くらいいるのか、それはどこにいるのか、発光の役割は何か、といった発光生物全体にわたる基礎知識を読者と共有する。

　後半の第2部「発光生物たちの進化劇」では、本書の特色である進化的側面に関する最近の発見の中から私が力を入れて研究をしてきた3つのトピックスを章に分けて取り上げ（第6、7、8章）、最後に私の考える発光生物学について総括を試みる（終章）。これらは他の章とは異なり、研究者としての私がリアルタイムに解き明かしてきた問題を紹介するので、本書の中でも最もオリジナリティーの高いパートになるだろう。自説の妥当性を読者に判断できるよう内容がより高度で専門的な詳細にまで及ぶので、生物学の初学者にはやや難解かもしれないがその点はご容赦いただきたい。それでも、できるだけ平易な説明を心がけたつもりである。

　その他に、本論からは外れるが面白いと思われる発光生物に関する話題は「発光生物こぼれ話」として、本論よりも深く追求したいトピックスは「発光生物トピックス」として、本文と切り分けて挿入した。補足が必要と思われる専門用語に対しては、用語解説のコラムも別に設けている。また、さらに深く追求したい読者のために註釈を多めに付けたので、興味の湧いたところだけでも各章末の説明を参照していただければ幸いである。他書にはまず書かれていないようなディープな発光生物に関する知識を披露している。

　それではいよいよ、暗闇に灯る一点の光——発光生物学の世界へ。

註
1）もし発光生物学の歴史に興味を持たれたなら、ハーヴェイの大著 *A History of Luminescence* (Harvey 1957)、アルド・ロダ（Aldo Roda, 1949-）の総説 *A History of Bioluminescence and Chemiluminescence from Ancient Times to the Present* (Roda 2011)、およびミシェル・アンクティル（Michael Anctil, 1945-）の著作 *Luminous Creatures* (Anctil 2018) を、また、日本の発光生物学の歴史的概要については、拙文「日本における発光生物学の歴史」（大場 2020）を参照いただきたい。

第1部 発光生物学概論

コラム｜目次

図・イラスト：ウチダヒロコ
〔口絵 1、図 4、図 8、図 9、図 10、図 11、図 16、図 17〕

発光生物学とは
——発光生物の研究が「学」になるまで

　発光生物はどのようにして科学の対象とされてきたのだろうか。ここではそれを「記述の時代」「光る仕組みの時代」「光の役割の時代」「光の組織学の時代」の4つに分けて解説する。ただし、この4つは必ずしもこの順序で進んできたわけではない。いくつかは同時並行だったり、ある時はひとりの研究者の登場によってこの中のひとつだけが精力的に行われたりしたが、ここで強調しておきたいこととして、これら4つの「時代」はお互いあまり関わりあうことなく研究されてきたという事実がある。

　この4つの時代を紹介したあと、本書の骨子ともいうべき「進化を取り入れた発光生物の科学」について著者独自のアイデアを開陳する。つまり、交わることなく進められてきた発光生物研究の4つの「時代」は、進化の視点を取り入れることで「学」として統合される、というのが私の見方である。そして、この新しい発光生物への科学的アプローチに対し、「発光生物学」という呼び名を提案する。

記述の時代

　まずは、世界にどのような発光生物がいるのかが熱心に調べられた。新しい発光生物がつぎつぎと発見された背景として、1870年代のイギリス海軍の調査船チャレンジャー号による海洋調査や、アメリカの探検家ウィリアム・ビービ（Charles William Beebe, 1877-1962）が1930年代に行ったバチスフェア（潜水球）を使った有人深海探査などにより、それまでほとんど未知だった深海生

物の姿が知られるようになった影響が大きい（ビービ『深海探検記』社会思想社、1970年〔原著は1960年〕を参照）。このようにして初めて人々の前に姿を現した奇妙な姿の深海魚たちの多くは、すでに死んでいため光を発することはなかったが、その体表には「発光器官」としか考えられないレンズと反射板を備えた精巧な器官が点々と並んでいたのである[1]。

　一方の陸上でも、ホタルやキノコの他に、ミミズ、ムカデ、ヤスデ、トビムシなど、注意深い観察者たちによって（しばしば単なる見まちがいもありながら）さまざまな生物の発光現象が単発的に報告され、発光生物のリストが充実されていった（図2）。

　現代では、戦前から戦後にかけての羽根田弥太の際立った活躍ぶりが特記に値する（次章の「発光生物学のレジェンド4」を参照）。羽根田の徹底した調査により、以前からよく知られていた生物が実は発光種だったという例がいくつも見つかっている。また、現在でもMBARI（Monterey Bay Aquarium Research Institute, モントレー湾水族館研究所）では定期的に深海発光生物を目的とした調査が行なわれ、調査のたびに新しい発光生物が確認されている（Bessho-Uehara et al. 2020a）。

発光生物こぼれ話｜たくさんいる発光生物

　年々減りつつあるホタルの印象が強いせいか、発光生物に対して「稀少」というイメージを持つ人が多いが、実際はそうでもない。例えば、ホタルミミズは冬になると庭先や公園など全国どこにでも見られるありふれた種であり、長いあいだ珍しいとされていたのが不思議なほどである（探し方のコツなど、詳しくは大場（2013; 2015））。

　海に目を向けると、発光生物の「稀少」価値はいよいよ低下する。富山湾ではホタルイカが毎年2000トン前後も、相模湾ではサクラエビが毎年1500トン前後も漁獲されている。深海発光魚のオニハダカは小型で目立たない魚であるが、地球上で最も現存個体数の多い脊椎動物だといわれている（宮 2016）。また、ほとんどすべての種が発光種であるハダカイワシ類のバイオマス量は、世界で合計すると10億トンにもなるという（齊藤 2010）。

図2. 1900 ～ 1920 年代のイギリスのチェンバーズ百科事典の挿絵。絵のタイトル "Phosphorescent Animals" にあるとおり、当時、生物に限らず発光現象のことを phosphorescence/phosphorescent と呼び、日本語でもこの訳語として「燐光」が使われていた（もともとの phosphorus や漢字の燐は「光をもたらすもの」の意であり、元素としての燐の意味はない）。現在、燐光 phosphorescence という言葉は蛍光 fluorescence や化学発光 chemiluminescence と区別され、生物の発光現象に使われることはない。今ならばこの絵のタイトルはさしずめ "Bioluminescent Animals" とされるべきであろう。右下のひょろ長い魚はクロオビトカゲギス *Halosauropsis macrochir*。当時は発光すると考えられていたが、現在は誤りだとされている。
出典：著者個人蔵

　オキアミとカイアシ類は、海洋で最も主要なバイオマスであり、海の動物の餌として食物連鎖の底辺を支えているが、オキアミのほとんどすべては発光種で、カイアシ類にも発光種が多い（第8章を参照）。とくにナンキョクオキアミは、体長5センチメートルほどであるが個体数が著しく多く、地球上の総重量が1～5億トンにも達する（ただし計算法により数値は変化する；Ross & Quetin 1988）。ひとつの種としての重量が世界で最も大きな生物ということになるそ

うだが、これも発光種である。

　ヤコウチュウは、夏に海辺に行けばたいてい見ることができるし、発光バクテリアは、海水をすくえばその中に必ず入っている（海水10ミリリットル当たり最大400個もの発光バクテリアが含まれることもあるという；Morin 1983）。

　私たち人間は基本的に陸上に暮らす昼行性動物なので、夜の森や地面の下や、海の奥底に発光生物が満ちあふれていることに気がつかない。しかし、ここに書いたように、ほんとうは発光生物は珍しくも何ともないのである。冬になったら、まずは試しにホタルミミズを庭先で探してみてほしい。

光る仕組みの時代

　科学者たちの次の関心は「これら発光生物たちがどのような仕組みで発光しているのか」であった。小さな虫、あるいはキノコごとき「下等生物」がどうやって光を生み出しているのか？　電球さえ発明されていなかった時代の人々にとって、発光生物の光るメカニズムは果てしなく好奇心をかき立てられる対象であったことは想像に難くない。

　この謎に対して最初に具体的な解明の口火を切ったのは、19世紀末のフランスの生理学者ラファエル・デュボア（次章の「発光生物学のレジェンド1」を参照）による、「ルシフェリン」「ルシフェラーゼ」の概念の発見であった（ルシフェリンとルシフェラーゼの詳しい説明については第5章を参照）。さらに、これに続く初期の取り組みとしては、米プリンストン大学の「発光生物学の父」ことニュートン・ハーヴェイ（次章「発光生物学のレジェンド2」を参照）と「在野の異端児」神田左京（同章「発光生物学のレジェンド3」）の孤軍奮闘があった。ただし、有機化学物質の構造解析法やタンパク質の分析技術がじゅうぶん発達していなかった彼らの時代に、その詳細な発光反応メカニズムが解き明かされることは遂になかった。

　その後、化学分析技術が発達する1950年代前後において、発光メカニズム解明のマイルストーンとなる3つの歴史的論文がアメリカと日本から発表される。それが、ハーヴェイの高弟ウィリアム・マッケロイ（William David McElroy, 1917-1999）による「ホタルの発光反応におけるATPの関与」の発見（McElroy

1947）と、「ホタルルシフェリンの結晶化」（Bitler & McElroy 1957）、そして、下村脩（1928-2018）による「ウミホタルルシフェリンの結晶化」である（Shimomura et al. 1957）。発光反応に関わる具体的な化学物質が特定されたことで、ここから発光メカニズムの研究は一気に進むことになる[2]。

光の役割の時代

　一方、発光生物の発光の役割（生物学的意義・生態学的意義）については、観察のしやすさから主にホタルを対象に研究が進められた。ホタルの成虫が発光する理由が雌雄コミュニケーションであることは今や誰でも知っているが、意外にもこれはそれほど昔からわかっていた事実ではない。例えば、チャールズ・ダーウィン『人間の由来』（講談社学術文庫、2016年〔原著は1871年〕）を見ると「ツチボタル（著者注：ヨーロッパの普通種 Lampyris noctiluca のこと）の雌がなぜ光るのかも、同様によくわかっていない。なぜなら、光の第一の目的が、雄を雌のところに導くことであるのかどうかたいへん疑わしいからだ」と書かれていることに驚かされる。

　実際、ホタルの発光の役割が雌雄コミュニケーションであることが明確に示されるには、ジム・ロイド（James Eric Lloyd, 1933-）のような熱狂的なホタル観察者（『ホタルの不思議な世界』の著者サラ・ルイス曰く「自身の非社会性を誇るような人物で……自らを世捨て人と呼」ぶような「物静かで一途な」まさに「ホタル博士」；ルイス 2018）の野外調査研究を待たなければならなかったのである。

　しかし、ホタル以外の発光生物、とりわけ深海発光生物に関しては、そもそも生きた個体を調べるのが難しい（もしくはほぼ不可能である）ため、その発光の役割についての理解は現在も立ち遅れている。ただし、「カウンターイルミネーション」の発見は、海の発光生物を理解する上で画期的な前進であった（第3章の「海に棲む発光生物3」で詳述）。深海にくらす発光生物の多くが腹側のみに発光器を備えている理由は、カウンターイルミネーション、すなわち「海面から差し込む弱い光のせいでできる自身のシルエットを打ち消すように腹面を光らせることで下から見上げられた時に見つけられにくくすること」であると考えてまちがいない。

ちなみにこのカウンターイルミネーションのアイデアは、プリンストン大学のウルリック・ダールグレン（Ulric Dahlgren, 1870-1946）の論文にその萌芽が見られるが（Dahlgren 1916）、のちに多くの状況証拠といくつかの実際に生きた発光生物を使った実験によって補強され、現在では腹側のみが発光する魚、イカ、エビなどの発光生物における発光の役割を説明する確かな定説となっている[3]。

発光生物トピックス | ホタルの光と毒

　ホタルは少なくとも幼虫ステージにおいてすべての種が発光する（ルイス 2018）。また、ホタルは不快な臭いを出すため、多くの動物がホタルを好んで食べようとしない（他種のホタルを食べてその毒もしくは不味物質を摂取し、自分の身を守るのに使うフォツリス属 Photuris のホタルや、ホタルの幼虫を食べて毒を手に入れているヤマカガシ属 Rhabdophis のヘビは例外；ルイス 2018; Yoshida et al. 2020）。ホタルの少なくとも一部の種は、ルシブファジン lucibufagins と称されるステロイド類やその他の摂食忌避物質を持っていることがわかっている（Eisner et al. 1978; González et al. 1999; Vencl et al. 2016）。これらのことから、ホタルにおける一次的な発光の役割は「自分を食べると危険」であることをアピールする「警告」だと考えてまちがいがない（ルイス 2018）。

　実際、このことを証明する行動学的な実験も行われている。例えば、ハエトリグモはホタルの成虫の発光を学習して攻撃しないようになり（Long et al. 2012）、マウスはホタルの幼虫の発光を学習するとホタルを決して食べなくなる（Underwood et al. 1997）。コウモリはホタルの発光と飛翔音の両方を知覚した場合においてホタルがまずいことをより早く学習するという（Leavell et al. 2018）。もっとも、ホタルの飛ぶ音は他の昆虫に比べると静かで、よほど耳を近づけないとブーンとは聞こえないから、ホタルが積極的に音を出して警告しているようには私には思えない。

　ホタルの持つ化学物質には忌避効果だけではなく、毒としての効果もある。とりわけ、動くものならなんでも食べてしまう両生類や爬虫類には効果テキメンらしく、例えば、飼育していたフトアゴヒゲトカゲ Pogona vitticeps に 1 匹のホタル（おそらく Photinus 属）を食べさせたら死んだとか、パンサーカメレ

オン *Furcifer pardalis* に 5 〜 6 匹のホタル（種は不明）を与えたら死んだとか、イエアメガエル *Litoria caerulea* 2 匹にホタル（種は不明）を 3 匹食わせたら 2 匹とも翌日死んでいたとか、ある種のトカゲはホタル（種は不明）を 1 匹食べたら 15 分で死んだ、などという爬虫類愛好家たちからの残念な失敗の報告記録が残っている（Knight et al. 1999）。

光の組織学の時代

　発光生物の発光メカニズムも発光の役割もわからなかった時代においては、発光生物の発光器に関する組織学的な研究が多くなされた。当時はそれ以外できることがあまりなかったという事情もあるが、ムネエソの腹側に並んだ筒状の発光器やヒカリコメツキの前胸背板（3 節ある胸部の一番前の背中側、甲虫では鞘翅に隠れていないので目立つ部分）にパッチ状に付いている 1 対の発光器の中身がどうなっているのか、その組織学に科学者たちの興味が向いたのは当然である。上述のデュボアもヒカリコメツキの発光器の組織学的研究を残しているし、先に紹介したダールグレンはもっぱら組織学的研究ばかり「いつまでも」やっていた（Anctil 2018）。日本でも、動物学者・岡田要（1891-1973）がホタルの発光器の詳細な組織形態観察を行っている（岡田 1935）。

　こうした組織学的研究により、発光器が単なる光を出す裸電球ではなく、反射板やレンズを備えた巧妙な投光装置であることが明らかになった。さらに、発光器には神経や血管が連絡していることが見つかり、ホルモンや神経伝達物質による光の制御が行われていることがわかった。詳しくは第 4 章「光のコントロール」で紹介しよう。

進化を取り入れた発光生物学

　本章の冒頭にも述べたとおり、以上に紹介した 4 つの「時代」は、「発光生物」という共通の研究対象でありながらあまり交差することなく、それぞれがほぼ独立に進められてきた。もちろん、それは必ずしも悪いことではない。研究が猛烈に進むその瞬間において、研究者が脇目もふらず目の前の問題に専心

することはむしろ当然のこと。例えば、1980年にサンディエゴで開催された生物発光と化学発光の国際シンポジウムの様子を収めたプロシーディング（学会講演集）には、（現在では珍しいスタイルであるが）各発表に対する白熱した質疑応答の一部始終や、厳しい顔つきで話し込む同業者たちのショットが収められており、発光生物学のそれぞれの分野が脇目も振らずに繰り広げた激しい切磋琢磨によりエポックメーキングな発見が相次いだ熱い時代の空気がひしひしと伝わってくるのである（DeLuca & McElroy, Eds. 1981）。

　しかし、こうしてそれぞれ分かれて進んできた研究の道が再び合流することはないのだろうか？　ところが実際に起こったことは、合流するどころか1本の道だけが極端に発展して他の道がほとんど忘れ去られるという、総合科学という意味ではあまりよくない状況が発光生物研究の世界を訪れることになる。その1本の道とはもちろん発光の仕組み「発光メカニズム」の研究に他ならない。

　そもそも、デュボアに始まり、発光生物学の黎明期を築いたハーヴェイとその弟子たち、そして日本の神田も下村もみな、彼らにとっての最大の興味はいつも「発光メカニズム」だった。さらに20世紀後半、科学全体が好奇心駆動型から使命達成型に重心が移ってゆく中で、1980年代に入って分子生物学が広まるとともに、ホタル、ウミシイタケ、ヒオドシエビなどからルシフェラーゼの遺伝子が決定されると、これがレポーターアッセイやバイオイメージングツール（特定の遺伝子の働きを光でモニターするバイオ技術）として「役に立つ」ことがわかってきた。その結果、発光生物の研究は、既知の発光メカニズムを使った応用技術開発に一局集中し、そのあおりで発光生物の基礎的な研究を志す人は激減。今や、発光メカニズム以外の視点で発光生物を研究する人はもちろん、未知の発光メカニズムを解明しようという人さえほとんどいなくなったのである（下村 2014; 大場 2020）。発光生物の研究から得られた知見の中で応用面で最も大きく開花したのがオワンクラゲのGFP（緑色蛍光タンパク質）であり、2008年にはその最初の発見者として下村にノーベル化学賞が授与されたが、その下村こそが発光生物の基礎的な研究に最後までこだわり続けた数少ないリーダーのひとりであったことは皮肉と言えよう。

　では、もともと好奇心に突き動かされて進んできたはずの発光生物の科学が、

その輝きをもういちど統合的に生き生きと取り戻す手立てはないのだろうか？　私はそれがあると考えている。そして、その鍵は「進化」だと感じている[4]。

つまり、「どのようにして発光能が獲得されたのか」「獲得した発光能がどのように多様化していったのか」、そして「この地球上でなぜ、発光生物は今このようにあるのか」——こうした根源的で総合的な問いに答えることは、発光の反応メカニズムや発光生物の生理・生態の研究が進み、分子生物学が成熟した今でこそ可能ではないか？　発光生物の研究は、分子生物学

用語解説｜形質

生物学では、基本的に「遺伝形質」と同じ意味で使われる。つまり、生物が持っている遺伝する性質や特徴のことを「形質」と呼ぶ。例えば、「発光形質」と言うときは、生物が遺伝的に持っている発光能（発光能力）のことを指している。したがって、ホタルの光は発光形質であるが、発光バクテリアに感染してしまったヌカエビの光は次世代に遺伝しないので、発光形質とは呼ばない。一方、発光バクテリアと共生して発光している生物（一部の魚類とイカ類）の発光については、のちに詳述するとおり、発光バクテリアを積極的に共生させるメカニズムや器官を遺伝形質として持っているので、発光形質だとみなされる。進化の過程においては、祖先がもともと持っていたある形質（祖先形質）が失われたり、新たな形質（新規形質・新奇形質）が獲得されたりすることもある。

的手法を使ってルシフェラーゼや GFP の遺伝子が明らかになったことにより応用への道が開かれたわけであるが、分子生物学が力を発揮するもうひとつの重要な研究分野は「進化」である。分子系統解析による分岐年代推定や祖先形質復元、さらには非モデル生物でも一般的になりつつある全ゲノム解読やゲノム編集技術を駆使すれば、発光生物を「進化」という視点で総合的に見渡すことができるのではないか？　そして、実際にそうした動きが世界的に高まりつつある空気を、私は最近報告される玉石混じった論文の中から強く感じている（例えば、本書執筆中に現れた Adams & Miller（2020）や Lau & Oakley（2021）の総説を見るに、発光生物を進化の目で捉えなおすムーブメントは確実に、特にアメリカから始まっている予感がするのだ）。

そこで、このような「進化をキーワードに発光生物の研究を統合する試み」を「発光生物学」と呼んでみたい（口絵1）。ちなみに、「発光生物学」ということばを最初に使ったのは私ではない。神田左京による渾身の遺作『ホタル』（1936 年）の冒頭近くに、前置きなくこの言葉が一度だけ出てくる。

分類をやるのにわ死んだ標本で間に合うらしいです。だから光るとか光らないとかの問題わ、分類にわたいした問題でわないのかも知れません。が生物學、ことに發光生物學としてわもちろんそぉわいきません（神田1936）。

　神田は、最終的には発光生物の光の生態学的役割について考えることを放棄したが[5]、ここにあるとおり生きた発光生物の「学」を作りたいという神田の考えは私の考える「発光生物学」に近い。したがって、私の構想する「発光生物学」とは、孤高の先覚者、神田左京のスピリッツを再解釈した私の新造語としたい。

発光生物こぼれ話 ｜ 世界最大の生物は発光生物だった

　最大の発光生物はなんだろう。タイに棲むホタルの一種 *Lamprigera tenebrosa* のメス成虫は 8 センチメートル近くもあるからホタルの中では世界最大級だが、そのお尻に 2 カ所ある発光器は、著者が見たところではせいぜいゲンジボタルの発光器と同じくらいの大きさで、発光の強さもゲンジボタル並みだった。ボリビアには 15 センチメートルにも達するホタル科の幼虫がいるという（マイヤーロホ博士私信）。発光ウミウシのハナデンシャ *Kalinga ornata* は、体長 18 センチメートル程度であるが、ウミウシのなかまとしてはかなり巨大である。

　しかし、そのくらいで驚いていてはいけない。「世界最大の生物」（Smith et al. 1992; Ferguson et al. 2003）としてニュースでも話題になったことのあるナラタケ類 *Armillaria* は、子実体（キノコ）になると光らないが菌糸のときに弱く青緑色に発光するまぎれもない発光種である。子実体の大きさはシイタケ程度なのになぜ世界最大かというと、米国オレゴン州で確認されたオニナラタケ *Armillaria ostoyae* の「菌糸」は約 1000 ヘクタールに広がり、その見積もり総重量は 10 トンにも達していたからである（Ferguson et al. 2003）。この菌糸について遺伝子解析したところ、1000 ヘクタール内のすべてが遺伝的に同一であることがわかったため 1 つの「個体」（菌学の分野ではこれを「ジェネット」と呼ぶ）いうことになり、世界最大の生物と認定されたのだ[6]。

クダクラゲのなかま（ヒドロ虫綱 Hydrozoa クダクラゲ目 Siphonophora）は、群体（小さな個虫が集まって 1 つの大きな個体のようにふるまっている状態）を特徴とするが、その大部分は発光種である（Haddock et al. 2010）。このクダクラゲ類の中に群体として非常に巨大になるものが知られており、例えば、マヨイアイオイクラゲ *Praya dubia* は全長 40 メートルにも達し、個体としては世界最大のシロナガスクジラよりも大きいため「世界最長の動物」とも言われることもある（Robison & Connor 1999）。さらに驚くべきことに、最近オーストラリア西海岸側の深海で撮影されたケムシクラゲ属 *Apolemia* のクダクラゲは、その映像から推定して 120 メートルを超えるだろうとされるが（Newsweek 2020）、ケムシクラゲ属には発光する種が知られているのでこの個体が発光種であった可能性は高い。ヒカリボヤ（ヒカリボヤ目 Pyrosomatida ヒカリボヤ科 Pyrosomatidae）は、数センチメートル程度のものが多いが、ナガヒカリボヤ *Pyrostremma spinosum* は 20 メートル以上にも達し（van Soest 1981）、人が入れるほどのその太さも相まって海洋で最も巨大な生物とみなされることもある。ただし、ヒカリボヤも群体であり、それぞれの個虫はせいぜい 1 センチメートル程度の大きさにすぎない。

　怪異な姿が写真やイラストで紹介されることの多い深海魚は、巨大だと思われがちだが、たいていは手のひらサイズかそれ以下である。かくいう私も、はじめは理由もなく巨大な生物を想像していたが、実物を見て拍子抜けした。しかし、中には本当に巨大な深海発光魚もいる。例えば、フウセンウナギ *Saccopharynx* は体長 1.5 メートル以上にまで達する。もっとも、体の後ろ半分以上は糸のように細く、また発光するのは尻尾の先端のわずかな部分だけのようである。発光の役割は獲物の誘引だと言われているが（Priede 2017）、さて、細い尾の先端におびき寄せられた獲物をどうやって食うというのだろう？

　ヨロイザメ *Dalatias licha* は、最大で 1.5 メートル、体重は 20 キログラムにも達するのだから、巨大発光魚のチャンピオンと言ってよさそうだ。著者が実際に見た個体も 1.5 メートルほどあったが、全身サビ色のどっしりとした存在感は圧巻で、これの腹側全体が光るのかと想像すると身震いがした。チョウチンアンコウのなかまのビワアンコウ *Ceratias holboelli* は、1.2 メートルのメス個体が見つかっているが、メスの体表に寄生するオスはせいぜい 8 センチメートルくらいである（Pietsch 2009）。体長 6 メートルにもなるメガマウスザメ *Megachasma pelagios* は、上顎にある白い帯状の部分が発光して餌を集めてい

るのかもしれないと言われているが（Taylor et al. 1983; Diamond 1985）、これは
あくまでも想像の話にすぎない。

　体長が最大10メートルを越える有名なダイオウイカ Architeuthis dux は発
光種ではないが、それよりも大きい可能性があり少なくとも重量では世界最大
の無脊椎動物であるダイオウホウズキイカ Mesonychoteuthis hamiltoni は発光
種である。最大3メートルになるアメリカオオアカイカ（通称レッドデビル）
も発光種。全身には黄緑色に光る発光器が点在しているというから、その発光
するようすはさぞかし壮観だろう。ちなみに、アメリカオオアカイカは食用に
なり、寿司ネタにも使われている。

　個体ではないが、世界最大の生物発光体は「ミルキー・シー milky sea」だ
ろう。これは海一帯がぼんやりと発光する現象で、原因は大量発生した微細藻
類の死骸から増殖した発光バクテリアによるものだと考えられている。人工衛
星からの画像により発見された最大のミルキー・シーは、その幅が300キロメ
ートルにも渡り、発光は3日間続いたという（Miller et al. 2005; Haddock et al.
2010）。

註
1）ただし、研究のごく初期にはそれが発光器であることがわからず、「第2の眼ではないか」あ
　　るいは「何らかの感覚器官かもしれない」という議論もあったという。その歴史的経緯は
　　Harvey（1952）と羽根田（1985）に詳しい。
2）なお、下村はこの「ウミホタルルシフェリンの結晶化」の成果が認められて、ハーヴェイのも
　　うひとりの高弟フランク・ジョンソンから声がかかり、のちのノーベル化学賞につながるオワ
　　ンクラゲの研究を1960年からプリンストンで始めることになる。ちなみに、ジョンソンが下
　　村をプリンストンに呼び寄せたきっかけのひとつに、以前からジョンソンと親交のあった羽根
　　田の口添えがあったのではないかと私は推測している。さらに、羽根田が世界的に活躍するよ
　　うになったきっかけにハーヴェイが関わっていたことも付記しておきたい。ハーヴェイは
　　1954年にアメリカ国立科学財団の主催による第1回の発光生物シンポジウム（シンポジウム
　　のタイトルは "Conference on Luminescence"）を米アシロマで開催し、そこに当時世界的に
　　はまだ無名だった羽根田を招待したのである。そもそも、ハーヴェイに羽根田を紹介したのは、
　　戦時中にシンガポールで日本軍の捕虜となったときに羽根田の保護を受けたイギリスの魚類学
　　者ウィリアム・バートウィッスル（William Birtwistle, 1890-1953）であった（E.J.H. コーナー
　　『思い出の昭南博物館』中公新書、1982年にその経緯が詳しい）。ただし、羽根田自身によると、
　　このアメリカでのシンポジウムに招待されたのは発光魚のバクテリアについて論文上でハーヴ
　　ェイとやりあったことがきっかけで、「戦後ハーベイ教授と非常に親密に」なったからだと述
　　べている（北杜夫との対談：羽根田＆北 1963）。おそらく、バートの口添えがきっかけで、日

本という辺境にいた羽根田と世界的権威のハーヴェイとの交流が始まったのだろう。ともかく、このようにハーヴェイの蒔いた発光生物学の種が世界を超えて次々に花を開いたという意味で、ハーヴェイはまさに「発光生物学の父」の名にふさわしい。なお、上に書いた第1回の発光生物シンポジウムの開会において、会長ハーヴェイは「日本は発光生物の宝庫である」と宣言したという逸話がある（羽根田 1972, p. 223：ただし、1963年の羽根田の対談（羽根田＆北 1963）では、ハーヴェイのこの言葉は「会議の最後に」あったと発言している）。これについては、ほとんどがアメリカからの参加者で占められていた会議において日本から唯一出席した羽根田に対するリップサービスもあったかもしれないが、むしろ若い頃から日本を訪れて（間章の「発光生物学のレジェンド3」を参照）日本の発光生物の豊かさを実感してきたハーヴェイ自身の心からの言葉であったにちがいないと私は思っている。ちなみに羽根田は、この会議でアメリカの研究者たちが「発光生物の研究は生産を伴わなくとも、未知の事実を科学的に解明することに意義があるといっていたことに感銘をおぼえた」と回想している（羽根田 1985, p. 3）。「光る生き物の研究をしています」などというと趣味の道楽のようで馬鹿にされがちであるが（私も含め、たいていの発光生物研究者が少なからず一度はこういう扱われ方を経験しているようである）、このハーヴェイの言葉を聞いた羽根田は大いに勇気づけられ、発光生物の研究を一生涯のライフワークとすることを心に決めたにちがいない。そして、第2回のアメリカ国立科学財団主催による会議（シンポジウムのタイトルは "Luminescence Conference"）は羽根田とジョンソンの尽力により、日本学術振興会との共同で1966年に日本の箱根で開催されるのであるが、日本を愛したハーヴェイはこのときすでに故人であった。

3）同じプリンストンにいたハーヴェイとダールグレンについて少し触れておこう。発光生物のあらゆる側面に興味を示したハーヴェイは、発光の役割の研究だけは不思議とほとんど手を出していない。これは、ハーヴェイが初期の頃からジャック・ロエブの生命機械論に傾倒していたことによると想像される（間章の「発光生物学のレジェンド3」を参照）。ハーヴェイの研究者としての成功の裏には、この生命機械論に対する強い信念があったことは無視できない。対して、ハーヴェイの少し先輩として同じプリンストンにいたダールグレンは、発光生物の組織学や生態学的意義について少なからぬ研究を行ったが、（論文に載せた美しい発光生物のイラストレーション以外では）現在は専門家の間でもほとんど記憶されていない。おそらく、発光の生物学的役割を研究するには当時はまだ時期尚早だったのだろう。その点ハーヴェイは、そうした研究手法の曖昧模糊だった動物生態学をばっさり切り捨て、ロエブ式の研究スタイルで成功したのである。それにしても、この同じ時期の同じプリンストンに世界でもまだ稀だった発光生物学者が2人も同居したことで、お互いにどんな化学反応が起こったのだろうか？ ハーヴェイの著作 Bioluminescence には、ダールグレンの本からのモノトーンの挿絵がいくつか転載され、彼の文献もいくつか引用されているものの、何となくよそよそしい距離を置いている感じが否めない。歴史書 Luminous Creatures をまとめたアンクティルも、その著書の中で「ハーヴェイの弟子ジョンソンによる長大なハーヴェイ追想録には、不自然なほどにダールグレンの名が出てこない」ことを挙げ、この微妙な冷たさを指摘している（Anctil 2018, p. 231）。発光生物学の歴史におけるダールグレンの位置づけについては、私は美しいイラストレーションを通じて発光生物の魅力を広めたことと、カウンターイルミネーションのアイデアを含め発光生物の発光の役割をよく考察したことに功績があると考えている。現代においても、発光生

物といえばまずその光を出す不思議な姿が注目され、続いて話題は「発光の役割」に移ってゆく。つまり、ダールグレンは、一般の人々が発光生物に抱く好奇心に対し美しいイラストレーションを使いながら説明を試みる「発光生物学の科学コミュニケーター」の役割を当時果たしたと言えるのではないだろうか。

4）進化の視点を取り入れることで生物学を総合的に理解できるというアイデアは決して私のオリジナルではなく、有名なドブジャンスキーの名言「進化に光を当てない生物学に意味はない（Nothing in biology makes sense except in the light of evolution）」（Dobzhansky 1973）を取り上げるまでもなく、すべての生物学に言えることである。ちなみに、このドブジャンスキーの言葉は、主に、アメリカに今も根強い反進化論者たちに対して宛てられたものである。

5）オランダの動物行動学者ニコ・ティンバーゲンは、生物の理解には4つの「なぜ」があることを指摘したことで有名である。その「なぜ」とは、簡単に言うと「機能」「適応」「発生」「進化」——つまり、ある生物がいかにそうあるのかを総合的に理解するには、この4つの問いに答えることが必要となる。神田は、そのうちのひとつ「適応」について考えることを放棄したことになるので、発光生物の総合的理解という意味では片手落ちであった。なお、長谷川眞理子『生き物をめぐる4つの「なぜ」』（集英社新書、2002年）は、「ティンバーゲンのなぜ」の説明として生物発光を例にしているので参考になる。

6）これを題材にしたグールドのエッセイ「どでかいキノコ」には、発光のことは書かれていないものの、「個体とは何か」という問題にまで話題が広がっていて面白い（グールド『干草のなかの恐竜』早川書房、2000年）。

間章

レジェンドたちの横顔

　「発光生物学」とは私の造語であり、過去にはそれに相当する呼び名は存在しなかった（英語にも、-ology〔「～学」の意〕のようなこれに相当する言葉がない）。しかし、まさに「発光生物学」を実践した先人は少ないながら存在する。ここでは、私が発光生物学の歴史（すなわち発光生物学の現在までの経緯）を考えるときにとくに重要だと思う4人のレジェンド——ラファエル・デュボア、ニュートン・ハーヴェイ、神田左京、羽根田弥太——を紹介したい。ただし、本書は歴史書や伝記本ではないので、ここに紹介するのはあくまでも彼らの横顔の素描である。ちなみに、日本人が2人も入っているのは、本書が日本語の本だからというばかりではない。実際、発光生物研究の歴史を書いたアンクティルの『発光生物』(*Luminous Creatures*, 2018) にも、神田左京と羽根田弥太の紹介に多くのページが割かれている。発光生物の研究の歴史において、この2人は世界的に見ても重要なのである。

発光生物学のレジェンド1——ラファエル・デュボア

　ルシフェリンとルシフェラーゼの概念を発見し命名したのは、すでに紹介したとおり、ラファエル・デュボア (Raphaël Horatio Dubois, 1849-1929) というフランスの科学者だった（図3）。麻酔学者としての顔も持ち、クロロホルムを麻酔手術に使うための装置（通称「デュボア装置 Dubois's apparatus」）の発明で知られているが、発光生物学の世界では、生物発光メカニズムの研究を現代科学にまで引き上げた重要人物として記憶されている。デュボアの発光生物に関

図 3. 発光生物学の祖ラファエル・デュボア
出典：Portrait Musée d'histoire de la médecine et de la pharmacie
Lyon1

する研究をまとめた 1914 年の著書『生命と光』（*La Vie et la Lumière*）は、その記念碑である。ここでは、この本の中からデュボアはいかにしてルシフェリンとルシフェラーゼの発見に至ったのかを紹介しよう。

　デュボアは、西インド諸島（カリブ海）から船乗りが持ち帰った *Pyrophorus* 属のヒカリコメツキを使って、ひとつの重要な実験を行った。乾燥したヒカリコメツキの発光器を水の中で擦りつぶすと発光が観察されたが、しばらくすると発光は消えた。一方、発光器を熱湯の中で擦りつぶすと発光は見られなかった。しかし、熱湯が冷めたあとこの両方を混ぜ合わせたところ、驚くべきことに試験管内で発光が再び起こったのである（これの実験を「古典的ルシフェリン－ルシフェラーゼ反応」と呼ぼう）（Dubois 1885; 1886）。さらにデュボアは、地中海産の発光性二枚貝（ヒカリカモメガイまたはヒカリニオガイ、学名は *Pholas dactylus*）でも同様の実験を行ったが、結果は同じであった（Dubois 1887a; 1887b; 1914）（図 4）。

　デュボアは、これらの結果を次のように解釈した。発光反応は、2 つの異なる物質が合わさることで生じる。ひとつは熱で分解してしまうが発光反応では消費されない物質。デュボアはこれが酵素 enzyme であると正しく認識し

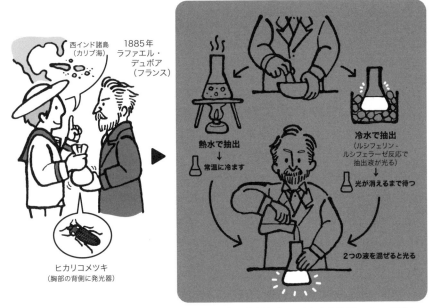

図4. デュボアは、生物の発光現象には熱に安定な物質と熱に不安定な物質の2つが関わっていることを実験により確かめ、それぞれをルシフェリン、ルシフェラーゼと名付けた。

"luciférase" と呼ぶことにした。もうひとつは、熱で分解しないが発光反応で（酸化されて）消費される物質。これを酵素によって反応に使われる基質 substrate と解釈し "luciférine" と名付けた（英語表記は、それぞれ luciferin と luciferase）（Dubois 1887a; 1887b; 1914）[1]。

　ちなみに、語頭の「ルシフェル（lucifer-）」とは、ラテン語で「光を持つ者」を意味する。堕天使ルシファー（ルキフェル）の名も由来は同じで、ルシファーは神に反逆した罪で堕天使にされたが、もともとは「光を授かる」大天使であった。デュボアがなぜこのラテン語を選んだのかについては記録がないが（Anctil 2018）、おそらく、当時ポピュラーだった摩擦マッチの名前がルシファーだったことによる連想ではないかと思われる[2]。

　デュボアといえば、ルシフェリン・ルシフェラーゼの発見があまりにも有名だが、実際はヒカリコメツキの解剖学的研究や発生学的研究も行っており、その幅広い研究活動はまさに「発光生物学の始祖」と呼ぶにふさわしい。ただし、

生物発光を表す言葉としてデュボアが主に使っていた "Biophotogénèse" は定着せず、次に紹介するハーヴェイが採用した "Bioluminescence" が現在定着している[3]。

発光生物学のレジェンド 2――ニュートン・ハーヴェイ

ニュートン・ハーヴェイ（Edmund Newton Harvey, 1887-1959）を「発光生物学の父」と呼ぶことに、誰も異論はないだろう。ハーヴェイは、発光生物の発光メカニズムの解明に尽力し、生物種ごとにルシフェリンとルシフェラーゼが異なる物質であること、すなわち発光生物を含む分類群はそれぞれが独立に発光能を進化させたことを物質レベルで示した。重要なことは、ここにはじめて発光生物の研究に総合的な進化的視点が導入されたことであり、その点においてもハーヴェイは「発光生物学の父」と呼ばれるにふさわしいといえる（図5）。

ただし、ハーヴェイが活躍したのは有機化学分子の構造決定やアミノ酸分析などが広く可能になる以前であったため、ルシフェリンの化学構造やルシフェラーゼのアミノ酸配列を特定するには至らず、ハーヴェイの業績の中で現代にそのまま残るようなものは多くない。しかし、優秀な弟子たちを多く育て、その弟子たちによって発光生物学の世界が大きく開花したのだから、やはりその礎を築いたハーヴェイの功績は大きい[4]。さらにその影響は、ハーヴェイの高弟のひとりフランク・ジョンソン（Frank Harris Johnson, 1908-1990）と羽根田の交遊を通じて日本にも及び、下村のノーベル化学賞（2008年）へとつながってゆくのである（詳

> **用語解説 分類群、単系統群**
>
> 分類群 taxon とは、何らかの名前が付けられた生物のグループのこと。綱、目、科、属などのような分類学的ランクは問わない、「～のなかま」くらいの意味である。つまり、棘皮動物門も分類群、魚類も分類群、ホタル科も分類群である。一方、単系統群 monophyletic group という用語はもう少し厳密で、「単一の同じ祖先に由来する子孫すべてを含む分類群」と定義される。例えば、「魚類」は分類群であるが単系統群ではない。なぜならば、魚類と呼ばれる分類群を全て含む共通祖先から進化した生物の中に、魚類と呼べない四足動物（両生類や哺乳類など）が含まれてしまうからである。一方、四足動物は単系統群である。ちょっと違和感があるかもしれないが、鳥もヘビも無足目アシナシイモリも二足歩行する私たちヒトも、いちおう四足動物のなかまに入っている。

図 5. 左の写真は 1916 年 5 月にハーヴェイ（当時 28 歳）とブラウン夫人がホタルイカの調査のため魚津を訪れた際のもの。この来日は彼らの新婚旅行であったが、三崎臨海実験所にも赴き、ここでのちに入れ込むことになるウミホタルと初めて出会っている。写真後列左は、動物学者として著名だった石川千代松。来日したハーヴェイが特段の厚遇を受けていたことがわかる。右の写真は、1950 年 3 月にプリンストン大の研究室で撮られたもの。
出典：左右ともに魚津水族館の厚意により許可を得て掲載

しくは、序章の註 2 を参照）。

　ハーヴェイの功績は研究だけではない。世界中の発光生物に関する知見を網羅的に集めた最初の書『生物発光』（*Bioluminescence*, 1952）と、古代から 19 世紀まで発光の科学の歴史を調べ尽くした『発光の歴史』（*A History of Luminescence*, 1957）を上梓し、発光生物学の位置づけを明らかにしたことも彼のポジションを不動のものにした要因である[5]。

　このように発光生物学の歴史において輝かしい地位を築いたハーヴェイであるが、そのキャリアの初期にひとつの大きな勇み足をしてしている。デュボアによるルシフェリン・ルシフェラーゼの概念を否定して、ルシフェリンの代わりに「フォトフェレイン photophelein」、ルシフェラーゼの代わりに「フォトゲニン photogenin」なる用語を提唱したのだ（Harvey 1916a）。つまり、生物発光研究のパイオニアであるデュボアに楯突いたわけである。

　そのきっかけは、ハーヴェイお気に入りの研究対象、日本産ウミホタル *Vargula hilgendorfii* を使った実験だった。ハーヴェイは、ウミホタルから抽

出した「熱に不安定な物質」が、ルシフェリンを加えなくても適当な塩などを加えるだけで発光することに気づき、「この物質は発光を促す酵素（ルシフェラーゼ）ではなく、酸化されて発光する本体であり、むしろ熱に安定な物質の方こそ発光を促している」と考えたのである。それだけではない。ホタルの発光メカニズムを調べるために発光器の冷水抽出物に発光器の熱水抽出物を入れてみたところ、デュボアの実験に反して、発光は起こらなかった。しかし、ホタルの発光器以外の部分やテントウムシなどの発光しない昆虫の熱水抽出物をそこに加えると発光し、しかもこの抽出物は酸化剤を入れても酸化されなかった。これらの結果からハーヴェイは、発光するのは熱に不安定なタンパク質（フォトゲニン）であり、熱に安定な物質はその反応を促している（フォトフェレイン）と考えたのだ[6]。

　もちろんそれは誤りであった。ほどなくしてハーヴェイは自分の実験の解釈がまちがっていたことを認め、再びルシフェリン・ルシフェラーゼという用語を使うようになる（Harvey 1920a）。のみならず、以降はデュボアを「発光生物の研究を現代科学にまで持ち上げた人物」（Harvey 1957, p. 243）として称えつづけた。もしハーヴェイがデュボアの名前をことさら取り上げずにいたとしたら、私が思うに、デュボアは発光生物学の歴史の中で今ほど記憶されていなかったのではないだろうか。

　ところで、この「フォトフェレイン・フォトゲニン事件」は、歴史的レジェンドがやってしまった若気の過ちのように捉えられがちであるが、果たしてそうだったのだろうか。私は、ハーヴェイが実験結果に忠実だったゆえに犯してしまったミスだったのではないかと思う。たしかに、誤りの理由の半分は、神田が指摘したように「彼の研究法が正確ではなかったから」（神田 1918a, b）かもしれない。しかし私にはむしろ、まっすぐルシフェリン・ルシフェラーゼの概念にたどり着けたデュボアの方が、自らの実験結果に対して忠実だったとは言えないのではないかと思うのだ。

　デュボアが実験材料に使ったのは、ヒカリコメツキとヒカリカモメガイだった。しかし、ヒカリコメツキの発光反応には当時はわからなかった ATP が関与しており、単純なルシフェリンとルシフェラーゼの反応では説明しきれない実験事実が多かったはずである。また、ヒカリカモメガイの発光反応は正しく

はフォトプロテイン（フォトプロテインについては第5章に詳述）によるもので、デュボアはこのフォトプロテインをルシフェリンと呼んでいたが、これはタンパク質なので高熱で処理すると失活する（つまり、「熱に安定な成分」というデュボア自身が提案したルシフェリンの定義から外れる）。実は、デュボアはヒカリカモメガイの「ルシフェリン」抽出物を得る際に65℃で3分という絶妙な「弱い熱処理」を行うことで古典的ルシフェリン－ルシフェラーゼ反応に成功しているが、実際はこの弱い熱処理でも「ルシフェリン」の90％が失活してしまっている（Michelson 1978）。

発光生物こぼれ話 | 発光生物の名前

発光生物の和名には、「ヒカリ」が付いたものが多い。ヒカリカモメガイ、ヒカリウミウシ、ヒカリイシモチ、などなど。また、発光生物といえばホタル、ということで「ホタル」を冠した発光生物も少なくない。例えば、ウミホタル（ウミボタルとも呼ばれる）、ホタルジャコ、ホタルミミズ、ホタルイカ。もちろんいずれもホタルのなかま（ホタル科）ではない。ちなみに、ベニボタル（ベニボタル科）、ホタルブクロ、ホタルガ、ヒカリゴケ、ヒカリモ、などはいかにも光りそうな名前であるが、実際はどれも発光しない。

変わったところでは、ヤコウタケ、ヤコウチュウ、ツキヨタケ、チョウチンアンコウ、シイノトモシビタケ、モリノアヤシビタケ。どれも発光することにちなんだ名前である。ギンガタケは、小さな発光キノコが木にたくさん付いている様子がまるで銀河のようだから。

わかりにくいところでは、タカクワカグヤヤスデ。これはもともと、日本の多足類研究のパイオニア高桑良興（1872-1959）がかぐや姫にちなんで「カグヤヤスデ」と名付けたことによる（羽根田1972）。竹の中で光り輝く神秘的なイメージと嫌われ者のヤスデとのギャップが面白いが、よく観察するとこのタカクワカグヤヤスデ、つぶらな瞳でなかなか可愛らしい。

一方、発光するけれども発光とは関係ない和名を持つものもある。例えば、イソミミズ、ヒラタヒゲジムカデ、エナシラッシタケ、イソコモチクモヒトデ、ウマノクツワ、ニッポンヒラタキノコバエなどは、光ることを意味する言葉が和名の中にない。こういったものは、発見された当初は発光することがわかっ

ていなかった場合が多く、その学名にも発光を意味することばが含まれていない。逆に言えば、初めから発光することがわかっていれば、学名や和名に対して他の形質に優先して発光にちなんだ名前が与えられることが多い。

発光生物こぼれ話 | 発光生物の学名

　学名とは、「種」に対して与えられる、属名と種小名の2語からなるラテン語表記の名前である。よく「ゲンジボタル」が学名だと思っている人がいるが、これは和名（標準和名）。ゲンジボタルの学名は *Luciola cruciata* である。属名の頭だけが大文字、あとは小文字で表記し、通常は斜字体で書く決まりになっている。

　発光生物には、光ることに注目して付けられた学名を持つものが多い。たとえば、ホタルの属名にある *Photinus*、*Photuris*、*Lampyris*、*Lamprigera*、*Luciola* などはすべて「光」をあらわす photo や lamp や lux にちなんでいる。以前はホタル科に *Hotaria* という属名もあったが、現在は *Luciola* に統合されて無効になっている。種小名として *scintillans*、*luminosa*、*phosphoreus* などが多いのも、すべて発光することにちなんだものである。

　われわれは最近、クリスマス島（オーストラリア）の海底洞窟から発見した発光クモヒトデの新種を *Ophiopsila xmasilluminans* と名付けて発表した（Okanishi et al. 2019）。その種小名の意味は「クリスマス島の光るもの」であるが、クリスマスイルミネーションを意識したことは言うまでもない。

　しかし発光生物の学名の究極は、ヨーロッパに最も普通に見られるホタル *Lampyris noctiluca* であろう。属名も種小名も「光る感」に満ち溢れているではないか。かのリンネによる命名である。

　発光生物の研究者の名前が入った（献名された）発光生物もある。この例が特に顕著なのは、ウミホタル目 Myodocopida ウミホタル科 Cypridinidae のなかまで、フレデリック・一郎・ツジ（Frederick Ichiro Tsuji, 1970-2000）の名前にちなむ *Vargula tsujii*、ウィリアム・マッケロイにちなむ *Photeros mcelroyi*、ジョン・バック（John Bonner Buck, 1912-2005）にちなむ *Photeros johnbucki*、ウディー・ヘイスティングス（John Woodland Hastings, 1927-2014）にちなむ *Kornickeria hastingsi* などなど（Cohen & Morin 1993）。中でも極めつけは、*Enewton harvyi* だろう。そう、発光生物学の父エドムンド・ニュートン・ハーヴェイ（Edmund Newton Harvey）のフルネームそのものである（Cohen & Morin 2010）。

　ハネダホタルジャコ *Acropoma hanedai* は、和名にも学名にも羽根田の名前が入っている。これは、羽根田がホタルジャコを調査中にホタルジャコ *Acropoma japonicum* よりも発光器が長い個体があることに気づき、新種となった。イリオモテボタルの学名は *Rhagophthalmus ohbai* で、その種小名はホタル博士・大場信義への献名である。

　最近、シベリアの発光ヒメミミズ 2 種が新種記載された。学名は、本種の生物発光を長年研究してきたシベリア連邦大学の化学者夫婦ペテシュコフ（Valentin N. Petushkov）とロディオノワ（Natalja S. Rodionova）に献名され、それぞれ *Henlea petushkovi* と *H. rodionovae* と命名されている。なお、両種には交雑が起こっているかもしれないという（Rota et al. 2018a）。

発光生物学のレジェンド 3──神田左京

　神田左京（1874-1939）は、発光生物について世界と互角に渡りあえるハイレベルな研究を数多く行い、発光生物に生涯を捧げた最初の日本人である。1923 年の著作『光る生物』は、未熟な内容ながら日本で初めて発光生物を網羅的に紹介した書籍として歴史的価値がある。また、1936 年の最後の著作『ホタル』は、自費出版で 500 部のみ作られたが（小西 2007）、ゲンジボタルやヘイケボタルだけではなく、当時あまり知られていなかった昼行性ホタルの生活環の研究から、分布、発光様式（生理、化学、物理）、さらに日本のホタル文化（伝説、詩歌、名所、ホタルの語源）までを徹底的に調べ上げた大作であり、現在でも参照される名著である（1981 年にはサイエンティスト社から復刻された）。

　若くして渡米し、心理学や動物生理学を学んでいたが、日本に戻ると突如として発光生物の研究に打ち込むようになった（図6）。神田が発光生物の研究を始めた経緯については謎が多いが、『ホタル』出版の少し前から神田と交際のあった羽根田は、その影響が「多分私の想像するところではプリンストン大学のニュートンハーヴェイ教授かその先生であったダールグレーン教授ではなかったかと思う」と書いている（羽根田 1981a）。ただし、神田の渡米時代に彼ら

図6. アメリカで心理学を学んでいた頃の神田左京（右
端後列より2人目）。若き日の学問に対する希望の眼差し
がうかがえる。なお、写真左下の白髭がフロイト、その
右の長身がユング、神田の真後ろで見下ろしているのが
優生学で悪名高いゴダードである。帰国後の神田を襲っ
た数多くの苦難を経た最晩年とされる姿は、小西（1981）
または Oba et al.（2011）に掲載の写真を参照のこと。
出典：米クラーク大学の資料より

と直接のコンタクトがあったかどうか、その記録は残っていない。一方、神田
を再発掘して世に知らしめた小西は、神田がジャック・ロエブ（Jacques Loeb,
1859-1924）のもとでゾウリムシの走光性に関する研究を行っていることから、
「そのときの光とのかかわりが、ライフ・ワークである生物発光の研究へと展
開していったのではないだろうか」と書いている（小西 1979）。

　なお、ハーヴェイが発光生物に興味を持ったのは1913年、また1909年から
はずっと夏ごとにウッズホールを訪れ、そこでロエブと親交があったという
（Johnson 1967）。一方の神田は、1912年・1913年・1914年とウッズホールの
ロエブの元で研究を行っている（溝口 2001）。つまり、神田は、発光生物に開
眼したのちのハーヴェイと1913年か1914年のどちらかにウッズホールで出会
っている可能性が高い。そして、もしかするとちょうど発光生物に夢中になり
始めたハーヴェイが神田に発光生物の話をしたかもしれない。なお、ハーヴェ
イは1916年に新婚旅行を兼ねて初めて日本を訪れ、三崎臨海実験所でウミホ

タルを初めて知るやさっそくその発光メカニズムの研究を始めている（Harvey 1916b）。一方、1915年に帰国し福岡に居を構えた神田も「二ケ年間は全く無為に過ぎた」ものの、1918年からウミホタルの研究に着手している（神田 1923）。日本のウミホタルを使って研究を始めたハーヴェイの論文を見て、福岡の海にウミホタルがいることを知っていた神田の研究意欲が触発された可能性がある。とりわけ、1917年の日本の動物学雑誌にハーヴェイの講演を和訳したフォトゲニン・フォトフェレインに関する論説（ハーヴェー 1917）が掲載された影響は大きかったにちがいない。翌年、神田は同じ動物学雑誌にウミホタルの発光に関する論文を発表し、その冒頭に「著者は Harvey の新説を試験するために、此の研究を始めた」と書いている（神田 1918a, b）。

　こうして、ハーヴェイに少なからぬ影響を受けて発光生物の研究を始めた神田だったが、その4年後にはすでに「私は海螢の發光物質の研究を墓場まで持つて行くべく覺悟してる」と言うまでに入れ込み（神田 1922）、その後はホタルをはじめ、あらゆる発光生物へと関心を広げて、死ぬまで発光生物の研究を続けることになる。この野武士に二言はなかった。

　さて、このように半生すべてを発光生物の研究に捧げた神田であったが、上述したように、すべての生命現象は物理化学的反応によって説明しうるとするロエブの生命機械論に傾倒するあまり、発光の意義／役割のような生気論的匂いのする研究を次第に退けるようになっていった。例えば、最後の著作『ホタル』に以下のような宣言が見える。

　　ホタル類の発光わ生殖のためだ、と私わ一時考えていたこともありました。観察がじゅうぶんでわありませんでした。だから割り出した考も早合点だったよぅです。（中略）一口にゆぅと発光物ができているから、ただ発光するだけです。目的なんかあるわけではないよぅです（神田 1936, p. 256）。

　しかし、神田のこの宣言には明らかに無理があり、おそらく聡明な神田のことだから自分でもそのことはわかっていたはずである。もっとも、こうした独断的な（あるいは意図的な）信念が科学を進める上で必ずしも不利益であったと言えない点は科学史的に面白い。実際、ロエブ自身も極端な還元論者であっ

たが、その考え方こそがアメリカの基礎医学を築いたロックフェラー研究所の基本理念を作ったといわれている（R.J. デュボス『遺伝子発見伝』小学館、1998年に詳しい）。神田もおそらく同様であり、当時はまだあいまいになりがちだった生態学的議論をバッサリと切り捨てたことで、日本の片田舎から世界のハーヴェイに伍するほどの研究成果を上げることができたのであろう[7]。

　それにしても神田の生涯は、ほぼ同時代人であるアメリカの発光生物学の父ニュートン・ハーヴェイの栄光あるキャリアとはあまりに対照的である。かたや、地位高きプリンストニアン（プリンストン大学人）としてラボを構え、たくさんの著作を物し、また多くの弟子たちを育てて発光生物学の歴史に不動の地位を築いたハーヴェイ。それに比べて神田は、定職を持たず貧しさに苦しみながら在野で研究を続け、渾身の作『ホタル』は出版してくれる先がなく自費出版、さいごは大事な研究資料を火災ですべて失い（大阪毎日新聞 1940）、研究人生の集大成となる予定だった『生物の発光』の原稿も「も少しだから、もう少し死にたくない」（大阪毎日新聞 1940）との思いを残して未刊のままこの世を去った[8]。また定職に就かなかったため（あるいは、人嫌いと言われるそのキャラクターのせいもあったかもしれない）弟子も育たなかったことは、日本の発光生物学にとっても不幸であった。

　しかし、科学者としての神田は、どこまでも科学者だった。他の研究者の結果に間違いがあると思ったら、相手がどんなに著名な人であっても、論文や手紙などで平気でそれを罵倒した。これでは、当時の日本の科学コミュニティーから受け入れられるはずはない。しかし、自分の研究の解釈に非があった場合には潔く謹んでそれを認めているのは素晴らしい。例えば、上述のとおりハーヴェイのフォトゲニン・フォトフェレイン（発光生物学のレジェンド 2 を参照）をこてんぱんに批判した神田だったが、逆に、神田が「ウミホタルの発光反応は酸化ではない」という間違った論文を書いたときには（神田 1919）、あとからすぐに自分で自分の間違いに気づいたものの時すでに遅し、ハーヴェイに思いっきり仕返しをされている（Harvey 1920b）。しかし、自分の誤ったことを大いに反省し「海螢の発光は酸化作用ではないといふ以前の結論を取消して、その早計の罪を天下に謝したいと思ふ」と素直に書いている（神田 1920）[9]。

　このような神田の決して恵まれたとは言えない波乱に満ちた生涯についてさ

図7. 羽根田弥太。左の写真はフレデリック・ツジ（左側）とともに1965年に台湾を訪れたときのスナップ。右の写真は、1978年2月に撮影されたもの。カメラは大好きだったが撮られることは好まなかった羽根田には珍しいポートレイトである。
出典：左右ともに蟹江康光氏・由紀氏の厚意により許可を得て掲載

らに知りたい向きには、神田『ホタル』復刻版に添えられた小西正泰（こにしまさやす）による解説「ホタルに憑かれた人・神田左京」（小西 1981）が参考になる。

発光生物学のレジェンド4──羽根田弥太

　ハーヴェイを「発光生物学の父」と呼ぶならば、羽根田弥太（はねだやた）（1907-1995）[10]は「日本の発光生物学の父」と呼ばれてしかるべきである（図7）。羽根田の特筆すべきは、発光生物を調べ尽くしただけではなく、発光カタツムリ（口絵2）、ツクエガイ、イソミミズ、キンメモドキなど、これまで発光することが知られていなかった種の発光現象を独力で数多く見つけ出している点である。さすがのハーヴェイも、この点では羽根田には及ばない。ハーヴェイは研究室の人あるいは机の人であったが、羽根田は観察の人あるいは行動の人であったと言えるかもしれない。

　戦前は、大昆虫学者・江崎悌三（えさきていぞう）の推薦で日本のパラオ熱帯生物研究所に研究員として赴くも（羽根田 1981b）、当時日本の南洋進出という大義におかまいなく発光生物を探しまわって嬉々としている超然とした姿（坂野 2019）には、驚きを通り過ぎて学者魂を見るのは私だけだろうか。さらにこのころの羽根田にはもうひとつ、真の学者らしい有名なエピソードがある。終戦も近い1942年、

羽根田は陸軍司政官（占領行政のための臨時職員）として占領下にあるシンガポールの博物館に着任するが、そこで終戦を迎える直前、捕虜の立場であるイギリスの科学者と協力して博物館の資料を戦火から守り抜いたのである[11]。

　戦後は、横須賀市博物館館長という多忙な要職にありながらも相変わらず次々と発光生物を発見し続け、発光生物の第一人者として地位を築いてゆく。しかしその一方、博物館学芸員・館長としての羽根田のそうした活動に対しては、市民教育活動を軽視してアカデミズムに走りすぎたとする見方もある（瀧端（2004）を参照）。しかし、私見であるが著者のようなアカデミズム側の立場から見ると、羽根田の行った調査やアカデミズムへのサービスは実に幅広く、けっしてアマチュアリズムを軽視して「狭く深く」を追求したとは言えないと思う。羽根田は、数々の発光生物を発見し記録してきたが、込み入った種の記載や生態行動の解析などは行っていない。また、発光メカニズムの解明に関しては、ジョンソンやツジや下村ら生化学者への材料提供が主であり、決して実験の細部までは深入りしなかった。そんな羽根田が博物館で市民向けに話をするとき、自身の経験に基づく探険と新発見のエピソード、そして世界の科学者たちとの交流を通じて得た最新の研究成果の話に、聴衆は心を躍らせて聞き入ったにちがいない。

　最後に、羽根田と八丈島の関わりについて紹介したい。羽根田は、「ちょいと八丈島に行ってきます」（宗宮 1995）としばしば八丈島の調査を行い、この小さな島から、シイノトモシビタケ（口絵3）、ニッポンヒラタキノコバエ、ヨコスジタマキビモドキなど、たくさんの発光生物を見つけている。気候の温暖で生物相が豊かな八丈島は、寒いのが嫌いで島が大好きな（羽根田の長女・蟹江由紀氏私信）羽根田の性に合っていたようだ。八丈島での羽根田による数々の発見のおかげで、八丈島は今も「発光生物の宝庫」と呼ばれている（南海タイムス 2007; 2012; 大場信義 2009, p. 30）。島の人たちにとっても発光生物は今も特別な存在であり、地元のボランティアが毎年行っている発光キノコの観察会は、島を訪れる観光客の夜の参加イベントとして人気が高い。

　羽根田の研究の集大成ともいうべき著書『発光生物』（恒星社厚生閣、1985年）は、（誤字脱字が多いのが玉にキズだが）今も間違いなく発光生物学者のバイブルである。

発光生物こぼれ話 | アルファ・ヘリックス号

　米国科学財団 National Science Foundation が所有する学術調査船アルファ・ヘリックス号 R/V Alpha Helix は、生物学のための研究船として 1965 年に造られた。オーストラリア、アマゾン川、ベーリング海などさまざまな生物調査研究に活躍したが、発光生物学にとって特記すべきは、1969 年のニューギニア遠征である。この調査研究計画に、ジョン・バックをリーダーとする生物発光チームのプロジェクトが加わったのだ（Alpha Helix Research Program: 1969-1970）。発光生物の調査に特化した国際調査プロジェクトは後にも先にもこれと、やはりアルファ・ヘリックス号によるジム・ケイス（James Frederic Case, 1926-2013）とエイドリアン・ホリッジ（George Adrian Horridge, 1927-）率いる 1975 年のインドネシア諸島の調査（Alpha Helix Research Program 1975-1976 combined annual reports）の 2 つのみである。

　1969 年の生物発光チームには、ジャン＝マリー・バソ（Jean-Marie Bassot, 1933-2007）、ジム・ロイド、フレデリック・ツジ、ウディー・ヘイスティングス、そして日本から羽根田弥太など、生化学者から生態学者まで分野を超えてその後の発光生物研究を牽引する研究者たちが参加した（羽根田 1970）。それはさぞ素晴らしく濃密で意義深いコラボレーションが実現したにちがいないと想像されるところだが、発光生物学の歴史を書いたアンクティルの評価は手厳しく、計画段階から前途多難だったこの計画は実りもそれほど多くなく、後まで尾を引くバック vs ロイドの軋轢を生む契機にもなってしまったと分析する。さらに、1975 年の 2 回目の調査も同様に実りは少なく、こうした分野融合による共同調査の難しさを露見させる形となったようだ（Anctil 2018）。

註

1）なお、ルシフェラーゼの「アーゼ（-ase）」とは酵素一般に対して付けられる接尾辞で、唾液に含まれるでんぷん分解酵素アミラーゼや脂肪を分解するリパーゼなどと同じである。こうした酵素の名前は、特定のタンパク質を指すのではなく、反応様式に基づいて名付けられるので、アミノ酸配列としては無関係なものでも同じ名前で呼ばれる（たとえば、プロテアーゼとは、タンパク質の分解を促進する酵素の総称であり、アミノ酸の相同性を持たない複数の酵素がそこにカテゴライズされる）。同様に、ルシフェラーゼとは生物発光反応を促進させる酵素の総称であり、異なる分類群の発光生物が持つルシフェラーゼは発光反応を触媒するという以外の点で似たタンパク質である必要はない。一方、ルシフェリンの「イン（-in)」は、物質一般に付けられる接尾辞。この接尾辞は、例えばビタミンのように、生理作用などでひとまとまりに

された一連の構造の異なる化合物の総称として使われることもある。ルシフェリンも同じように、生物発光反応の基質となる物質の総称であり、化学構造上の類似性が全く見られないルシフェリンがさまざまな発光生物からいくつも見つかっている（図 14 を参照）。

2）「ルシファー」の由来については、実験と観察を重んじた近代合理主義の祖フランシス・ベーコンの『ノヴム・オルガヌム』（原著は 1620 年）に登場する「Lucifera Experimentia（光の実験＝照らして見る基礎実験）」からの連想だったかもしれないと想像もしてみた。これは、デュボアが深く敬愛したクロード・ベルナールが『実験医学序説』（原著は 1865 年）の中でベーコンのこの部分を引用していることを根拠としているが、おそらくそれは考えすぎであろう。最初の簡易発火用具として発明された摩擦マッチは、1830 年ころイギリスのジョーンズ社から発売された「ルシファー」が有名で、当時ヨーロッパで「ルシファー」はマッチの代名詞であった。そのため、光を灯すものからルシファーを連想するのは、ごく自然だったと思われる。

3）生物発光を意味する Bioluminescence という言葉の最初は、1910 年のエルンスト・マンゴールド（Ernst Mangold, 1879-1961）によるものとされる（Anctil 2018）。ちなみに、デュボアは著書『光と生命』（*La Vie et la Lumière*, 1914）の中で「試験管内で起こる（中略）酵素反応は Bioluminescences と呼ぶのがふさわしいかもしれない」として Bioluminescence という語を一度だけ使っている。一方、ハーヴェイはすべての生物発光現象を区別なく Bioluminescence と呼び（Harvey 1920a）、それが定着した。現在では、「生きた生物が放出する光」を Bioluminescence と呼ぶかわりに、「生物の発光現象を試験管内で再現した光」を Chemiluminescence と呼ぶ研究者もある。それとは別に、生物の発光システムによる発光のみを（それが試験管内で再現されたものであっても）Bioluminescence と呼び、ルミノール反応のような酵素が関与しない人工的な化学発光 Chemiluminescence と区別する研究者もある。

4）ハーヴェイの活躍のうしろにはアメリカ海軍からの多大なサポートがあったことも指摘しておこう。ただし、幸いなことにこの補助金には研究内容に対する制約はなかったらしく、軍事利用を目指した発光生物の研究は行われなかったようである。おそらく、海軍としても発光生物が軍事に役に立つとは考えておらず、むしろ、純粋に興味深い研究を軍がサポートしているという宣伝材料として、発光生物への研究支援は悪くない取引だったのだろう。そういえば、深海発光の多様さを世界に知らしめたチャレンジャー号の調査もイギリス海軍省のバックアップによるものであったが、このときも軍事目的への応用などは二の次で、純粋な知的好奇心のもとに調査が行われたという。もっとも、純粋科学が国家威信の象徴だったり、別な軍事ミッションの隠れ蓑だったりすることが少なからずあることも忘れてはいけない。宇宙探索を大げさにアピールしまくる NASA の予算は、その 7 割が軍事開発（池内 2012）であるように。

5）なお、プリンストンでハーヴェイの講義を受けたことのある井上信也（1921-2019）の自伝によると、ハーヴェイは「大きな体で陽気な」良き教育者でもあったようだ（井上 2017）。ハーヴェイはまた、遠心顕微鏡（試料を高速回転させて強い重力をかけながらその影響を観察する光学顕微鏡）の最初の発明者という別な顔も持っている（合田ら 2002）。

6）この時のハーヴェイの行った実験で何が起こっていたのかを詳しく知ることは今となっては難しいが、ウミホタルの実験については、おそらく当時ウミホタルのルシフェリンとルシフェラーゼを完全にピュアな状態で取り出すことができなかったことにより生じたまちがいであったと考えられる。一方、ホタルの実験に関しては、間違いの原因がおおよそわかっている。当時

はホタルの発光反応にATPが必要なことがわかっていなかった（ATPとホタルの発光の関係については第5章に詳述）。そのため、冷水抽出画分の発光が消えたとき、消費し尽くされていたのはルシフェリンではなく補因子のATPだったことに気がつかなかったのだ。

7）時代は降るも、これと同じスタンスを貫いたもうひとりの日本人科学者がいる。下村脩である。下村は、生物発光の生化学的基礎研究に専念し、生態、分類、生理、進化など、発光生物の他の側面には「専門外」として決して関わらなかった。ちなみに、神田と下村は奇しくも少年時代を同じ佐世保に過ごし、共にウミホタルから発光生物の研究をスタートしている。また、ウッズホール海洋研究所に学び、その生涯を発光生物の研究にささげたところもよく似ている。他人の成果やトレンドに安易に迎合することなく、生涯みずからの手で黙々と実験を行う実践科学者であったこの2人の偉大な発光生物学者が、私には不思議と重なって見えることがある（大場裕一 2009）。

8）さらに不運なことに、その遺稿も戦災ですべて焼失し、幻の集大成はついに陽の目を見ることはなかった（小西 2007）。

9）神田がこのとき実験結果の解釈を誤ったのは、当時市販されていた水素ガスの純度が悪く微量の酸素が混じっていたためであったという（神田 1920）。今では考えられないことである。

10）本当は1906年12月に生まれたと羽根田本人は言っていたそうである（蟹江由紀氏私信）。

11）これについては、そのときの捕虜だった植物学者E.J.H.コーナーによる『思い出の昭南博物館』（中公新書、1982年）と、この本の翻訳者である石井美樹子が児童書に仕立てた『友情は戦火をこえて』（PHP研究会、1983年）に詳しい内容がある。また、この逸話を小説化した戸川幸夫『昭南島物語』（読売新聞社、1990）も参考になる。いずれもすでに絶版なので、興味のある方は古書店で探してみてほしい。もっともこの物語には、日本軍部側や英国捕虜であった側の思惑で美談化された部分も幾分あると考えられるので、内容すべてを額面どおりに受け取るべきではないことも指摘しておこう（坂野 2019）。もちろん、だからといって誰隔てなくいつも気さくな交際家であった羽根田個人に非が及ぶわけではない。

発光生物学概論

第1章

発光生物の定義

　まずは「発光生物とは何か」「何が発光生物ではないのか」という基本事項から確認していこう。

　「言うまでもない、光っているのが発光生物じゃないか」と思うかもしれない。実際、これまでの入門書も専門書の多くもこの問題を「当たり前」として、ほとんど真正面から取り上げてこなかったが、ここでは発光生物の定義を一度きちんと考えてみたい。

発光生物とは何か

　発光生物（Bioluminescent organism, Luminous organism）とは、ひとことで定義すると「自ら可視光（およそ 400 ～ 800 ナノメートル〔nm ＝ 100 万分の 1 ミリメートル〕の波長を持つ電磁波）を放出する生物種」である。したがって、光を反射して「光ってみえる」生物（たとえば、タマムシやネオンテトラ）や、紫外線を当てるとそのエネルギーが可視光に変換されて「光を出しているようにみえる」生物（例えば、サソリやタイマイや一部のヤスデ）などは発光生物には含めない。

　なお、反射が発光と間違われることはあまりないが、ヒカリゴケのなかまは本当に光っているように見えるので注意が必要である。ヒカリゴケ目 Schistostegales に属し日本を含む北半球に広く分布するヒカリゴケ *Schistostega pennata* とオーストラリアとニュージーランドの固有種 *Mittenia plumula* は、洞窟の入り口付近などの薄暗い環境を好み、外からわずかに差し込む太陽光を効

率よく集めて光合成に使うための特殊な組織を持っている。このとき、集められた光のうち光合成に使われなかった分が入射した光と同じ方向に跳ね返され、それがまるで光っているかのように人の目に映るのである（Glime 2017）。

似たような面白い例として、ヒカリトカゲ *Proctoporus shrevei* がある。カリブ海南部トリニダード島の洞窟入口ちかくにのみに生息するヒカリトカゲは、体側が点状に発光すると 70 年もの長いあいだ信じられてきたが、2004 年の調査によりそれが発光ではなく反射によるものであることが確かめられた（オシー＆ハリデイ 2001; Knight et al. 2004）。ちなみに現在までのところ、爬虫類を含め四足動物から発光種は 1 種も見つかっていない。似たような誤認の例として、水族館に展示されていることも多いウコンハネガイ *Ctenoides ales* がある。外套膜の縁がパッパッとネオンサインのように光って見えるため発光していると
まちがわれやすいが（奥谷, 1994）、実際はこれも発光ではなく反射であるから、真っ暗闇ではその光は観察できない（大久保ら 1997）。

有櫛動物（クシクラゲ）の場合は少々話が込み入っている。クシクラゲの体表には、櫛板 ctenes/ comb plates（これがクシクラゲの名前の由来になっている）という薄い板が連なった構造があり、これが円筒形の体を放射状に 8 列とり囲んでいる。クシクラゲは、この櫛板を細かく波打たせながら水流を起こして遊泳するが、この櫛板に光が当たると鮮やかに虹色にきらめく反射を呈し、これがしばしば発光と誤解される。しかし、有櫛動物の大部分は本当の発光生物でもある。櫛板の裏側には子午管 meridional canal と呼ばれる管が分岐していて、実際の発光はここで起こる（Anctil 1985）。

発光生物こぼれ話 ｜ 海の中の蛍の光？

紫外線のエネルギーが特定の物質に当たってそれが可視光として放出された光のことを「蛍光 fluorescence」と言う。具体的には、蛍光ペンで書いた文字にブラックライトを当てると強く光って見える、あれが蛍光である。だから、体表に蛍光性を持つ生物（例えばサソリ）は、紫外線ランプを当てると光って見えるが、自分から光を出しているわけではないので発光生物ではない（日本語では「蛍」の「光」と書くので、紛らわしい）。ただし、生物発光は、化学反応

によって励起された一重項状態（電子配置的に高エネルギーな分子の状態のひとつ）の分子から放出される光、つまり蛍光の一種なので、厳密には「蛍光は発光と違う」とは言えない。要するに、「化学反応によって生じるエネルギーで起こった蛍光現象により光を発する生物」が発光生物である（これ以上の説明は本書の範疇を超えるので、より詳しく知りたい向きは松本（2019）が参考になる）。

　最近、生物に見られる蛍光現象を「生物蛍光 Biofluorescence」と呼び、何らかの生態学的意義があるかもしれないということで注目されてはじめている（和書では、ジマー『発光する生物の謎』西村書店、2017 年が参考になる）。生物蛍光で有名な例としては、2004 年に日本から新種記載されたオオカワリギンチャク *Halcurias levis* がある。鮮やかなレモンイエローの体に紫外線を当てると強い蛍光を出すことから（Uchida 2004）「光るイソギンチャク」としてダイバーのあいだで知られるようになり、そのため発光生物だと勘違いしている人も多い。なお、オオカワリギンチャクがなぜ強い蛍光を持つのか、その生物学的意義については不明である。

　一方、オワンクラゲも蛍光物質（緑色蛍光タンパク質）を持っているので紫外線を当てると発光器が光って見えるが、オワンクラゲは自ら光を出す発光生物でもある。第 5 章の発光生物トピックスで詳述するように、緑色蛍光タンパク質が生物発光の色の変調に関与しているのである。似たようなケースとして、発光ヤスデ *Motyxia* の体表にも強い蛍光性があるが（Kuse et al. 2001）、これが発光反応に関わっているかどうかはわかっていない。

微弱光とヘリングの定義

　反射や蛍光を除外するだけでは、まだ発光生物は定義できない。眼に見えないような微弱な光を出している場合も発光生物と呼んでいいのか、紫外線や赤外線などヒトの眼には見えない「光」を放出している場合は発光生物とみなされるのか、という、見えない光の問題が残っている。実は、あらゆる生物はヒトの眼には全く見えないごく微弱な可視光（バイオフォトン）を常に出していることが知られている（次節「弱すぎて見えない生物の光」を参照）。だからと言って、もちろん「すべての生物は発光生物である」などということにはならない。では、発光生物をどう定義したらよいのだろう？

発光生物の定義をきちんと試みている例は、私の知る限り、イギリスの海洋生物学者ピーター・ヘリング（Peter John Herring, 1940-）によるものが唯一である（Herring 1987）。ヘリングはその論文の中で「生物学者が使う定義として超微弱発光は含めない」として、発光生物を次のように定義した。

> *A biological definition would thus include only those organisms in which the higher intensity light emission is itself observed (or more usually assumed) to have some adaptive value in the ecology of the organisms.*
> 「観察できるレベルの強い光をみずから放出し（あるいは、状況証拠的に放出していると考えられ）、かつ、それがその生物にとって何らかの適応的意義を見出せるような生物種」

　ほとんどの研究者が発光生物を定義せず扱っている中で、海洋発光生物に精通したヘリングによるこの定義の試みは重要である。なお、これに従えば、発光バクテリアを共生させて光っている魚類やイカ類は、魚やイカ自身が光を作っているわけではないが、発光生物と見なされる（詳細は第5章の「共生発光」を参照）。一方、発光バクテリアに一時的に感染したり（淡水産のスジエビの「光り病」や、陸生発光バクテリアに感染したガの幼虫など）、渦鞭毛藻などの発光生物を食べた生き物の体が一過的に光っている場合があるが[1]、これは種の形質として適応的に発光しているわけではないので発光生物とは見なさない。実際、この定義は、発光生物を研究する人たちの直感ともよく一致している。

　一方、ヘリングは超微弱発光を生物の発光には含めなかったが、超微弱発光と「観察できるレベル」の発光との境界は曖昧である。しかし、少なくともバイオフォトンはヒトの眼には見えないし、逆に、発光器を持っている（何らかの適応的な器官として発光器が使われている）発光生物の発光がヒトの眼に見えないほど弱かったことは、私の経験的にはない。なお、人間の眼に見える光の下限は、ちょうどカウンターイルミネーションが有効な限界である深さ1000メートルの深海に届く光と同じくらいだという（Young 1983）。つまり、光に敏感な深海生物も、われわれヒトに見える限界よりも弱い光は見えていないと考えられる。

弱すぎて見えない生物の光——バイオフォトン

　ここで、生物発光には含まれない「生物の超微弱光」について触れておこう。先述のとおり、バクテリアや植物からヒトまでのあらゆる生物の体からは、バイオフォトン biophoton もしくは生物フォトンと呼ばれる超微弱な可視光が常に放出されている。特に、傷口や癌化した組織などのストレスを受けた部分ではその発光が強いという。

　バイオフォトンの光の強さは、熱を持ったすべてのものから放出される熱放射（熱輻射）による可視光の強度よりも 100 ～ 1000 倍強いが（ただし、生物の体温の範囲の場合）、生物発光の光よりも 1000 ～ 100 万倍くらい弱く、それが人間の眼に見えることはない[2]。また、バイオフォトンの光のスペクトルは、生物発光とは異なり、可視光域だけではなく紫外領域から近赤外までの幅広い領域に及ぶことが多い。したがって、バイオフォトンと生物発光は、光の強さとスペクトルの点から見て本質的に別なものであると考えてよい（稲場＆清水 2011）。

　バイオフォトンの発生メカニズムにはたいてい、生物の呼吸活動になどによって発生する活性酸素種の消去プロセスが関わっている。反応性の高い活性酸素種が生体成分を酸化し、それによって生じた高エネルギーが生体内の蛍光物質を発光させるのである（詳しくは渡辺（1994）がとてもわかりやすい）。

　ところで実は、生物発光の中には、ギボシムシ、ヒカリマイマイ、ツバサゴカイ、ウロコムシ、クモヒトデなど、発光メカニズムの詳細は不明だが過酸化水素（活性酸素種のひとつ）で発光を誘導できるものが多く知られている（Shimomura & Haneda 1986; 下村 2014）。これらの事実は、バイオフォトンと生物発光がまんざら無関係とも言えないことを示唆しているだろう。

　つまり、現在知られている発光生物の発光もそのいくつかは、進化のごく初期においては代謝の副産物に過ぎない微弱なバイオフォトンだったのかもしれない。しかし、それがたまたま生物にとって適応的に有利に働く程度の強さに光ったとき、自然選択のスイッチが入って発光は強くなっていき、発光生物になったというシナリオは十分に考えられる。

　では、われわれの身のまわりで生じている目に見えないバイオフォトンの光

自体に何らかの役割や効果がある可能性はあるのだろうか？　結論から言うと、おそらく役割や効果は何もない。これに関して、ロシアの生物学者グルヴィッチ（Alexander Gavrilovich Gurwitsch, 1874-1954）が発見した謎の光線「細胞分裂誘起線」（または、細胞分裂催進線、催分裂放射線、細胞分裂放射線、細胞分裂誘起線、グルヴィッチ線、ミトゲン放射線とも；奥山 1938）の話を紹介しておこう。1923 年、グルヴィッチは、タマネギの根冠を並べておくと、一方から化学物質ではない何かが放射されてそれが他方の根の細胞分裂を促進させることを発見した。この放射は、金属やガラス板では遮られるが水晶の板では遮られないことから、今のところ紫外領域のバイオフォトンがその正体だろうとされているが（ガラスは紫外線を通しにくい素材である）、かつて日本も含め世界中で議論となったこの問題は最終的な結論がでないまま現在はほとんど忘れられている（岡田 1999; Volodyaev & Beloussov 2015）。

眼に見えない光——紫外線・赤外線

　ヘリングの定義では、光を「観察できる」かが問われていた。もしこの観察者がヒトであるならば、紫外線や赤外線を放出する生物がいたとしても、それは発光生物とはみなさないことになる。しかし、観察者をヒトに限定しないならば、紫外線や赤外線でコミュニケーションしている生物がいたとして、それは発光生物とは呼ばないのだろうか？

　これは難しい問題であるが、現実問題として幸いなことに、今のところ紫外線や赤外線を放出する生物は知られていない。もちろん、見つかっていないだけかもしれないが、私はおそらくいないだろうと考えている[3]。

　おそらく、紫外線はエネルギー的に高すぎて（光は波長が短いほどエネルギーが高い）作り出すのが難しく、また細胞への悪影響があるので、紫外線発光は進化しえなかったのだろう。一方、赤外線については、ガのなかまが赤外線を使って雌雄コミュニケーションしているかもしれないというエキサイティングだがあまり支持されていない仮説がある（キャラハン 1980）。これがもしも本当ならば、ヒトには見えない光による「発光生物」の世界があると言っていいかもしれない。

発光しない発光生物

　発光種であっても発光しない例もある。どういうことかと言うと、例えばワサビタケ *Panellus stipticus* は北米産のものは菌糸も子実体も発光するが、日本産やヨーロッパ産の同種は菌糸のときも発光しない。これについては、最近、ヨーロッパのワサビタケがルシフェラーゼ遺伝子を欠失していることが明らかとなった（Kotlobay et al. 2018）。また、ナラタケモドキ *Armillaria tabescens* においては、日本国内でも菌糸時に光るものと光らないものがあり、この違いも遺伝的に決まっているようである（廣井 2006）。

　アメリカ西海岸沿いに不連続に分布するイサリビガマアンコウの一種 *Porichthys notatus* は、体の腹側に 800 個以上もの発光器を持ち、そのずらりと並んだ様子が海軍士官学校生（通称ミッドシップマン）の制服のボタンのようであるところからミッドシップマン・フィッシュと呼ばれている。もちろん発光種であるが、分布の北側に当たるピュージェット湾 Puget Sound の集団は発光器を有するにもかかわらず発光しない（Tsuji et al. 1972）。しかし、この個体にウミホタルルシフェリンの入った餌を与えると発光するようになる。これは、第 7 章でも述べるように、ルシフェリンを餌から手に入れているためウミホタルの一種 *Vargula tsujii* のいないピュージェット湾の個体は発光できないのである（Warner & Case 1980）。それにしても、これほどずらりと見事な発光器を備えていながら（発光が重要だからここまで高度に発光器を進化させてきたはずなのに）、発光できなくても個体群が維持されているというのは不思議である。

　発光バクテリアは、単離して寒天シャーレで継代培養を続けていると、必ず発光しないコロニーが出現するが、その理由はバクテリア側のエネルギー節約のためだと考えられる（Wilson & Hastings 2013）。発光するにもそれなりにエネルギーは要るので（発光バクテリアの場合は、生命維持コストの 12 〜 20% を発光に使っているという：Makemson 1986）、光る必要のないシャーレ上ではそういうズルをする系統が出現してしまうのである。ところが、共生バクテリアの発光で利益を得ているダンゴイカはこのバクテリアの怠慢を許すことはなく、光るのをやめた発光バクテリアはイカの発光器に定着させてもらえないという

（Tong et al. 2009）。なお、一度発光しなくなったバクテリアの系統がなぜか再び発光能を取り戻すこともあるので（Wilson & Hastings 2013）、発光に関わる遺伝子を失ったわけではないようだ。

ヒカリキンメダイ *Anomalops katoptron* は、栄養不足などの悪条件下で飼育すると発光しなくなる（Meyer-Rochow 1976）。ヒカリキンメダイの発光は発光バクテリアによるものであるが、ホストの栄養状態が悪くなると発光器内の発光バクテリアを養うことができなくなりバクテリアが死滅するのである。

＊　　　　＊

以上のように、何が発光生物なのかを言い当てるのは、厳密に考えるとなかなか難しい。こうしたことが、次章に紹介する発光生物の博物学の難しさにも関係してくるのである。

註
1 ）フェルダーというアメリカの生物学者は、砂浜で青く発光するスナガニ *Ocypode quadrata* らしきカニが走り去るのを目撃しているが、これについては「そのあたりにいる発光性貝虫類 *Enewton harveyi* をたまたま食べたカニだったに違いない」と正しい推論をしている（Felder 1982）。ちなみに、カニのなかまで発光する種類はこれまで 1 種も見つかっていない。また、これは私の体験であるが、福岡の防波堤でウミホタルを採集していた時のこと、採集用のしかけに使ったカマボコを近くにいたノラ猫がさらっていった。ところが、その「使用済み」のカマボコにはウミホタルがまだたくさん付着していたため、泥棒ネコの口のまわりがしばらく青く光っていたのである。これも、知らない人が見たら「口が青く光るネコを見た」という話になりかねない。
2 ）稲場文男、清水慶昭『生物フォトンによる生体情報の探求』東北大学出版会、2011 年に掲載されいてる図 1-2 に基づいた。
3 ）実際の生物発光の光スペクトルは、単一の波長だけを含む輝線スペクトルではなく、幅を持った山なりの連続スペクトルである。したがって、青色に光る生物の光の波長が部分的に紫外線領域に及んでいたり、赤く光る生物の光が部分的に赤外線領域に達していたりする例もあるが、それでも知られる限り全ての発光生物の発光スペクトルは必ずピークが可視領域にある。例えば、著しく短波長の青色光を放出するホソウミヒバ *Thouarella hilgendorfi*（？）やヒレギレイカ *Ctenopteryx siculus* の発光スペクトルの左すそは 400 ナノメートル以下まで伸びているし、オオクチホシエソ *Malacosteus niger* の赤色に光る発光器の発光スペクトルはピークが可視領域の 705 ナノメートルだが、スペクトルの右すそは赤外領域の 800 ナノメートル近くまで及んでいる（Herring 1983; Widder et al. 1984）。

第2章

発光生物の博物学

それは本当に発光生物だったのか

　発光する生物に関する報告は古くから無数にあるが、それらすべてが本当に信頼できる情報かどうかを見極めるのは困難である。そもそも19世紀や20世紀初期の文献を見ると、単に「shine」などとだけ書かれたものもあり、それが発光なのか反射なのかはっきりしない場合も多い。また、発光は夜間に観察されることが大部分であるため、発光している本体が何であるかをよく確かめずに報告されているケースも少なくないように思われる[1]。

　例えば、トビウオの背中が発光したという報告が1つだけある（寺尾&山下1950）。発表したのは2人とも水産学の専門家なので別な種の発光魚と見まちがったとは考えにくいが、発光生物の専門家ではないので、光の反射か体表に増殖した発光バクテリアを誤認した可能性はありうるだろう。もちろんその後、トビウオの発光に関する報告はまったくない。

　こうした不確かな報告のいちばんの問題点は、ある生物の発光現象がいったん公表されてしまうと、それを否定するのが難しくなることである（Haddock & Case 1995; Haddock et al. 2010）。とりわけ、それが著名人による報告の場合には、情報が広がるうちに「かもしれない」が「事実」に変わっていきやすい。

　1760年代の初め、リンネの娘エリザベス（Elisabeth Christina von Linné, 1743-1782）が「キンレンカ *Tropaeolum majus* の花が発光するのを見た」と言ったがために、エラスムス・ダーウィン（チャールズ・ダーウィンの祖父）、ゲーテ、ワーズワース、コールリッジらを含めた多くの知識人たちを巻き込ん

だ社会現象となり、それを支持するような「観察記録」さえいくつも報告された（Holder 1887; Blick 2017）。なお、のちに「エリザベス・リンネ現象」という名前まで付けられたこの世紀の大疑問の結論について、天文学者で光と視覚に詳しいマルセル・ミンナルト（Marcel Gilles Jozef Minneart, 1893-1970）は「単なる目の残像だ！」と一蹴し（Minnaert 1954）、現在はそうだということで（あまり腑に落ちないが）話は落ち着いている（Blick 2017）。

　別な例としては、昆虫博物画家でナチュラリストとしても著名なメーリアン女史（Anna Maria Sibylla Merian, 1647-1717）が南米のスリナムでユカタンビワハゴロモ *Fulgora laternaria* の巨大な頭部が光る様子を確かに見たと克明に報告したことから、発光種であると長らく信じられていた話が有名である（Holder 1887）。このユカタンビワハゴロモの発光についても、現在ではその可能性はほぼ否定されているものの、やはり一度報告されたものを完全に否定するのは難しい。

　なぜ否定するのが難しいかというと、例えば、その生物が発光するのは交尾行動など特別なときだけなのかもしれないので、その後どれだけ否定的な観察が行われたところで、最初の報告者はごくまれに発光する瞬間を運よく目撃したのかもしれないという疑念はいつまでも晴れない。

　ところで、こうした発光生物の疑わしい報告は、科学論文と報告のちがいがあいまいだった大昔の話ばかりではない。実は最近も、新しい発光生物を見つけたというようなあやしげな論文に出くわすことがたまにある。そんな例といえそうなのが次のコラムに紹介する発光ゴキブリのニュースである。

発光生物トピックス ｜ 発光ゴキブリが見つかった⁉

　1999 年、南米で光るゴキブリが見つかったという論文が発表された（Zompro & Fritzsche 1999）。ルシホルメティカ *Lucihormetica* という属名が新たに付けられたこのゴキブリは、オス成虫の前胸背板に 1 対の「発光器」があり、これが光るというのだ。論文中の写真を見ると、確かにオス成虫の背中に 1 対の大きな楕円形の何かがある。メスや幼虫にはそれがない。しかし、発光に関する論文中の記述はとても短く、実際に光っている様子の写真もなかったので、私は

この論文のことはほとんど忘れていた。

　ところが、それから 10 年以上も過ぎた 2012 年のこと。ルシホルメティカは
やっぱり光るという論文が、スロヴァキアの古生物学者ペテル・ヴルシャンス
キーらによってドイツの歴史ある科学雑誌 *Naturwissenschaften* に発表された
（Vršanský et al. 2012）。昆虫の目レベルで新しく発光生物が見つかった例は 100
年以上まったくなかったので、これが本当だとしたら歴史的大発見である。さ
すがに私も今回はこの論文には飛びついた。

　しかし、よく読んでみるとこの論文、実にウサンくさい。発光を見たという
のは他人からの又聞きにすぎず、いかにも発光しているかのような写真は 100
年も前の乾燥標本に紫外線を当てて撮った蛍光の写真。さらに「毒を持つヒカ
リコメツキに擬態しているのだろう」などという勝手な空想までが書かれてい
る！　ヒカリコメツキは、毒など持っていないのに。

　それでも気になった私は、世界の昆虫を販売する業者からコスタリカ産とベ
ネズエラ産の生きたルシホルメティカを手に入れてみた。しかし、いろいろ調
べてもまったく光らない。ただし、論文によると「飼育個体は光らない」のだ
そうである。そんなムシのいい話があるだろうか。

　ともかく、飼育個体ではダメだというのだから否定することもできずにいた
ところ、まもなくオーストラリアの研究者が「この論文は発光生物であること
を証明したことになっていない」という批判論文を発表した（Merritt 2013）。そ
れに対するヴルシャンスキーらによる反論の論文もいちおう報告されたが
（Vršanský & Chorvat 2013）、「見たという人がいるんだから否定はできないだろ
う」という程度のお粗末な反論だった。

　その後、ルシホルメティカが発光するかどうかに関する論文は出ていない。
だから、ルシホルメティカが光らないことが完全に証明されたわけではないも
のの、その可能性はほぼないと私は考えている。しかし、私がその結論以上に
気がかりなのは、この「光るゴキブリ事件」は（19 世紀のような悪意のない誤報
とは性質が異なり）いかにセンセーショナルであるかを競い合う近年の科学の
成果主義という黒雲が発光生物学にも及びつつあることを暗示しているのでは
ないかという薄気味悪さである。

　確かに、生物の発光現象は注目を浴びやすいせいか、専門外の研究者が突然
乗り込んできて的外れな論文を発表することがままある。発光生物学の裾野を
広げたい私としては、こうした新しい研究者の参入を拒むものではないが、せ

めて発光生物学に関する基礎知識を十分に学んでから加わってほしいものである。

発光生物こぼれ話 │ 縞ダコ？　島ダコ？

　三重県で光るタコが見つかり、新聞で話題になったことがある（産業経済新聞 1960；伊勢新聞 1960 など）。このタコは、軟体動物の専門家である瀧 巖（1901-1984）によってその「発光能」とともにシマダコ Callistoctopus arakawai として新種記載された（Taki 1964）。発光するとされるのは、その名の由来である特徴的な薄い色をしたシマシマの斑紋部分で、刺激するとそこから青白い「燐光」が発せられたという。

　ところがその後、外国の研究者がハワイでこれを観察し、世界に広く分布する Octopus ornatus という種と同じであること（現在の学名は Callistoctopus ornatus）、しかも発光はしておらず、反射の見間違いだろうという論文を発表した（Voss 1981）。これにより、シマダコ発光説は現在のところ否定されたことになっている。

　では、シマダコは本当に光らないのだろうか？　実はダーウィンの『ビーグル号航海記』（1906 年）の中に、ビーグル号で最初に立ち寄ったカーポヴェルデ（北アフリカの西の沖にある群島）で捕まえたタコにわずかに光る個体がいたことが短く記されているのだが、その特徴が何となくシマダコかそれに近い種のような気が私にはするのだ。

　そこで私も自分で確かめてみようと、渡嘉敷島に行ったとき地元のタコ採り名人と呼ばれる古老にシマダコが手に入らないか聞いてみたことがある。しかし、沖縄では地元で採れたタコのことを種に関わらずみな島ダコと呼ぶらしく、いくら「島ダコではなく縞ダコ」と説明しても話が通じず、結局シマダコには出会えなかった。よって、シマダコの発光の真偽については未だ確認できていない。

発光生物を数え上げる

「発光生物は世界に何種くらいいるの？」——私が何度も聞かれたことのあ

る質問である。しかし、一部の分類群については発光生物種のリストが存在するが、全生物群にわたるリストが作られたことは過去に一度もないので、その答えは今のところ「わかっていない」としか言えない。

　しかし、種の1つ上のランクである「属」レベルならば、全てを数え上げた信頼できるリストがこれまでに1度だけ作られている——これを作ったのは、またもやピーター・ヘリング。1987年、ヘリングは過去の膨大な文献を丁寧に調べ上げ、発光種を含む属として666属を報告した（Herring 1987）。怪しげな古い記録の信憑性をひとつひとつ検討して作り上げられたこのリストは、世界の発光生物を把握する上で極めて価値がある。

　現在われわれは、このヘリング・リストをベースに、その後に発表されたデータを追加や修正して、新しい発光生物の全「属」リストを作成している。その結果、いまのところその数は891属に達している（List of all GENERA ver.1.19., Living Light List 2020）（図8）。666属からずいぶん増えたように思うかもしれないが、その多くは、ヘリングの調査漏れやその後に新しい発光生物が発見されたものではなく、分類学上1つの属が複数に分けられたことによるものである。このリストアップ作業をする中で何より驚かされたのは、ヘリングのリストの徹底した正確さである。インターネットがなかった時代によくぞここまで完璧なリストを作り上げたものだと、その執念に対し敬意を感じずにはいられない。なお近年は、ITIS（Integrated Taxonomic Information System；生物全般）、WoRMS（World Register of Marine Species；海洋生物）、MolluscaBase（軟体動物）、MilliBase（ヤスデ）など、生物種の分類学ウェブデータベースが非常に充実しており、常に最新情報がアップデートされているので生物種を調べる作業は以前とくらべ格段に行いやすくなっている。われわれが数えた891属は、それらを参考にヘリングのデータを再整理し、それにいくつかの最近の新知見を付け加えたにすぎない。

発光生物は 6800 種

　さて、世界に発光生物は何種くらいいるのか。先ほど「わかっていない」と書いたが、この「属のリスト」を使えばおおまかに試算することはできる（図9）。

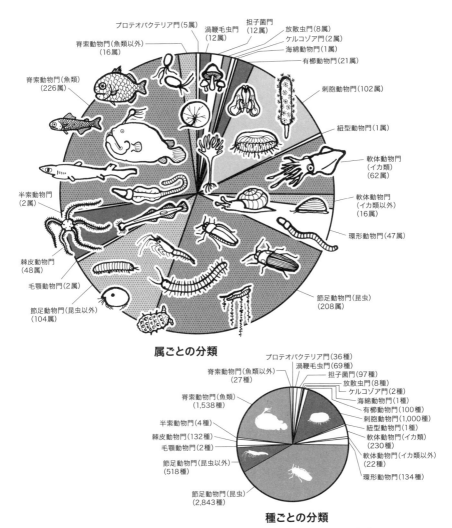

プロテオバクテリア門（5属）
脊索動物門（魚類以外）（16属）
渦鞭毛虫門（12属）
担子菌門（12属）
放散虫門（8属）
ケルコゾア門（2属）
海綿動物門（1属）
有櫛動物門（21属）
脊索動物門（魚類）（226属）
刺胞動物門（102属）
紐型動物門（1属）
軟体動物門（イカ類）（62属）
軟体動物門（イカ類以外）（16属）
半索動物門（2属）
環形動物門（47属）
棘皮動物門（48属）
毛顎動物門（2属）
節足動物門（昆虫）（208属）
節足動物門（昆虫以外）（104属）

属ごとの分類

プロテオバクテリア門（36種）
渦鞭毛虫門（69種）
担子菌門（97種）
放散虫門（8種）
ケルコゾア門（2種）
海綿動物門（1種）
有櫛動物門（100種）
刺胞動物門（1,000種）
紐型動物門（1種）
軟体動物門（イカ類）（230種）
軟体動物門（イカ類以外）（22種）
環形動物門（134種）
脊索動物門（魚類以外）（27種）
脊索動物門（魚類）（1,538種）
半索動物門（4種）
棘皮動物門（132種）
毛顎動物門（2種）
節足動物門（昆虫以外）（518種）
節足動物門（昆虫）（2,843種）

種ごとの分類

図 8. 発光生物が含まれる属の数（上）と発光生物の種の数（下）

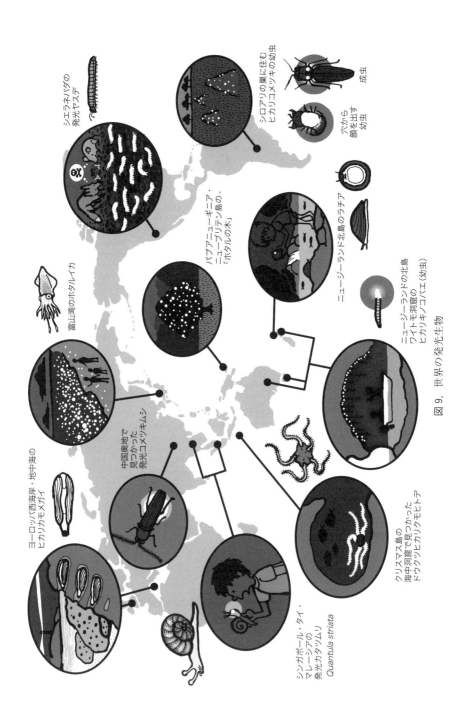

シエラネバダの
発光ヤスデ

シロアリの巣に住む
ヒカリコメツキの幼虫

成虫

穴から
顔を出す
幼虫

ヨーロッパ西海岸・地中海の
ヒカリガモメガイ

富山湾のホタルイカ

パプアニューギニア・
ニューブリテン島の
「ホタルのネジ」

ニュージーランド北島のラチア

ニュージーランドの北島
ワイトモ洞窟の
ヒカリキノコバエ（幼虫）

ニュージーランド北島
ワイトモ洞窟の
ヒカリキノコバエ幼虫

中国奥地で
見つかった
発光コメツキムシ

クリスマス島の
海中洞窟で見つかった
ドウクツヒカリウミヒトデ

シンガポール・タイ・
マレーシアの
発光カタツムリ
Quantula striata

図 9. 世界の発光生物

バクテリア、菌類、渦鞭毛藻類、環形動物、軟体動物、節足動物、棘皮動物、脊索動物については、発光種の種数を報告した論文があったので、これをもとに分類学データベースを使って現在の分類体系に照らし合わせることでほぼ数えることができた[2]。有櫛動物と刺胞動物には発光するものが多いが、発光種をリストアップした先行研究がなかったので、「発光種を含む属に含まれる種はやはり発光種である」と仮定して勘定した。その結果、現在わかっている世界の発光生物の総種数は「約 6800 種」という数字が算出された（大場 2019）。なお、この「同じ属なら発光種」という仮定は他の分類群でもほぼ有効と考えられるので、6800 種というのは少なく見積もった数と言えるだろう[3]。

　6800 種の内訳を見ると、魚類とホタル科 Lampyridae の割合がとりわけ多く、この 2 グループだけで全体の半数以上を占めていた。そこで、魚類とホタル科についてもう少し詳しく見てみることにしよう。

　魚類のうち、われわれが発光種として数えることのできたものは、1538 種だった（List of Luminous Fishes ver.1.25., Living Light List 2020）。ただし、発光すると思われるが発光するという記述のないものは含めていないので、実際はもっと多いはずである。また、ヒイラギやホタルジャコのように体表に発光器を持たず体の内部で発光するタイプ（これを羽根田は「間接照明型」と呼んだ；羽根田 1985）は、外見を見ただけでは発光種であるとはわからないので、まだ知られていない間接照明型の発光魚はもっと多いにちがいない。

　ホタル科の昆虫は、ITIS のリストをベースに最新の新種記載情報を加えた数が 2305 種（化石種を除く）あった。発光するかどうかきちんと確認されていない種も多いが、知られる限りホタル科のすべての種は少なくとも幼虫期に発光することになっているので（Lloyd 1983; Branham 2010）、ここでは 2305 種を発光種とみなした（List of Lampyridae ver.1.3., Living Light List 2020）。1 つの科でこれだけの発光種を擁しているグループは他にはない。さらに、昆虫の分類研究が進んでいる日本やヨーロッパや北米から新種のホタルが見つかることは今後あまりないだろうが、研究の進んでいない東南アジアや南米やアフリカにはまだ記載されていない種が相当いることはまちがいないので、実際の世界のホタル科種数は相当なものになるはずである。

　ホタルや発光キノコの新種はときどき報告されているが、それ以外の分類群

では、信頼できるような発光生物種の発見は最近はほとんど出てきていない。その数少ない例外が、ベトナム産のヌノメアカガイ科 Cucullaeidae の二枚貝ウマノクツワ *Cucullaea labiata*（小菅 2018）と、フランス産ツリミミズ科 Lumbricidae の発光ミミズ *Avelona ligra*（ABC 2016）である。どちらも昔からよく知られていた珍しくない種であるにもかかわらず、発光することには誰も気がついていなかったが、どちらも注意深い観察者により最近になって発光することがわかった。

　近頃見つかった発光生物で私を最も驚かせたのが、2019 年に中国の奥地から発見された新種のコメツキムシ *Sinopyrophorus schimmeli* である（Bi et al. 2019）[4]。コメツキムシ科 Elateridae においては以前から、ヒカリコメツキ fire beetle と呼ばれる発光種が中南米およびにメラネシア諸島から 200 種ほど知られていたが（Costa et al. 2010）[5]、ここで見つかったのはそれとは明らかに系統が異なるグループであった。このようなまったく新しい発光性の甲虫が 21 世紀の今になって見つかるとは思いもしなかったので、この論文を見たときは本当にびっくりした。

　1 種だと思われていたものが複数種だったことがわかり、そのため発光種の数が増えるケースはこれからも多くあるだろう。例えば、陸生発光バクテリア *Photorhabdus luminescens* に知られていた 4 亜種は、最近の研究により全て種に昇格したので、種の数としては 3 種増えたことになる（Machado et al. 2018）。ホタルミミズ *Microscolex phosphoreus* は世界中に分布しているが、最近の遺伝子解析と形態解析の結果、複数の種を含む種複合体 species complex である可能性が高いことがわかってきている（Rota et al. 2018b）。

　一方、発光種の数は研究が進むほど増えるとは限らない。日本にも知られているイソミミズ *Pontodrilus litoralis* やタカクワカグヤヤスデ *Paraspirobolus lucifugus* は世界中に分布する汎存種（コスモポリタン）であるが、以前はたくさんの種に分けられていたものがシノニムとして整理されて現在はそれぞれ 1 種になっている（Oba et al. 2011 を参照）。この場合は、発光生物の種数としては減ったことになる。

　深海の生物は未だわかっていないことが多いので、未知の発光生物はまだかなりいるだろうと思われる。ただし、明確な発光器を持つものでない限り、死

んだ標本を見ていてもそれが発光種かどうかはわからない。無人探査機（Remotely operated vehicle, ROV）による生きた深海生物の調査も進んでいるが、たいていは強いライトを当てての観察となるため、たとえそれが発光していても気がつかないだろう。したがって、深海生物が発光しているかどうかを確認するには、無人探査機に取り付けた捕獲装置（アームやバキューム）を使って生体を捕まえたあと、母船内でただちに物理的・化学的に刺激して素早く暗室で光を観察する、といった手間のかかる作業が必要となる。最近は、深海のその場でライトを消して微弱発光を高感度カメラによって観測する調査も行われているが、このとき問題となるのが、発光していた個体を捕獲する前に逃げられてしまう可能性が高いことである。したがって、この方法による調査は、逃げていくことのない固着性のサンゴなどに向いている（Bessho-Uehara et al. 2020a）。

＊　　　　＊

　以上のことをあれこれ勘案すると、私の想像では、地球上には 1 万種をゆうに超える発光種がいると思われる。しかし、その全貌が明らかになるには、まだ相当の年月がかかるだろう。

註
1）そのような具合であるから、発光生物に関する古い記述は妖怪百物語よろしく胡散臭い記述のオンパレードである。例えば、ホールダーによる発光生物に関する最初期の一般書『生物の発光』（*Living Lights*, Holder 1887）には、深海魚オオクチホシエソ *Malacosteus niger* が発光色の異なる 2 種類の発光器を備えていることなど多くの正しい記述とともに、マンボウが光るらしいとか、カエルの卵が光るのを見たとか、挙げ句の果てには全身ピンク色に光る人間を見たという証言までが紹介されている。ただし、著者ホールダーは賢明なことに、これらについては単なる見まちがいかもしれないと慎重な見方をしている。
2）発光バクテリアの種数については、主に Dunlap（2014）と Machado et al.（2018）を参考としたほか、ウルバンチク博士（鹿児島大）からのサジェスチョンを得た。発光性菌類については、主に Desjardin et al.（2008）を参考とし、Cortés-Pérez et al.（2019）その他の追加情報を考慮した。発光性渦鞭毛藻については、Marcinko et al.（2013）と Valiadi and Iglesias-Rodriguez（2013）を参考にした。発光性環形動物については Verdes and Gruber（2017）を、発光性棘皮動物については主に Mallefet（2009）を参考とし、これに追加情報を考慮した。発光種の多いイカ類については奥谷（2015）における発光器の有無に関する記述に基づいた。節

足動物のウミホタル目については Morin（2019）、ハロキプリダ目については Angel（1972）、オキアミ目については Brinton（1987）、十脚目については主に Herring（1976）を主に参考とし、その後の追加情報を考慮した。

3）どこまでを同属とみなすかについては恣意的な部分があるとはいえ、ある発光種があったときに、それと同属にされるほど近縁な種ならばやはりそれも発光種であるという基本ルールはたいていの場合成立している。ただし明らかな例外もある。例えば、ビブリオ属 *Vibrio*、*Aliivibrio* 属、*Photobacterium* 属のバクテリア（Dunlap and Urbanczyk 2013）、クヌギタケ属 *Mycena* のキノコ（Ke et al. 2020；発光関連遺伝子の有無より）、イソミミズ属 *Pontodrilus*（Seesamut et al. 2021）、シマミミズ属 *Eisenia*（Pes et al. 2016）、ヤセムツ属 *Epigonus* の魚類（Okamoto & Gon 2018；ただし発光器の有無）などは同属内に発光種と非発光種を含むことが確かめられている。

4）*Sinopyrophorus schimmeli* が見つかったのは中国の最西部に位置する雲南省隴川県と盈江県の常緑広葉樹林。成虫の腹部腹板第2節が発光器になっていて、雌雄とも緑色に発光するという。後述するように、のちの分子系統解析により *Sinopyrophorus schimmeli* を含めるとコメツキムシ科が単系統群にならないことがわかったため、本種のために独立の科 Sinopyrophoridae が建てられた（Kusy et al. 2021）。ただし、跳ねる機能も持っているらしいので、ここでは広義のコメツキムシと捉えておく（姿はどうみてもコメツキムシなのだ）。

5）これまで知られていたヒカリコメツキ類はすべてサビキコリ亜科 Agrypninae に属する種で、ほとんどは中南米に分布が限られる。しかし、なぜかフィジーとバヌアツとトンガに、それぞれ *Photophorus jansonii* と *Photophorus bakewellii* と *Hifo pacificus* の3種が飛び地で自然分布している（Rosa 2007）。ヒカリコメツキ類の多くの種は、前胸背板に1対の発光器を持つが、中には、*Pyrophorus plagiophthalmus* のように胸部と腹部の間の腹側にも発光器を持つものや、成虫は発光器を持たず幼虫のみ発光する *Alampoides alychnus* のような種（Rosa & Costa 2013）も知られる。また、トンガの *H. pacificus* には背側の発光器がなく、腹側の発光器のみが発光する（Rosa 2007）。

第3章
生息環境と発光の意義

　発光生物は、地球上のどのような環境にどのように適応して暮らしているのだろう。発光生物の発光の役割については、これまで、威嚇・誘引・カモフラージュなど「機能ごと」に、または、ホタル・魚類・クラゲなど「生物分類群ごと」に分けて紹介されることが多かった。ここでは少し斬新な試みとして、発光生物の発光の役割を「生息環境ごと」に分けて考察してみよう。これにより、地球上の多様な環境それぞれに発光生物たちが発光を使ってうまく適応している様子を映し出してみたい。

陸に棲む発光生物 1──地上

　ホタル科の昆虫は、北極と南極とニュージーランドを除くほぼすべての地域で見つかっている。だから、多くの人は陸上に発光生物がいることは当たり前だと感じているかもしれない。しかし、ホタル科とそれに近い甲虫のなかま以外で陸上に見つかる発光生物は、実はそれほど多くなく、発光バクテリア、キノコ、ミミズ、トビムシ、キノコバエ、ムカデ、ヤスデそれぞれに少ない発光種が知られている他に、カタツムリにたった1種だけ発光する種が見つかっているにすぎない（図10）。発光生物は、陸上には決して多くはないのである。
　ちなみに、ホタル科は先述のとおり世界に2300種程度、ホタル科に近縁で発光するフェンゴデス科とイリオモテボタル科も含めると2500種くらいになる。それだけを聞くと「そんなに少なくないじゃないか」と思うかもしれないが、昆虫綱全体で約100万種が記載されていることを考えると、ホタル科が占

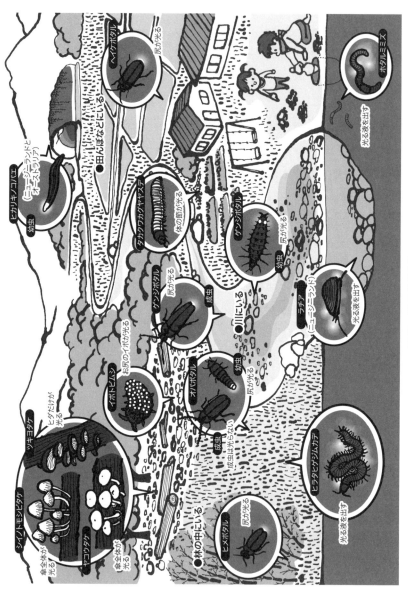

図 10．陸の発光生物

める甲虫の割合はわずかである。ちなみにホタル科と同じ甲虫目のうちゾウムシ科 Curculionidae は 8 万種、カミキリムシ科 Cerambycidae は 4 万種近い数が知られている。

　発光生物がいかに陸上に少ないかは、陸上で高い多様性を誇るいくつかの主要な分類群に発光種が全くいないことでも示すことができる。たとえば、既知種は 1 万 5000 種ほどだが実際は 1 億種とも言われている線虫（線形動物門Nematoda)[1]、約 30 万種が知られる陸上植物（コケ、シダ、裸子植物、被子植物）、魚類に匹敵する（宮 2016）約 3 万 2000 種が知られている四足動物（哺乳類、爬虫類、鳥類、両生類）、これらのいずれにもまったく発光種が含まれていない。また、昆虫に次いで陸上を支配している節足動物といえばクモガタ綱 Arachnida であるが、クモ類とダニ類を合わせて 10 万種以上にもなるのに、そこには発光種がまったく見つかっていない。クモなどは発光すれば（ヒカリキノコバエがそうしているように）光にエサが誘引されて都合よさそうなのに、そういう進化は起こらなかったのである[2]。

　なぜ陸上には発光生物が少ないのだろうか。その理由のひとつとして、「隠れるために光が使えないから」という説明が可能かもしれない。陸生の生物は、地面にほぼ張り付いて生活しているという意味で海の底生生物に似ているが、本章で後述するように、発光生物の豊富な海においても底生の発光種は少ない。これらの環境に共通するのは、自分が下から敵に見上げられることがない、つまりカウンターイルミネーションが有効ではないという点である。むしろ、海の浅場や陸上は、海の真っ只中の中深層とはちがって隠れる場所がたくさんある。だから、陸上において発光することは、目立って敵に発見されやすくなるばかりでメリットが少ないと考えられる。

　では、陸上で発光している生物は、なぜ発光しているのだろう。もっとも理解しやすいのは、目立つことでかえって自分が毒を持っていることやマズい味やニオイを持っていることをアピールする警告 aposematism の役割で、これが明らかに該当するのは、ホタル類とヤスデ類である。実際、ホタルとヤスデは基本的に毒を持っており、そのため派手な色彩をした種も多い（ホタルの毒については、序章の発光生物トピックス「ホタルの光と毒」を参照）。つまり、これらのなかまはもともと派手な色彩で警告をする昼行性の生物だったが、それ

が夜行性の発光種へと進化したと考えられる（Sagegami-Oba et al. 2007a）。陸上は、深海とちがって昼と夜があるので、昼は派手な色彩で、夜は発光によって警告するという戦略は理にかなっている。

　発光キノコの発光の役割も警告だ、という説もある。ただし、ツキヨタケ *Omphalotus japonicus* はヒトにとっては毒キノコであり、またワサビタケ *Panellus stipticus* には強い辛みがあるが、その他の発光キノコについては毒があるとかひどく不味いという報告がない。また、ツキヨタケはハネカクシなどの昆虫には好んで食べられているし（槙原ら 1972）、ワサビタケはナメクジが好んで食べるという（Johnson 1917）。したがって、発光キノコの発光の意義については、警告説よりも、むしろ光で昆虫などを誘引して胞子を分散してもらっているのだろうという説の方が有力視されている（Oliveira et al. 2015）。しかし、それ以外にもまだいろいろな仮説が考えられ、そのどれが正しいのかは明確になっていない（Sivinski 1981; Desjardin et al. 2008）。

　発光性キノコバエの中でも、オーストラリアやニュージーランドのヒカリキノコバエ属 *Arachnocampa* と北米の *Orfelia fultoni* の幼虫の場合、発光の役割は明らかに餌の誘引である。ねばねばする糸で網を張り、光におびき寄せられてくる小虫を捉えて食べている。このような、発光を捕食に使っているケースは陸上生物では少数派で、これらキノコバエの他には、このあとに説明するフォツリス亜科 Photurinae のホタルの例しかない。

　一方、ツノキノコバエ属 *Keroplatus* とこれに近縁な *Neoceroplatus* 属のキノコバエに知られる発光種の幼虫が光る意義はよくわかっていない。ヒカリキノコバエとは異なり、これらの幼虫は胞子食だと考えられているからである（Oba et al. 2011; Falaschi et al. 2019）。興味深いのは、彼らが作る粘液でできた巣が強い酸性を示す点である。もしかすると、アリなどの外敵が巣の中に侵入してくるのを強い酸と発光によって警告しているのかもしれない（Oba et al. 2011）。なお、ニッポンヒラタキノコバエ *Keroplatus nipponicus* の幼虫をナガコガネグモの巣に付けてみたことがあるが、何度やってもクモは決して幼虫を食べようとせず、巣から外して下に落としてしまった。体に何か不味物質を持っているのだろうか。

　発光カタツムリ *Quantula striata* は、口の辺りの発光器（「羽根田の器官」

organe de Haneda と呼ばれている; Bassot & Martoja 1968）が緑色に、まるでホタルのように点滅する。面白いことに、成体もときどきは発光するが、よく発光しているのはもっぱら小さな幼体である。だからゲンジボタルのように交尾相手を探すために光っているのではなさそうである。餌を求めて集合するサインだという説もあるが（Copeland & Daston 1993）、それを支持する実験結果は得られていない。

　むしろ、カタツムリはホタル類の幼虫の主要なエサであることから、私は、発光カタツムリの光にはホタル類からの捕食を回避する役割があるのではないかと想像している。沖縄で夜の調査をしていると、カタツムリの殻に頭を突っ込んで捕食しながら光っているホタルの幼虫をよく目にする。ホタルには毒があるので、ホタルが頭を突っ込んでいるカタツムリをわざわざ食べようという生き物はいないだろう。つまり発光カタツムリは、発光することであたかもホタルに捕食されている場面を演じているのかもしれない。実際、シンガポールで発光カタツムリを最初に見つけた熊沢誠義技師は、「螢の幼蟲かと思つて取つてみると意外にも小さなカタツムリであつた」と、その時の印象を述懐している（羽根田 1946）。また、私が訪れたフィジーの真っ暗な森での経験だが、草むらに緑色に発光する点が見えたのでホタルの幼虫だと思って懐中電灯で照らしてみると葉の上にカタツムリがいた。この「ホタルに食べられているカタツムリに擬態している」という私の仮説は、我ながらなかなかよいと思っているのだが、今のところ検証は全くされていない。

　陸上発光生物の中でホタルだけが群を抜いて種数が多い理由は、発光を雌雄コミュニケーションに使っているからだと考えられる[3]。ホタル科の昆虫における発光は、上述のとおり、もともとは幼虫における警告の役割だと考えられるが、進化の過程で成虫ステージまで発光形質が持ち越されそれを雌雄コミュニケーションに使う種が進化し、その結果、性選択の効果により種ごとに発光色や点滅パターンにバリエーションが生じてホタル科の種分化に拍車がかかったと考えられる（ルイス 2018）。なお、発光形質が雌雄コミュニケーションの役割を担うようになると種分化が加速する傾向は、ハダカイワシ類やウミホタル類など、他のいくつかの生物分類群にも当てはまるようである（Ellis & Oakley 2016）。

北米産のフォツリス亜科のうち *Photuris* 属のいくつかの種（Lloyd 1975; 1984）と *Bicellonycha* 属の *B. ornaticollis*（Viviani 1996）に知られるファム・ファタル femme fatale「魔性の女」（つまり、メス成虫が発光を使って別種のホタルのオスをおびき寄せて捕食する例）は、発光の利用法のさらなる進化形といえるだろう（ルイス 2018）。

陸に棲む発光生物 2——淡水域

　淡水域は陸水とも呼ばれ、陸上の一部とみなされるが、そこに住む発光生物は水のない地上よりもさらに少ない。完全な意味で淡水産であるのは、極東ロシアのブレヤ川で目撃されたヒメミミズ科の一種 Enchytraeidae sp. に関する不確かな情報を除き[4]、確実なのはニュージーランド北島の小川にのみ知られる Latiidae 科の腹足類ラチア *Latia neritoides* が唯一である[5]。刺激を与えると、黄緑色に発光する粘液を放出することから、発光には敵に対する目くらましの役割があると考えられる。あるいは、この粘液が塊になって水に流れていくので、捕食者はそれに気を取られ、結果的にラチアは捕食を免れるという戦略かもしれない。または、攻撃してきた敵に発光粘液を付着させることでその敵の捕食者を呼ぶ「burglar alarm」の効果（後述の発光生物トピックス「ホームセキュリティー仮説」参照）があるとも考えられる（Meyer-Rochow & Moore 1988）。実際、私を現地案内してくれたムーア氏の体験談として、採集したラチアを手に持っていたところ、手から漏れる光めがけてウナギが襲いかかってきたことがあるという（Meyer-Rochow & Moore 1988；マイヤーロホ博士私信）。

　幼虫期を完全に水中で過ごすホタルは、日本のゲンジボタル *Luciola cruciata* とヘイケボタル *Aquatica lateralis* を含め、アジアに分布するホタル亜科 Luciolinae の数種類のみに知られている[6]。湿地で暮らす半水棲のホタルは、例えば北米の *Pyractomena lucifera* など、マドボタル亜科 Lampyrinae にもいる（Faust 2017）。もっとも、幼虫が水棲・半水棲生活をするこれらのホタル類も、成虫は陸生なので、完全な淡水生物とはいえない。

　ゲンジボタルの幼虫を刺激すると臭腺を出して嫌な匂いを出すことから、その発光の役割は、他のホタルの幼虫と同様に毒を持つことや不味であることを

アピールする警告だと考えられる。実際、水中におけるホタルの天敵と考えられるヤゴやハゼ類に幼虫を与えるとこれを食べずに吐き出すことが観察されている（Ohba & Hidaka 2002）。ただし、これらの幼虫を人為的に刺激すると、たしかに臭腺は出すが、それが発光したところを私は見たことがない。

　前述のとおり魚類に発光種は多いが、その中に淡水種は1種も含まれていない。淡水魚の種数は全魚類の半分近くにも達するのだから、いかに発光種が海産に偏っているかがわかるであろう。なお、ヒイラギ科 Leiognathidae の一部の種とカタクチイワシ科 Engraulidae のエツのなかまは汽水から淡水域にまで来ることがあるものの、ヒイラギは完全な淡水で生きていくことはできない。また、第7章の註1に説明するようにエツの一種 Coilia dussumieri が本当に発光するのかどうかはどうも疑わしい。

　バイカル湖は、最大水深が1000メートルを超え、古くから安定して存在してきた湖である。しかも透明度が高く生物固有種も豊富であることから、発光生物がいてもおかしくない条件は整っている。これに関して、バイカル湖の深層水が弱く発光していることがニュートリノ観測の際のバックグラウンドとして観測され、未知の淡水性発光生物の存在が期待されたことがあるが（Herring 1987; Haddock et al. 2010）、現在これは非生物的な微弱発光現象が原因であるとされている（Bowmaker et al. 1994）。

　淡水に発光生物がほとんどいない理由としては、淡水域は基本的に浅くしかも濁っているため発光を利用しにくいこと、また、進化的に必要な長期間持続した環境が保たれにくいことなどが指摘されている（Haddock et al. 2010）また、海洋とは異なり基本的に発光バクテリアがいないことと、セレンテラジンの生産者である発光性カイアシ類がいないこと（第2部に詳述）も、淡水域で発光生物が進化しえなかった理由かもしれない。

陸に棲む発光生物3──地中

　光を発してもすぐに遮られる地中という環境は、発光生物の生息場所としてはあまり利点がなさそうだ。それでも、土の中に発光生物がまったくいないわけではない。

例えば、ミミズはその代表例である。発光性のミミズ（貧毛綱 Oligochaeta）は種数は少ないながら、ムカシフトミミズ科 Acanthodrilidae、ヒメミミズ科 Enchytraeidae、ツリミミズ科 Lumbricidae、フトミミズ科 Megascolecidae、フタツイミミズ科 Octochaetidae の5科に見つかっている（Verdes & Gruber 2017）。

　ではなぜ、これらのミミズは土の中で発光するのだろう。ホタルミミズやイソミミズなど、発光ミミズの多くの種は発光する粘液を分泌するが、粘液に毒や不味物質があるようすはない。ホタルミミズを魚やイモリに与えてみたことがあるが、みな喜んで食べていたし、そのあとイモリの腹具合が悪くなったようにも見えなかった。また、イソミミズは、昔からハゼ釣りの餌として使われていたという（山口 1970）。したがって、発光ミミズの発光の役割は、警告ではなく、おそらくラチアのように発光液を出すことで敵の目を欺きその間に自分は逃げてゆく戦略だろうと推論できる。ただし、地中でどれだけそれが有効であるのかはわからない。

　発光液を分泌しない発光ミミズも知られている。フランスの生物学者マルセル・コークン（Marcel Koken）は、BBC の番組の中で体が青く光る発光ミミズの一種 Avelona ligra をオサムシに与えてみせたが、噛みつかれた刺激によりミミズは強く発光したもののオサムシはひるむことも捕食をやめる様子も見せなかった（ABC 2016）。「どうやらこの青い光には、まだ明らかになっていない役割があるようです」（番組進行役デイビッド・アッテンボローのコメント）。シベリアのコブヒメミミズ属 Henlea やハタケヒメミミズ属 Fridericia（ともにヒメミミズ科）も発光液を分泌しないタイプのミミズだが、これらの発光の役割は調べられていない。

　その他、発光性菌類の菌糸、ゲンジボタルやヘイケボタルの蛹など、特定のステージだけ地中で過ごす発光生物はいくつかある。ただし、これらの発光にどのような適応的な役割があるのかはあまりわかっていない。ゲンジボタルやヘイケボタルの蛹は全身が弱く連続的に発光していて、刺激を受けると腹部の発光器も強く発光する。これは、蛹という無防備なステージにおいて自分に毒があることを敵に対して警告している、と解釈できるかもしれない。ただし、粘液で塗り固められた硬い土繭の中にいる蛹の光が外に漏れることはあまりな

さそうだ。

　フロリダで見つかったホタル科（マドボタル亜科）の一種 *Pleotomodes need-hami* は、ホタル科としては極めて珍しく好蟻性 myrmecophile で、アリの巣の中に居候している（Sivinski et al. 1998）。なお、このホタルの幼虫はアリを食べることはなく、夜になるとアリの巣の外に出て陸貝を食べ、成虫も夜になるとアリの巣から出てきて発光により雌雄コミュニケーションするという（Sivinski et al. 1998）。また、巣の中のアリたちもホタルが居候していることを気にしているようすはなく（体表の化学物質組成を真似ることでアリなどの社会性昆虫に対して仲間だと勘違いさせる「化学擬態」か？）、どうやらこのホタルの発光をアリの巣の中で使うことはなさそうだ[7]。

陸に棲む発光生物 4──空中

　飛翔できる発光生物は少ない。海産発光生物では、トビイカ *Sthenoteuthis oualaniensis* やアカイカ *Ommastrephes bartramii* など一部の発光イカは空中を滑空できるが、その滑空時間はせいぜい数秒にすぎない[8]。滑空の役割は、敵から逃れるためだと考えられるが、発光との関わりは知られていない。

　飛翔できる陸上発光生物は、昆虫のなかまだけである。ただし、フェンゴデス科 Phengodidae とイリオモテボタル科 Rhagophthalmidae（オオメボタル科ともいう）で発光するのはもっぱら幼虫とメス成虫であり、これらのメス成虫は幼形成熟により翅がないので飛べない[9]。ヒカリコメツキ類には、前胸背板の他に腹側の後胸と腹部の間に発光器を持つものがある。この腹側の発光器は飛翔中にしか見えず、その役割は雌雄のコミュニケーションだと考えられているが（Stolz et al. 2003; Costa et al. 2010）、詳しい研究は行われていない。キノコバエ科の発光種は、発光するのは幼虫期だけであり、基本的には成虫になると発光しない[10]。

　したがって、明らかに飛翔中の発光を適応的に使っていることが知られているのは、ホタル科のなかまだけということになる。ただしホタル科においても、成虫になると雌雄ともに発光しない種（オバボタルなど）、雌雄ともに発光するがメスは無翅で飛べない種（ヒメボタルなど）、雌雄ともに発光し飛翔もできる

種（ゲンジボタルなど）は多い。しかし、オスが飛翔できなかったり、メスは発光するのにオスが発光しない種はまれである[11]。ところで、飛翔するオスのホタルの発光であるが、実は、メスへのアピールと考えるのは単純すぎるかもしれない。いくつかの種においては、地上にいるメスが光っているのをオスは飛びながら探しているだけで、メスはオスの光を気にしていない可能性がある。では、そのオスは何のためにピカピカ光りながら飛びまわっているのだろう？

　発光生物ではないが、第二次世界大戦中、カウンターイルミネーションを模倣して戦闘機の前方にランプをたくさん付けることで敵の潜水艦などに見つかりにくくする試み（通称「ユーディー・カモフラージュ Yehudi camouflage」）が、アメリカ軍により実施されている（Bush et al. 1946）。もっとも、このアイデアは実戦で使用されないまま、その後レーダーによる探査法が主流になるとともに忘れ去られた。深海と違って陸上の光環境は変化が激しすぎるため、空中でカウンターイルミネーションを機能させるのは人間にとっても難しかったのだろう。

　ユスリカのなかま（Chironomus 属）の成虫が飛翔しながら発光する現象が古くから報告されているが、これは Photorhabdus 属の発光バクテリアによる感染が原因だと考えられている（Dunlap & Urbanczyk 2013）。なお、江戸時代の妖怪変化には、叢原火、釣瓶火、ふらり火、姥が火、提灯火、人魂など、空を発光体が飛んでいるものが多いが（例えば1779年に刊行された鳥山石燕『図画百鬼夜行全画集』復刻版を参照）、これらの一部はこの発光ユスリカの群飛によるものではないかと私は想像している。とくに、迫り出した木の枝の下に現れるという釣瓶火などは、ユスリカの蚊柱にそっくりである。

　同じ江戸時代には、サギのなかまの胸のあたりが発光する現象「青鷺火」「五位の光」が「知られていた」。例えば上記『全画集』所収の「今昔画図続百鬼」にも「青鷺の年を経しは、夜飛ときはかならず其羽ひかるもの也」という記述がイラストレーションとともに見られる。不思議なことに、西洋においてもゴイサギのなかまが発光するのを見たという記述がある。ホールダー著「発光する生物」（1887年）の解説によると、胸のあたりの白い羽毛が発光するといい、憶測であるがと断ったうえで「光で獲物の魚をおびき寄せているのではないか」と書かれている。もちろん、鳥類に発光種はいないが、東西どちらで

もゴイサギの名が挙がっている点は興味深い。

発光生物こぼれ話 ｜ 発光生物はおいしい？

　陸上の発光生物には不味いものが多い。光を使って自分がおいしくないことをアピール（警告）しているからである。反対に、おいしくて光っていたら、夜行性の捕食者に見つかって食べられてしまうだけで、いいことは何もない。

　一方、すでにお気づきだろうが、海の発光生物のいくつかは明らかにマズくない。それは、海の発光生物の多くが、警告ではなく自分の姿を隠す用途「カウンターイルミネーション」に発光を使っているからである。

　おいしい発光生物の筆頭は、なんと言ってもホタルイカとサクラエビだろう。ただし、サクラエビについてはそれが発光種であると知っている人はあまりいない。もっとも、サクラエビが発光するところを見た例は大正時代からこれまでに3回しかないのだから（Terao 1917; Omori et al. 1996; 大場 2015）、知らないのも無理はない。なお、その3回目というのは他でもない著者による実験である。サクラエビが光るようすを初めてカラー写真に収めることに成功し、新聞やテレビのクイズ番組にも紹介された。小さなことだが、ちょっと誇らしい発見だと思っている。サクラエビをただ刺激をしても光らないことはわかっていたので、撮影には少し細工をした。節足動物の神経ホルモンであるオクトパミンを生きたサクラエビに投与してから撮影したのである。

　ホタルジャコは、その名のとおり光る魚である。小型で小骨が多くそのまま食されることはあまりないが、宇和島（愛媛県）ではジャコ天の素材として珍重されている。ジャコ天のすり身に使われる魚はいろいろあるが、ホタルジャコを使ったものがもっとも味がよいとされ、それゆえ「ジャコ天」。よく勘違いされるが、ジャコ天のジャコはチリメンジャコではない。

　三陸名物の「どんこ汁」は、チゴダラ（エゾイソアイナメ）*Physiculus japonicus* の肝を入れたみそ汁。ヒイラギは、高知などでは干物にして「ニロギ」の名で売られている（私が食べたものは、オキヒイラギ *Equulites rivulatus* を使っていた）。どちらも、発光種であることはあまり知られていない。干物や練り物に使われるアオメエソも発光魚だ。水晶体が緑色をしているので「メヒカリ」と呼ばれ、そのため眼が光ると思っている人が多いが、実際に光るのは肛門のまわりである。

ハダカイワシの一夜干しは、高知では「やけど」の名前でスーパーマーケットにも並んでいる。わたしも食べたことがあるが、脂が乗っていておいしかった。ちなみに、ハダカイワシ類（ハダカイワシ目）は系統的にはイワシ（ニシン目 Clupeiformes）とまるっきり関係がないが、味には共通点があるように思われた。

　スルメイカ *Todarodes pacificus*（アカイカ科 Ommastrephidae）は発光しないが、高級スルメやイカ焼きに使われるケンサキイカ *Uroteuthis edulis*（ヤリイカ科 Loliginidae）は発光種である。ダンゴイカのなかま（ダンゴイカ科 Sepiolidae）は小さな発光イカであるが、不知火（熊本）のようにこれをそのまま寿司ネタに使う地方もある。

　まとまって捕れない魚種は流通に乗りにくいが、マツカサウオ *Monocentris japonica*、ソコダラのなかま、ヒカリチヒロエビ *Aristeus virilis*（チヒロエビ科 Aristeidae）、ミノエビのなかま（ミノエビ *Heterocarpus hayashii* やマルゴシミノエビ *Heterocarpus laevigatus* などタラバエビ科 Pandalidae の種）などは、地元や漁師さんたちのあいだでは好んで食べられているが（ぼうずコンニャク 2015）、いずれも発光種だ。

　オキアミ類はほとんどすべての種が発光種。主に養殖魚の飼料や釣りエサとして利用されているが食用にされることもある。オキアミで作った塩辛はキムチ作りに欠かせないそうである。

　生きているときは発光する生物も、当然ながら調理されてしまえば発光しない。もちろん、発光種ならではの特別な味があるわけでもない。とはいえ、ホタルイカやサクラエビやハダカイワシなどは、調理されても発光器がはっきりと見てわかる。ヒイラギやホタルジャコやダンゴイカの発光は共生する発光バクテリアによるものであるから、発光バクテリアもいっしょに食べていることになる。そんな豆知識を思い出しながら（あるいは友人に披露しながら）発光生物をいただくのも一興ではなかろうか。

海に棲む発光生物 1──潮間帯

　発光生物の大部分は海にいる。カリフォルニア沖を表層から超深海（3900メートル）まで無人探査機で調査した結果によると、どの深度でもまんべんなく

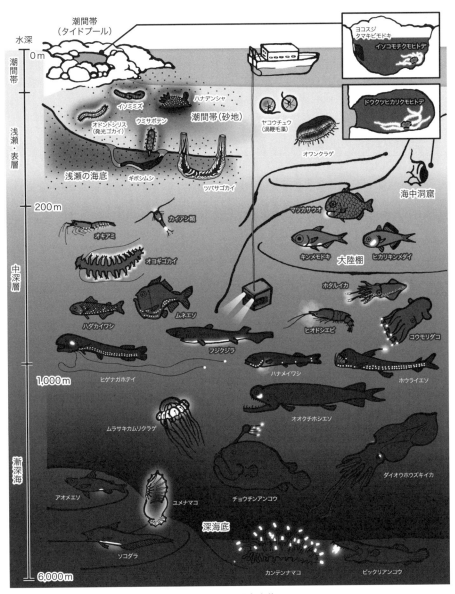

図11．海の発光生物

発光生物が目撃され、全てを合計すると確認された生物個体の76％が発光生物であったという（Martini & Haddock 2017）。しかし、ひとくちに海と言ってもその環境は多種多様であり、そこに棲む発光生物たちの顔ぶれもそれぞれ環境ごとに異なり、それぞれがその環境に合った発光の使い方をしている。海の中は、単なる太陽光の届かない暗闇ではなく、生物たちの放つ光が主要な環境要因のひとつになっている「光の世界」と言ってよいだろう（図11）。

　潮間帯は、潮の干満により陸地になったり海水中に水没したりする不安定な「陸と海の境目」である。水が干上がらない潮だまり（タイドプール）においても、雨や日光などの影響で塩濃度が極端に変化し、また夏には水温がかなり上昇するが、磯採集をするとわかるとおり、そこにうまく適応して生活している生物も少なくない。しかし、発光生物の中で潮間帯に見つかる発光生物はあまり例がなく、波のかからない砂浜の砂の中に棲むイソミミズ *Pontodrilus litoralis* や、砂に埋まって見つかるウミシイタケ *Renilla reniformis*（ただし、ウミシイタケは深海にもいる）、タイドプールにも見られるイソコモチクモヒトデ *Amphipholis squamata*、巻貝のヨコスジタマキビモドキ *Hinea fasciata*、地中海の泥岩などに穿孔するヒカリカモメガイ、泥干潟に長い棲管を作るツバサゴカイやムギワラムシ、などが挙げられる程度である。これらの生物の発光の役割は、基本的には敵を驚かせることだと考えられているが、詳しいことはわかっていない。ただし、クモヒトデにおいては、捕食者であるカニがクモヒトデの不味さを発光といっしょに学習しているらしいことが実験的に確かめられている（Grober 1988; Jones & Mallefet 2013）。

　昆虫は、先にも書いたとおり種数が著しく多く、動物の中で最も多様化に成功した分類群であるが、海にだけは（ウミアメンボやウミコオロギなどを除いて）ほとんど進出できていない。そのような中、米国フロリダのホタル *Micronaspis floridana* の幼虫は、驚くことに海水の入り込む塩水湿地に棲んでいる（Faust 2017）。2014年に私がフロリダで観察したときも、幼虫が完全に塩水の中にいたので驚いた。もともと水に近いところに棲んで巻貝を捕食するというホタル科の基本ライフスタイルが、海辺という昆虫が苦手とする環境への適応を促したのではないかと思われる[12]。

海に棲む発光生物 2——浅瀬と表層

　足が届くような浅瀬にも発光生物はいる。しかしその種数は少なく、浅瀬の生物種の 1 ～ 2％くらいだろうと見積もられている（Morin 1983）。具体的には、浮遊性の発光バクテリア、ヤコウチュウ *Noctiluca scintillans* をはじめとする発光性渦鞭毛藻類（渦鞭毛藻綱 Dinophyceae）、オタマボヤのなかま（オタマボヤ綱 Appendicularia オタマボヤ科 Oikopleuridae）、ウミホタル類（ウミホタル目 Myodocopida ウミホタル科 Cypridinidae）[13]、シリスのなかま（多毛綱 Polychaeta シリス科 Syllidae）、ウロコムシのなかま（多毛綱ウロコムシ科 Polynoidae）、フサゴカイのなかま（多毛綱フサゴカイ科 Terebellidae）、ウミエラ目 Pennatulacea のウミサボテン *Cavernularia obesa*、半索動物門 Hemichordata のギボシムシ（ワダツミギボシムシ *Balanoglossus carnosus* やヒメギボシムシ *Ptychodera flava*）、クモヒトデ、サンゴに穿孔しているツクエガイ *Gastrochaena cuneiformis*（ツクエガイ科 Gastrochaenidae）など。発光イカの多くは深い海に生活するが、ハワイミミイカ *Euprymna scolopes* のように海岸近くの浅瀬に暮らすものもある。

　浅瀬に棲む生物は全般に、種数は少ないが個体数としては大量にいるのが特徴だが、発光生物もその例外ではない（Morin 1983）。例えば、ヤコウチュウは時に異常発生し、海岸を赤く染め尽くして赤潮の原因となる。こうした異常発生は、発光性のクラゲやクシクラゲでもよく起こる。瀬戸内海の静かな漁港で豚レバーを餌にトラップを仕掛けると、一投で数百個体ものウミホタルが採取できる。

　浅瀬の発光生物における発光の主要な役割は、敵からの捕食回避である（Morin 1983）。刺激すると発光液を吐き出すウミホタルや、発光する尾端を自切するシリス類、発光するウロコが外れるウロコムシ類などは、外敵に攻撃された時の煙幕、もしくは敵の気をそらす「おとり」として発光を使っていると推察される。ただし、シリスのなかまと（Verdes & Gruber 2017）、おそらくミズヒキゴカイのなかま（ミズヒキゴカイ科 Cirratulidae のいくつかの種）は（Petersen 1999）、繁殖期の雌雄コミュニケーションにも発光を使うことがわかっている。

ウミホタル科の発光種は基本的に敵を驚かす役割で発光すると考えられているが、不思議なことにカリブ海では雌雄コミュニケーションの役割として発光シグナルを使う種が多く見つかっている。(Cohen & Morin 2010)。これらのオスは、種特異的なパターンで発光液を分泌しメスを誘引するというのだから (Cohen & Morin 2010)、まさにウミのホタルである。種数が多いことも、発光が雌雄コミュニケーションに組み込まれたことによって引き起こされた種分化の結果だと説明できるだろう（例えば Ellis & Oakley 2016)。

　ギボシムシやフサゴカイは、刺激すると発光とともに臭い匂いを出すので、その発光には警告の役割があると考えられる。オタマボヤ、ウミサボテン、ツクエガイなどについては、発光の役割はよくわかっていない。

　表層とは水深 0 〜 200 メートルを指す言葉で、発光生物では、渦鞭毛藻類やオタマボヤ類、クラゲ類、クシクラゲ類といくつかの発光魚が表層域に止まって生活しているが、外洋では、夜になると深海から日周鉛直移動（1 日の中で周期的に異なる生息深度を移動すること）によってオキアミ類やカイアシ類やサクラエビ *Lucensosergia lucens* などの深海発光性甲殻類が植物性プランクトンを食べに表層まで上がってくる。さらに、それを狙ってハダカイワシ類の一部の種やホタルイカ *Watasenia scintillans* などの大型の発光生物も日周鉛直移動によって上がってきて、夜の外洋表層は賑やかになる。

　表層に暮らす代表的な発光魚としては、ヒイラギ科のなかま、キンメモドキ *Parapriacanthus ransonneti*、ホタルジャコ *Acropoma japonicum*、ヒカリイシモチ *Siphamia tubifer* などが挙げられる（第 7 章でもういちど紹介する)。ヒイラギ類は、発光器の大きさに雌雄差があり、実際の行動観察からも発光を雌雄コミュニケーションに使っていることは確かだと考えられる (Herring 2007)。これらの表層の発光魚は、基本的に大陸棚と呼ばれる深さが 200 メートルくらいまでの浅海に棲んでいるので、以降は「浅海発光魚」と呼ぶ。

　渦鞭毛藻類の発光の役割はよくわかっていないが、種によっては毒を持っていることから、有毒であることをアピールする警告の役目だとする考えもある。実際、赤潮の原因にもなるシビレジズオビムシ *Alexandrium catenella* は発光種であるが、ゴニオトキシンやサキシトキシンといった神経毒を産生していることが知られている（坂本ら 1999)。一方、ヤコウチュウのように、少なく

ともヒトに対する毒を持たないとされる発光性渦鞭毛藻もある（末友 編 2013）。こうした無毒な渦鞭毛藻の発光については、次のトピックスに示したように「敵の敵」を呼ぶ「burglar alarm」の役割が考えられる。

発光生物トピックス｜ホームセキュリティー仮説

　渦鞭毛藻類の発光の役割については、「burglar alarm」と呼ばれる仮説が提案されている。Burglar alarm とは、ホームセキュリティーの警報装置のこと。つまり、光ることで「敵の敵」を呼び出すというものである。まっ暗な環境の中でエビが発光性渦鞭毛藻を襲うと、その刺激により渦鞭毛藻が発光しエビの姿が浮かび上がる。そうすると、エビが大型の魚やイカなどに見つかって捕食されてしまうため結果的に渦鞭毛藻は助かる、という図式であり、実際にそれを示唆する実験的な検証も行われている（例えば Fleisher & Case 1995）。ただし、本当にこれが適応的な戦略として機能しているのかどうかについては、もう少し検討が必要だと思われる。

　しかし、渦鞭毛藻類にとって、カイアシ類などの肉食性の甲殻類が重要な天敵となっていることは確からしい。カイアシ類はコペポダミドという脂質を持っているが、これの匂いを感知した渦鞭毛藻は有意に発光量が増加するという（Lindström et al. 2017）。同時に渦鞭毛藻が持つ毒の生産量も上昇することが知られているが（Selander et al. 2015）、このことは、発光の意義が burglar alarm というよりは警告である可能性を示唆していると言えるだろう。ただし、1つの発光生物の発光の役割は、1つとは限らない。渦鞭毛藻の発光の役割は、ホームセキュリティーと警告の両方ということも考えられる。

　なお、渦鞭毛藻の発光の効果における burglar alarm のアイデアの萌芽は、すでに海洋生物学者マーチン・バークンロード（Martin David Burkenroad, 1910-1986）の 1943 年の論文（Burkenroad 1943）に見られ（そこでは burglar alarm の他に luminescence alarm という表現も使われている）、現在はより広く発光クモヒトデ（Mallefet 2009; Jones & Mallefet 2013; Okanishi et al. 2019）、ウミホタル、ツバサゴカイ（Rawat & Deheyn 2016）など浅い海に棲むさまざまな発光生物の光の役割にも当てはまるかもしれないとされる。この戦略は生物密度が極端に低い深海では効果的ではないので、burglar alarm の主な舞台が浅海であるのは当然であるが、最近ではムラサキカムリクラゲ Atolla wyvillei のような深海発光クラ

ゲの発光の役割も burglar alarm ではないかと考えられている（NHK 2017）

海に棲む発光生物 3——中深層

「中深層」mesopelagic zone という用語は、水深 200 〜 1000 メートルを指す言葉として定着している（ただし、いずれの深さでも海底から上部 50 メートルは海底と関わりが深いので、水深 200 メートル以深であってもそこは近海底として区分される：土田 & Lindsay 2000）。発光生物の多くが中深層に棲むため、発光生物の理解においてはきわめて重要なキーワードといえる。深海生物の権威ノーマン・マーシャル（Norman Bertram Marshall, 1915-1996）がいみじくも書いたとおり、そこは「何はさておき発光によって特徴づけられたコミュニティー」（Marshall 1954）なのである。

中深層における発光生物の豊富さを物語る具体例として、バミューダ沖 500 〜 700 メートルの深海でネット捕獲された魚類のうち 81％の属、66％の種、96.5％の個体が発光魚だったという驚くべき記録がある（Beebe 1937）。また、十脚目の調査では、大西洋北東部の水深 500 〜 1000 メートルでネット捕獲されたエビ類のうち 70％以上の種が発光種であったという（Herring 1976）。

ではなぜ、中深層に発光生物が多いのだろう。中深層は、海面から差し込む太陽光がギリギリ届く範囲と定義されているため「トワイライトゾーン」と呼ばれることもある。その膨大な空間には隠れる場所が何もないため、そこにぽつんと浮かんで暮らす生物は海面から垂直に届く微弱な太陽光のせいでシルエットができてしまい、敵に見つかりやすくなる。もちろん、クラゲのように全身をほぼ透明にできればよいが、魚類やイカや甲殻類の場合、眼や内臓などでどうしても全身を透明にすることができない。そこで生物たちが進化させた発光を使った戦略がすでに説明した「カウンターイルミネーション counterillumination / counter-illumination」なのである。

このカウンターイルミネーションはよほど優れた戦略であるのか、中深層に暮らす大型発光生物のことごとくがこれを採用している。例えば、400 種以上が知られているワニトカゲギス目 Stomiiformes の魚類は、（漸深海性のただ 1

種を除いて：次節参照）カウンターイルミネーションのためと考えられる発光器が腹側にずらりと並んでいる。その他、ハダカイワシ目、ツノザメ目、オキアミ目、サクラエビ科、ホタルイカのなかま（ホタルイカモドキ科）といった系統の異なる発光生物たちも、みな一様に腹側に発光器を備え、その役割がカウンターイルミネーションであることは疑いようがない。まさに、大規模な収斂進化のみごとな見本と言ってよいだろう。

　一方、ハダカイワシ目 Myctophiformes ハダカイワシ科 Myctophidae とワニトカゲギス目には、頭部にも大きな発光器を備えているものが多い。こうした前方を照らす発光器は「照明」の役割だと考えられているが、生きた姿の観察例が基本的にないので詳しいことはわからない。発光を雌雄コミュニケーションに使っている生物が中深層にいるかどうかは不明であるが、雌雄で頭部発光器や尾部発光器の形態に違いのあるハダカイワシ類や（Barnes & Case 1974; Edwards & Herring 1977）、生殖器の付近の発光器分布パターンが雌雄で異なる深海ザメ（Claes & Mallefet 2009; 2010）、多くの深海生物には見ることのできないはずの黄色に光るオヨギゴカイ *Tomopteris* のなかま（Gouveneaux et al. 2018）などは、種内コミュニケーションに発光を使っている可能性がある（海洋発光生物の性的二型については、網羅的にまとめられている Herring（2007）が参考になる）。

　しかし、クラゲやクシクラゲやヤムシのような中深層を漂う全身ほぼ透明な発光生物については、その発光の役割をカウンターイルミネーション以外に求めなくてはいけないが、これらの生物は視覚が十分に発達していないことを考えると、種内コミュニケーションとは考えにくい。だから、単純ではあるが、おそらく敵から逃げるための「光の煙幕」であると考えるのが妥当であろう。ただし、クラゲのような刺胞を武器に持つ生物の場合は「警告」の役割もあるかもしれない。

海に棲む発光生物 4——漸深海

中深層で多く見られた発光生物は、漸深海と呼ばれる 1000 メートルを超える領域まで行くと再びあまり見られなくなる。太陽光がまったく届かない暗黒

の世界ではカウンターイルミネーションが使えないからである。そのため中深層で生活していた生物が漸深海に住処を変えると、不要になった腹側の発光器はしばしば失われることになる（Brinton 1987）。

　例えば、オキアミ類の大部分の種は中深層を日周鉛直移動しながら生活するが、ソコオキアミ属のソコオキアミ *Bentheuphausia amblyops* は例外的に1000 メートル以深の深海層にとどまって暮している。そしてこのソコオキアミは、オキアミ類のなかで唯一発光器を欠き、眼も他のオキアミと比べて小さく退化しているのだ（Brinton 1962）。同様に漸深海に棲むチサノポーダ属の *Thysanopoda minyops* も、発光器が退化的でおそらく機能していない（Brinton 1987）。

　クロオニハダカ *Cyclothone obscura* は、ワニトカゲギス目で唯一発光器を持たないが[14]、やはりワニトカゲギス目の中で最も深い1000 ～ 1400 メートルに暮らしている（中坊編 2013）。クロゴイワシ *Scopelengys tristis*（およびこれに近縁な *Scopelengys clarkei*）と *Solivomer arenidens* は、ハダカイワシ目の中では稀なことに発光器を欠いているが、その成魚は例外的に1000 メートルよりも深いところにいる（中坊編 2013; Miller 1950：ただし *S. clarkei* についての生息深度に関する明確な情報はない）。チヒロクロハダカ *Taaningichthys paurolychnus* は、ハダカイワシ科のなかで唯一ハダカイワシ科に特徴的な腹側発光器を持たないが、尾びれの上下には発光組織がある（中坊編 2013）。本種もやはり 900 メートルより浅いところでは見られない漸深海魚である（Priede 2017）。

　しかし、漸深海に発光生物が全くいないわけではない（Martini & Haddock 2017）。漸深海を代表する発光生物が有名なチョウチンアンコウのなかま（チョウチンアンコウ亜目 Ceratioidei）で、その構成メンバーはみな基本的に1000 メートルより深いところに住んでいる（Pietsch 2009）。チョウチンアンコウ類の発光の役割が餌の誘引であることは確かであろう[15]。ただし、種によっては矮小オスが大きな眼を持つことから、メスの発光はオス誘引にも使われている可能性がある（Herring 2007）。

発光生物トピックス │ 漸深海のスター・チョウチンアンコウ

　発光生物というと、ホタルの次によく名前が挙がるのが、このチョウチンアンコウである。それにしても、生きた姿が捉えられた例は極めて少なく標本さえ珍しいというのに、チョウチンアンコウはなぜこんなに有名なのだろう？調べてみたがよくわからなかったので、チョウチンアンコウ研究の権威テッド・ピーチ博士 Theodore W. Pietsch に聞いてみたところ「発光よりも、オスがメスにパラサイトするところが面白いから有名なんじゃないか？」との意外な回答。確かに納得するところもあるが、絵本やポケモンにまでチョウチンアンコウが登場するのは、やはり発光の面白さなんじゃないかと、発光推しの私はつい考えてしまう[16]。

　チョウチンアンコウ亜目 Ceratioidei は 11 科 160 種以上が知られているが、ごく一部の種を除くすべてが発光すると考えられている（Pietsch 2009）。アンコウ鍋でおなじみのキアンコウや水族館の人気者カエルアンコウを含むアンコウ目 Lophiiformes 全体がわずか 18 科約 350 種であることを考えると、チョウチンアンコウ亜目の多様化の度合いがいかに著しいかがわかるだろう。

　アンコウ目は基本的に比較的浅い海の底に棲む底生魚であるが、チョウチンアンコウ亜目は例外的に海底から離れて深海の浮遊生活を選んだ異端グループである（つまり、チョウチンアンコウが海底で獲物を待ち伏せしているというよくあるイメージは、このあとに紹介するタウマティクチスを除いて、誤りである）。おそらく、発光を強みに深海へと進出したことで華々しい多様化を遂げたのであろう（宮 2016）。実際、アンコウ目の分子系統解析の結果を見ると、チョウチンアンコウ亜目は底生のアンコウから進化した派生的なグループであることがわかる（Miya et al. 2010）。また、その出現時期は、白亜紀中期くらいだと推定されている（Miya et al. 2010）。

　チョウチンアンコウ亜目の中でもっとも最初に分岐したのが、発光しないと考えられているヒレナガチョウチンアンコウ科 Caulophrynidae であることも興味深い。はじめに深海の浮遊生活へと進出し、あとから発光能を獲得したのかもしれない。

　もっぱら浮遊生活をするチョウチンアンコウ類の中で唯一の例外は、再び底生生活に戻ったタウマティクチス属 Thaumatichthys（和名ビックリアンコウ；尼岡 2013）である。この「世界でもっとも奇妙な魚」とも言われるタウマティ

クチスは、閉じることのできない口の中にチョウチンが垂れ下がった独特な姿で、いかにも光におびき寄せられてきた小魚をそのままガブリとやりそうな機能的な形態をしている。ところが、その胃内容物を調べた研究によると、意外なことに、光に誘引されてこないはずのナマコと海藻の残骸が大量に出てきたそうである（Pietsch, 2009）。しかし、こうした事実を意外なものと捉えるべきではないのかもしれない。餌資源に乏しい深海においては、食べられそうなものはとりあえず食べておくのが基本ルールである。胃の検査をされたタウマティクチスは、たまたま獲物となる小魚がいなかったので仕方なく海藻を食べていた個体だっただけかもしれない[17]。

　チョウチンアンコウ類は、発光バクテリアを使って光っていることが知られているが、例外としてオニアンコウ属 *Linophryne* の発光するあごひげ（barbel）には発光バクテリアが存在しないため、あごひげだけは自力発光（発光バクテリアに頼らない発光、第5章で詳述）だと考えられている（Hansen & Herring 1977）。しかし、1つの生物が共生発光と自力発光の2つの発光システムを持っている（Wilson & Hastings 2013）などということがあるのだろうか？　ちょっと信じがたいように思うのは私だけだろうか。

海に棲む発光生物5──深海底

　深海の底に張り付いて生活している生物は多いが、そのうち発光種の占める割合は決して大きくはない。その理由として第一に、底にいるせいでカウンターイルミネーションが使えないことが挙げられる。また、海流のせいで堆積物が常に舞い上がっているため透明度が低く発光が有効に使えないことも、海底に発光生物が少ない原因のひとつと考えられる（Johnsen et al. 2012）。

　発光魚の中では珍しく海底にいるのが、その名のとおりタラ目 Gadiformes のソコダラ科 Macrouridae である。ソコダラ類は、基本的に200メートル以深に棲む底生の深海魚の1グループで、その多くが肛門から前方に向かって一筋の発光器を持つ[18]。発光は、発光バクテリアによる共生発光である（共生発光については、第5章で詳述）。種によって発光器の長さが違うことから発光器が種判別の際の重要な鍵形質にもなっているが、発光の役割についてはよくわ

かっていない（Okamura 1970）。

　その他、底生の発光魚には、タラ目のチゴダラ科 Moridae のなかまとメルルーサ科 Merlucciidae の *Steindachneria argentea*、ヒメ目 Aulopiformes のアオメエソ科 Chlorophthalmidae のなかまがある。これらも肛門のまわりが発光器になっていて、そこに発光バクテリアを蓄えている。タラ目とヒメ目という系統的に離れた底生発光魚が、どちらも肛門に発光器を持っているのは奇妙な一致といえる。

　そもそも、腹をべったり底に付けていたら肛門の発光器は隠れてしまうように思えるが、それは誤った思い込みかもしれない。ふくしま海洋科学館（アクアマリンふくしま）で見たアオメエソ *Chlorophthalmus albatrossis* の生体は、腹鰭で上体を起こして肛門発光器を前方に見せているかのような姿勢をしていた。一方、ソコダラ類は頭を下に向けた前傾姿勢でゆっくり海底を泳ぐということなので（遠藤 2006）、底にいても後ろから発光器が見えるのかもしれない。

　深海底に発光生物が少ないことを確かめた面白い論文があるので紹介しよう。この論文では、2009 年に米ハーバーブランチ海洋研究所の有人深海調査艇ジョンソン・シー・リンク 2 号を使って北バハマ沖の水深 500 ～ 1000 メートルの深海底の生き物を採取し、実験室に持ち帰って発光するかどうかを調査した結果が報告されている[19]。これによると、深海底の生物の中で発光種の占める割合は、中深層と比べると少なく、採取された生物種の 20 ％以下しか発光しなかったそうである（Johnsen et al. 2012）。ちなみに、ここに含まれるのはイソギンチャク類（イソギンチャク目 Actinaria）、スナギンチャク類（スナギンチャク目 Zoanthidea）、ウミエラ類（ウミエラ目 Pennatulacea）、軟サンゴと呼ばれるウミトサカ目 Alcyonacea のなかま、十脚目のエビ、クモヒトデ、ユメナマコなど固着性か底生で動きが緩慢な無脊椎動物などがほとんどであり、逃げ足の速い魚類はこの調査では捕獲できていない。

洞窟

　洞窟は、地中にも海中にもある。どちらにしても太陽光が入らないこの特殊な空間は、深海と同様、暗闇に適応した生物が進化する格好の舞台であると言

える。ところが、無眼の生物や視覚の代わりに触覚器官を著しく発達させた生物は見つかるものの、発光性の洞窟生物はこれまで見つかっていなかった。

ただし、洞窟を好んで生活する「好洞窟性」の発光生物ならば、いくつか例がある。例えば、オオヒカリキンメ *Photoblepharon palpebratum* は、昼のあいだは海底洞窟内に入ることがあり、2013 年には沖縄島恩納村の半海中洞窟でもオオヒカリキンメの集団が見つかっている（小枝ら 2014）。しかし、夜間、とくに新月に近い夜になると外海に出て活発に遊泳することから、真の洞窟生物（真洞窟性）とは呼ぶことはできない。ヒカリキノコバエ属 *Arachnocampa* の幼虫は、洞窟内の天井に住んでいることで有名だが、小川の土手や廃トンネルなどにも生息しているので、これも洞窟性とはいえない。おそらく、ヒカリキノコバエの本来の生息場所は、日陰になった小川の土手のような場所なのだろう。

しかし最近、おそらく完全な真洞窟性と思われる発光生物がはじめて発見された。ジャカルタに近いオーストラリア領クリスマス島の海中洞窟から見つかったドウクツヒカリクモヒトデ *Ophiopsila xmasilluminans* は、今のところこのクリスマス島の海中洞窟からしか見つかっておらず、著しく長い腕は餌資源の少ない洞窟生活へ適応した形態ではないかと考えられる（Okanishi et al. 2019）。

なぜ真洞窟性の発光生物が少ないのかはわからない。しかし、真っ暗なはずの洞窟にも目が発達した生物が少なくないことを考えると、ドウクツヒカリクモヒトデに限らず、われわれがまだ知らないだけで意外と他にもたくさんの発光生物がいるのかもしれない。

発光に生物学的意義がない可能性

ここまでは、発光生物の発光には何らかの生物学的意義がある（つまり、光を出すことでその生物が何らかの適応的アドバンテージを享受している）という前提で、その意義の可能性と生息環境との関連を論じてきた。しかし、いくつかの生物種においては、そもそも生物発光の光自体に生物学的意義がないかもしれないという考え方も可能である。

例えば、非常に強い発光をするヤコウタケやニュージーランドヒカリキノコ

バエのような生物の発光の役割が、発光がとても弱いエナシラッシタケやニッポンヒラタキノコバエのような生物にも当てはまるとは限らない。もしかするとそれは、強く発光していた祖先の痕跡として今も光っているだけで、その発光自体にはもう役割はないと考えることもできる（Desjardin et al. 2008; 大場 2016）。

　実は、生物発光の光に意味はないという考え方は、古くはハーヴェイ（Harvey 1929）、さらには神田のようにあらゆる発光生物にそれを適用しようという極端な立場まで（神田 1936）、発光生物学ではこれまでもくり返し議論されてきた。すなわち、生体内における何らかの代謝の副産物として光が出ているだけで、光ること自体はその生物にとって利益でも不利益でもない、もしくはほとんど不利益になっていない場合がありうるのではないか？

　この考え方に対して必ず聞かれる反論は、「エネルギーを使って発光しているのだから、役割がないはずはない」というものであるが、それは正しくない。代謝反応によって得られる利益が、光を出すことによる不利益を上まわっていれば、進化の原理としてその形質は保存されうる。そもそも、発光反応は効率がよいので、一般に想像されているほど発光反応にはエネルギーを使っていない（だから熱がほとんど出ない）。

　また、これもよくある正反対の立場として「その発光生物に近いよく似た仲間で発光しない種がいるということは、発光は生存には不要だということだ」という意見もよく聞くが、これも明らかに誤りである。一見よく似た種であっても、活動時間や繁殖戦略が少し違えば、発光することにメリットが生じることはありうる。また、「ホタルの発光は雌雄コミュニケーションなのだから、幼虫期の発光には意味がない」あるいは「発光キノコの発光は胞子の拡散だから、菌糸の時期の発光には意味はない」というような考え方も正しくない。ある生物の持つ発光の意義がひとつとは限らず、異なるライフステージでは異なる役割があるのかもしれない。

　結局、「意義がない」ことを証明するのは極めて困難であるから、わからないものは判断を保留しておくしかない。

発光生物トピックス ｜ 酸素除去仮説

「発光バクテリアの発光の役割は光そのものではなく、有害な活性酸素の原因となる過剰な酸素を除去するためである」という比較的よく信じられている説がある（酸素除去仮説 oxygen detoxification hypothesis; Wilson & Hastings 2013）。この仮説はさらに、発光バクテリアに限らず現在知られている生物発光には何らかの酸素の消費を伴うことから、発光生物全般にも当てはまると主張する人もある（例えば Barros & Bechara 1998）。

　もう少し穏当な考え方として、「（現在の発光生物はそうではないかもしれないが）発光形質が進化したさいしょの段階では酸素除去仮説が当てはまる」という、発光生物の進化を酸素除去仮説で説明しようとする考え方もあり、実はこのアイデアの方が歴史的には古い（おそらく McElroy & Seliger 1962a が最初）。

　まず、ハワード・セリジャー（Howard Harold Seliger, 1924-2012）によって「ルシフェラーゼのもともとの役割は酸素の消費であった」とするアイデアが提案された（例えば Seliger 1975）。しかし、その後に見つかってきたさまざまな生物のルシフェラーゼ遺伝子がどれも酸素除去に関わる遺伝子と似ていないことから、このアイデアを支持していたヘイスティングスは後年、むしろ「発光反応の起源は酸素除去とは無関係だろう」と考えた（ただし、最も初期に進化したであろう発光バクテリアの起源だけはそれが当てはまるかもしれないとしている）（Hastings 1983）。

　最近では、ルシフェラーゼではなくルシフェリンに注目し、「ルシフェリン（とくにセレンテラジン）はもともと抗酸化剤としての役割があったのではないか」という、形を変えた酸素除去仮説がリバイバルしている（例えば Rees et al. 1998; Dubuisson et al. 2004）。たしかに、セレンテラジンやホタルルシフェリンやウミホタルルシフェリンは非常に酸化されやすく、そのため自身が酸化されることで他の生体分子が酸化されるのを妨ぐ効果があるのは事実である。

　しかし、この新説も含めた生物発光の起源に対する酸素除去仮説に対しては、私はあまり積極的には賛成していない。なぜならば、現在知られている発光生物の進化的起源はどれもそう古くない（せいぜい中生代まで、終章を参照）。したがって、大気中の酸素の上昇も落ちついたこの時期に生物が新たな酸素除去システムを進化させる必要があったとは考えにくいのだ。また、ルシフェリンに抗酸化活性があるのは確かかもしれないが、それならどうして非発光性の生

物はルシフェリンを持っていないのか納得がいかない。

　ところが最近、非発光性の生物が抗酸化活性のあるルシフェリンを持っている例を自分たちの研究で見つけてしまった。発光キノコのルシフェリンの化学構造を明らかにしたところ（Purtov et al. 2015）、それが「ヒスピジン」という既知物質で、もともと非発光性のキノコが持っている抗酸化活性物質だったのだ（正確には、ヒスピジンはルシフェリン前駆体、詳しくは第5章）。ただし、非発光性のキノコがヒスピジンを持っている理由が抗酸化作用だという証拠はないので、これもいまのところ酸素除去仮説を支持する例にはなっていない。

註
1）*Heterorhabditis* 属の線虫は *Photorhabdus* 属の発光バクテリアと共生しているが、そのせいでこの線虫が発光して見えることはない。したがって、ここでは *Heterorhabditis* を発光生物としては扱わない。しかし、この線虫が宿主であるガの幼虫などに侵入すると、発光バクテリアが線虫から出てきてガの幼虫の中で大量増殖し、ガの幼虫は発光バクテリアの出す毒ですぐに死ぬが、その死骸はしばらく目で見えるくらいに発光している。もしこのガの死骸の発光に線虫にとって何らかのアドバンテージがあるならば、*Heterorhabditis* は「延長された表現型」（ドーキンス 1987）として発光を使っている「発光生物」とみなせるのかもしれない。これについて Patterson らは、発光しているガの幼虫の死骸に未感染の幼虫が近寄っていくことを実験に確かめ、この結果から、古いホストを発光させることで線虫は次の新しいホストとなる幼虫をおびき寄せ、そこに乗り移る確率を上げているのだろうと推論している（Patterson et al. 2015）。なお、この実験で使われたのは蜂の巣に寄生するハチノスツヅリガの幼虫であるが、さまざまな地上性昆虫の幼虫においても正の走光性を示す例が報告されているので、これはありえない話ではない（弘中＆針山 2014）。
2）ごく最近、発光するクモがインド北東部で見つかったという写真付きの論文が報告されたが（Ramesh 2020）、残念ながらあまり信用できる内容ではない。
3）実際は、発光を雌雄コミュニケーションに使っているが種数がそれほど多くない陸上発光生物がある。イリオモテボタル科である。ホタル科に近縁であるが独立の科を構成し、その種数はわずか60種程度にすぎない。本科が発光を雌雄コミュニケーションに使っているにもかかわらず多様性が低い理由をあえて説明するならば、オスが発光しない点が挙げられるかもしれない。性選択はメスがオスを選ぶ場合が基本であり、ホタル科においても、複雑な点滅パターンを示すのはもっぱらオスの側である。
4）ブレヤ川はアムール川の支流。報告によると、夜に川岸近くの水中で発見されたそれは、刺激すると青緑色の発光液を分泌したという（Bogatov et al. 1981）。この 1981 年の詳しいレポート以降、淡水性発光ヒメミミズの報告は世界中どこからもない。
5）「カサガイの一種」と表現されることもあるが（例えば、羽根田 1985；下村 2014）、分類学的はモノアラガイやサカマキガイと同じ水棲目 Hygrophila に含まれる。本種の和名としては

「ヒカリサワコザラ」が過去に提唱されたこともあるが（吉葉 1995）、下村をはじめ多くの研究者がそのまま「ラチア」と呼んでいるので（下村 2014）、ここではそれに準じた。ただし、*Latia* 属の他の種が発光するのかどうかはわかっていない。

6）幼虫が完全水棲を示すホタルは、日本に広く分布するゲンジボタルとヘイケボタル、久米島のクメジマボタル *Luciola owadai*、台湾の黄緑螢 *Aquatica ficta* と黄胸黒翅螢 *Aqutcia hydrophila*、中国湖北省の雷氏蛍 *Aquatica leii* や武漢蛍 *Aquatica wuhana*、タイの *Luciola aquatilis* などが挙げられるが、他にも種の特定されていない水棲ホタルが東南アジアや中国などにはいるようである（Jeng et al. 2003; Thancharoen et al. 2007; 大場信義 2009; 付 2014）。

7）ホタルの好蟻性については、スペインの *Pelania mauritanica*（マドボタル亜科）でも観察されている（Lhéritier 1955）。

8）ただし、これらのイカの滑空距離は 30 メートル、滑空速度は毎時約 40 キロメートルというから、なかなかのものである（Muramatsu et al. 2013）。

9）フェンゴデス科の *Pseudophengodes* 属や、*Euryopa* 属、*Mastinomorphus* 属は例外的にオス成虫も発光するらしいが（Costa & Zaragoza-Caballero, 2010）、どのくらい強く光るのかなどの情報はほとんどない。

10）ただし、ニュージーランドヒカリキノコバエ *A. luminosa* はオス成虫も発光するとされ、雌雄コミュニケーションへの発光の関与が示唆されるが、詳しいことはわかっていない（Richards 1960; Meyer-Rochow & Eguchi 1984; Meyer-Rochow 2007）。

11）例えば、ヨーロッパ原産でなぜか北米にも移入している *Phosphaenus hemipterus* は、オスもメスも飛べないおそらく唯一のホタルである。昼行性で基本的に成虫は発光しないが、刺激すると成虫でも弱く光ることがあるという（Majka & MacIvor 2009）。北米のシャドウ・ゴーストと呼ばれる *Phausis inaccensa* は、オス成虫は夜行性だが発光器がない（弱く発光することはあるらしい）。一方のメスは無翅で尾端の腹側に発光器を持つが、求愛の際にはこれを高く掲げ強い発光をアピールしてオスを誘引するというから（Faust 2017）、まるでイリオモテボタルのようだ。

12）似たようなホタルの海水適応の例としては、ジャマイカのおそらく *Photinus* 属の一種、パプアニューギニアの *Atyphella aphrogeneia*、バヌアツの *Atyphella maritimus* と *Atyphella marigenous* が、海水のかかる岩礁地帯で見つかっている（McDermott 1953; Lloyd 1973; Saxton et al. 2020）。

13）ウミホタル類はごく浅いところだけにいる、とは限らない。ウミホタル科の発光種 *Vargula magna* は、水深 160 〜 200 メートルとかなり深いところに棲んでいる（Morin 2019）。

14）ただし原記載では痕跡的な発光器があるかもしれないとしている（Brauer 1902）。

15）なぜ餌となる小魚などが（まるで蛾のように）光に誘引されてしまうのかはよくわかっていないが、深海生物の主要な餌資源であるマリンスノーに発光バクテリアが繁殖して光る場合があるので、小魚は光るものに集まってしまうのかもしれない（Young 1983）。もしくは、深海性のカイアシ類や貝虫類のような発光性小型プランクトンだと思って小魚が近づいてくるとも考えられる。あるいは、ルアーフィッシングのルアーと同じようにもの珍しい刺激に誘引されてしまう「超正常刺激」なのかもしれない（大場 2016）。

16）最近、チョウチンアンコウ類は免疫系の遺伝子をいくつか欠失していて、このことが矮小オス

がメスに癒合してしまうことを可能にしているらしいことが明らかになった（Swann et al. 2020）。もしかすると、免疫系遺伝子の欠失が発光バクテリアとの共生関係を成立させる上でも関係していたかもしれない——という話をピーチ博士にしてみたところ、「それはすごく面白い！」と言ってもらえた。

17) 先にも紹介したオオクチホシエソ *Malacosteus niger* でも同様の観察例がある。その名のとおり大きな口に鋭い歯を持ち、いかにも魚を捕えて食べそうな姿だが、胃内容物を調べてみると意外にも小さなカイアシ類ばかりが出てきたそうである（Sutton 2005）。いつ来るかわからない大物のエサを待つあいだ、小物を「つまんで」（Sutton 2005）空腹をしのいでいたにちがいない。

18) 数えてみたところでは、400種近くいるソコダラ科の中で約7割の種が発光器を持ち、残り3割が発光器を持っていない。

19) 2010年、有人深海探査船ジョンソン・シー・リンク2号は母船シュアード・ジョンソン号とともに、経費削減のためブラジルの化石燃料の調査会社に売却されてしまった（Gaskill 2011）。これにより、世界にも数少ない有人深海探査艇が自由に使えなくなってしまったのは、発光生物学にとって大きな痛手である。

第4章

光のコントロール

　発光生物は、発光反応で作った光をそのまま放出しているとは限らない。色フィルターなどを使って光の色（スペクトル）をチューニングしたり、光のオン／オフをしたりといった生理学的な制御をする生物も多い。また、反射や屈折などにより光学的に光の向きを変えたり、発光器に光受容器を持ち自分の光をモニターしたりする発光生物もいる。ここでは、こうした巧みな「光のコントロール」により、発光生物が光をより高度な適応戦略として使いこなしているその手際を見てみよう。

発光色 1——なぜ海の発光生物の光はみな青色なのか

　海産の発光生物には青色に発光するものが多い。その理由は、太陽光に含まれるさまざまな色の可視光が水中を進むとき、吸収と分散により長波長（緑〜赤）と短波長（紫外〜紫）の光が失われ、さいごに 470 〜 480 ナノメートルの青色の光だけがもっとも長い距離を透過するからである（ヘリング 2006）[1]。

　ではなぜ、青色の光が遠くまで届くと発光生物は青く光らなければいけないのか？　その説明には 2 通りの考え方があるが、結局は同じことなのかもしれない。ひとつ目は単純に、水中で発光した時に青色に光ったほうが遠くまで届くから。もうひとつは、海の深いところには青色の光しか届かないから海の生物は基本的に青色しか見えないように進化しているため。いずれにしても、それゆえ、仲間であれ敵であれ、相手に見てもらうには青色に光るのがもっとも効率がよいという理屈である（Herring 1983）。

一方、海の浅いところと深海底に住む発光生物では、青色よりもやや長波長（より緑色）に発光するものが多い（Johnsen et al. 2012; Bessho-Uehara et al. 2020a）。これは、深海底では泥などの細かい粒子が、浅い場所ではそれに加えて植物性プランクトン由来のクロロフィルも漂っているせいで青色の光が拡散されやすく、そのため緑色の光の方がより遠くまで届くのだと理解されている（Johnsen et al. 2012）。

　中深層の澄んだ環境でも青色以外に発光する生物は存在する。例えば、深海性のオヨギゴカイには黄色く発光するものが知られ、この発光の役割は種間コミュニケーションであると解釈されている（Gouveneaux et al. 2018）。それほど遠くまでシグナルを送る必要がないのであれば、同じ種同士で見えている限り何色に光ろうと問題はないのだろう。むしろ、まわりの「青しか見えない」敵に見つかりにくいというメリットがあるのかもしれない。後述するように魚類には赤く光る種が少ないながら知られているが、これは敵に気づかれずに獲物を見つける暗視スコープの役割だと考えられている。

発光色 2——なぜ陸の発光生物の光はみな緑色なのか

　一方、陸生発光生物は緑色に発光するものが圧倒的に多い。その理由についても、2つの説明がある。

　ひとつは、反射効率による説明。陸上の生物は草や葉の上あるいはその近くにいる場合が多いので、発光生物の光は植物の緑色に反射する（葉緑体が反射する光の最大波長は500〜600ナノメートル）。つまり、反射効果を期待するならば初めから緑色に発光するのがもっともエネルギー的に無駄がないことになる（Endler 1992）。なお、この説明はホタル類の観察に基づいて提唱されたものであるが、他の陸生発光生物にも当てはまるだろう。

　もうひとつは、受容効率による説明。脊椎動物も無脊椎動物も、多くの陸上生物の眼は緑色にもっとも感受性が高い[2]。したがって、仲間であれ敵であれ、相手に気づいてもらうには緑色に発光するのがもっとも効率がよいことになる（De Cock 2004）。これもまたホタルの幼虫の発光から考察されたアイデアであるが、そう考えると発光キノコがみな緑色に光ることにも何らかの意義が期待

できるのかもしれない。

　以上 2 つの説明のどちらがより正しいかはわからないが、陸上動物の視覚が緑色をよく受容するそもそもの理由が植物の緑に囲まれた生活をしているからだとすれば、2 つの説明には関連がつく。

　ホタルには黄色に光る種がいるが、こうした種には薄暮（完全に暗くなる前の時刻）に活動するものが多い。その理由は、太陽光の残る薄暮の時間は植物からの反射による緑色の光が環境にあふれているので、相手に自分の光を認識してもらうには少し発光色をずらして周囲とコントラストをつけなくてはいけないからだと考えられている。もっともそのためには認識する眼の側も黄色に対して感受性が高くなくてはいけないが、実際、黄色に光るホタルの眼は黄色の光にもっとも感度が高くなっている（Lall et al. 1980）。ただし例外もある。ヒメボタル *Luciola parvula* の発光色は黄色だが、地域集団によっては真夜中に発光する（例えば、名古屋城の外堀）。同種がお互い認識できるならば、真夜中に活動する種が黄色に光ることに矛盾はないが、ホタルの発光には毒を持つことを警告する役割もあることを考えると、敵の目に見えやすい緑色に光ったほうが一石二鳥で都合がよいように思われる。

　ツノキノコバエ科の発光種は、陸上発光生物としては珍しく青色に発光する。そういえば、ヒカリキノコバエは土の露出した土手や洞窟の天井、ニッポンヒラタキノコバエはキノコの裏側など、たいてい植物体が近くにない場所で光っている。だから、植物表面での反射に合わせて緑色に発光する必要がないのかもしれない。*Arachnocampa* 属と *Orfelia* 属は、光で餌となる小昆虫を誘引しているが、昆虫の多くは短波長の光によく誘引されるので、より青く発光するのはそのためだと考えられる。ただし、多くの昆虫における走光性の作用スペクトルは青色よりもさらに短波長の紫外領域にある。それならば、ヒカリキノコバエも紫外光で発光したほうがいいはずだが、そうならないのはなぜだろう。第 1 章にも説明したように、紫外線を出すエネルギーが高すぎるからか、紫外線が自分にとって有害であるからかもしれない。

異なる色で発光する生物種

雌雄で発光色が異なるホタルも海外には知られている。例えば、ラバウル（パプアニューギニアの東）の *Medeopteryx effulgens*[3]は、1つの樹に集団が同時明滅する「ホタルの木」として有名だが（トピックス「ホタルの点滅同期現象」を参照）、メスと比べてオスの方がより黄色く（より長波長で）発光することが報告されている（羽根田 1985; 大場信義 1999）。また、フィリピン・セブ島の *Medeopteryx amilae*（旧学名 *Pteroptyx amilae*）も「ラバウルの蛍に近いものであったが、やはり雌雄によって光の色が異なっていた」ことが羽根田によって記録されている（羽根田 1985, p. 182）。最近では、中国の穹宇蛍 *Pygoluciola qingyu* の発光色が雌雄で異なることが報告されている（Fu & Ballantyne 2008）。本種については私も実物を野外観察したことがある。たしかに雌雄で発光色が異なっているようにも見えたが、オスの方が発光が強く、しかもパルス状に素早く明滅するオスと比較的ゆっくり明滅するメスの発光色を目視で正確に比較することは難しかった。ちなみに、ヒトの眼は、光が強いと緑色はより黄色く見える傾向がある（ベゾルト・ブリュッケ効果 Bezold-Brücke effect）ので（Purdy 1931）、異なる強さの光の色の違いを解釈する時は注意が必要である[4]。

同時に複数の発光色を放つ発光生物も少ないながら存在する。ホタルの多くは蛹の時期に体全体と発光器が独立に発光するが、ヒメボタルなどのように種によってはそれぞれの発光色が異なり、蛹が2色に光ってみえる（Bessho-Uehara & Oba 2017）。ヒカリコメツキ類の複数の属においても、前胸背板にある発光器と腹部にある発光器で発光色が異なる種がある（Bechara 1988）。フェンゴデス科の幼虫とメス成虫には、頭部と体側で発光色が異なる種がいくつか知られている（Viviani & Bechara 1997）。赤い光を出すワニトカゲギス科 Stomiidae の深海魚は、同時に青く光る発光器も持っている（Kenaley 2010）。ホタルイカは全身に点状の皮膚発光器を多数備えているが、よく見ると青色に光る点の中に（数にしてだいたい15%くらい）緑色に光る点がある（稲村 1994; 山本 2016）。

1つの個体が2色の光を放出する仕組みは、それぞれ異なる。ホタル科、ヒカリコメツキ類、フェンゴデス科の甲虫はルシフェラーゼ遺伝子を複数持ち、

そのちがいで異なる発光色を実現している（Oba 2015）。一方、ワニトカゲギス科は蛍光物質を使ってもともとの青色発光を赤色に変換している（トピック「赤い光のドラゴン」参照）。ホタルイカについてはわかっていないが、見た目の発光器の色と発光色が一致しているので（山本 2016）、おそらく発光器内に色フィルターがあってその効果により色のちがいが達成されていると思われる。本章の発光生物トピックスに詳述するが、ハダカイワシのなかまの体側発光器は、反射板の反射スペクトルを変えることで発光色を調節している可能性がある（Paitio et al. 2020）。

珍しい橙色の光、さらに珍しい赤色の光

　黄色よりも長波長の光（オレンジ色～赤色）を出す生物は極端に少ない。陸上ではオレンジ色に発光するものとして、ヒカリコメツキのなかま、フェンゴデス科のなかまなどがある。赤色に発光する生物はさらに少ない。一般に鉄道虫 railroad worm と呼ばれるフェンゴデス科の *Phrixothrix* 属は、幼虫やメス成虫の頭部が赤く発光する[5]。その赤く光る意義については、相手に気づかれないように獲物を探す〈ナイトスコープ〉の役割だとする説もあるが（Grimaldi & Engel 2005）、詳しくはわからない（ヤスデを追いかけるのに果たしてナイトスコープが必要だろうか？）。ワニトカゲギス科の深海魚にも一部の種で眼下に赤く光る発光器を持つものがあるが、こちらについてはまずナイトスコープの役割と考えてまちがいないだろう（発光生物トピックス「赤い光のドラゴン」を参照）。一方、深海に棲むクダクラゲのなかまアワハダクラゲ属の一種 *Erenna sirena* の成体は、発光する触手の先に赤色の蛍光物質があって（Haddock et al. 2005; Pugh & Haddock 2016）、この蛍光物質を使って赤く光り餌となる魚を誘引している可能性があるという（MBARI News 2005）。この説明は上述した「深海の生物は赤色が見えていない」という説明と矛盾するようだが、それについてこの論文の著者らは「深海の生物の視覚はまだわかっていないことが多い、もしかすると赤色が見える深海魚は意外と多いのではないか」と書いている。深海には黒い生物と赤い生物と透明な生物が多いが（どれも深海生物には見えないからだとされる）、赤色を見破る捕食者が深海には案外いるのかもしれない。

発光生物トピックス | 赤い光のドラゴン

　赤色の発光をする魚は、ワニトカゲギス科の中でも英語で "loosejaw drag-onfish"（訳すならば「アゴ外れドラゴン魚」といったところだが、格好悪いのでここでは「ルーズジョー」と呼ぶ）と称される単系統群に含まれるホテイエソ亜科 Melanostomiinae のクレナイホシエソ属 *Pachystomias*（クレナイホシエソ *Pachystomias microdon*1 種のみ）とホウキボシエソ亜科 Malacosteinae のアゴヌケホシエソ属 *Aristostomias*（6 種）とオオクチホシエソ属 *Malacosteus*（2 種）の計 3 属である。いずれも、眼下に赤く発光する発光器を持っている。ただし、同じくルーズジョーのなかまに含まれるホウキボシエソ亜科のホウキボシエソ属 *Photostomias*（6 種）は、青く光る発光器しか持っていない。一方、赤く光る発光器を持つ種は、同時に青く光る発光器も必ず持っている。クレナイホシエソだけは赤く光る発光器を 3 対（うち 2 つはくっついているので 2 対に見える）持っているが、そのほかは 1 対だけである（Kenaley 2010）。

　赤色発光の仕組みについては、オオクチホシエソ *Malacosteus niger* で主に研究がなされている。この赤色発光器には茶色のカラーフィルターがあるが、実際に発光する中心部（コア）には強い赤色の蛍光物質があり、青色光を当てると赤い蛍光が発せられる。このことから、ルーズジョーの赤色発光器の光は（これらの魚が青色発光器を併せ持っていることからもわかるとおり）もともとは青色であるが、赤色蛍光物質への生物発光共鳴エネルギー転移（Bioluminescence Resonance Energy Transfer, BRET）によって赤い光へと変換されると考えられる（Widder et al. 1984）。この赤色蛍光物質の実体はタンパク質であるが、オワンクラゲの蛍光タンパク質のようにタンパク質そのものがクロモフォア chromo-phore（発色団、可視吸収もしくは蛍光を担う分子またはその部分構造）を形成して蛍光を発するのではなく、タンパク質に蛍光を発する別なクロモフォア分子が結合した複合体である（Campbell & Herring 1987）。ただし、タンパク質の種類やクロモフォアの化学構造は完全にはわかっていない。

発光器と光受容

　発光器は光を出す装置で、眼を含む光受容器は光を感知する装置である。その役割は正反対であるが、いくつかの発光生物においては、これら 2 つの装置

が同じ部位にあり、互いに関わりあって機能している。

　眼そのものから光を出す発光生物はいない。そのかわり、眼のすぐそばに発光器を持つ発光生物はいくつか知られている。例えば、ヒカリキンメダイ科Anomalopidae やワニトカゲギス科やハダカイワシ科の発光魚は、眼前や眼下に発光器を持っている。これらの発光器の役割は、目の前を照らす照明か種内コミュニケーションのシグナル用だと考えられている（Paitio et al. 2016）。オキアミ類には、腹側だけでなく眼柄にも発光器を持つ種がある（Brinton 1987）。サクラエビ類は、腹側に 100 以上の発光器を有するが、眼柄の下側にも発光器がある（Omori et al. 1996）。ホタルイカを含めたホタルイカモドキ科には、胴や腕のほかに眼の周囲にも発光器が点々と並んでいる（稲村 1994；奥谷 2015）。*Phrixothrix* 属などフェンゴデス科の甲虫のいくつかは、幼虫やメス成虫の（眼を除く）頭部全体が発光する。

　反対に、発光器で光受容を行っている発光生物の例が最近見つかってきている。最初にわかったのはハワイミミイカ *Euprymna scolopes* で、このイカの発光器には光受容体が分布していた（Tong et al. 2009）。その後、クシクラゲの一種 *Mnemiopsis leydyi* においても、発光細胞に光受容体が局在していることがわかった（Schnitzler et al. 2012）。ヘイケボタルの発光器においては、光受容体と思われる遺伝子が有意に発現している（北米産ホタル *Photinus pyralis* では発現が見られない）（Fallon et al. 2018）。また、クロハラカラスザメ *Etmopterus spinax* の皮膚発光器の周囲と（Delroisse et al. 2018）、ジャニスヒオドシエビ *Janicella spinicauda* の発光器でも（Bracken-Grissom et al. 2020）、光受容体遺伝子の特異的な発現が認められている。おそらく、自分の発光器から発せられる光の強さを光受容体でモニターしていると考えられる。

> **用語解説　遺伝子の発現**
>
> 　ある遺伝子が働くとき、まずゲノム DNA 上に存在する遺伝子情報が mRNA（メッセンジャー RNA）として読み出され（転写）、次にこの mRNA の情報に基づいてタンパク質が合成される（翻訳）。この転写から翻訳までのプロセスのこと（狭義には、転写までのこと）を、遺伝子の「発現」という。活発に機能する遺伝子は、一般にその転写の量も多くなる。この転写される遺伝子の量のことを「発現量」という。遺伝子は生物の特定の時期に特定の場所で働くが、発現量の多くなる時期（時間や成長段階）のことを「発現時期」「発現ステージ」「発現タイミング」、発現量の多くなる場所（組織や細胞）のことを「発現部位」という。

生物発光の生理学

動物のさまざまな体の働きが神経と内分泌で制御されているように、発光生物の発光もそうした生理学的なコントロールを受けている場合がある。例えば、次節で詳しく述べるように、ホタルの点滅は神経によって制御されている。また、多くの発光魚やオキアミやサクラエビの発光器にも神経が連絡し、その発光が神経伝達物質の制御を受けていることがわかっている（Herring 1982; Latz 1995; Krönström et al. 2007; Krönström & Mallefet 2010）。クモヒトデのビリビリと腕を伝わる光の稲妻も、神経により制御されている（Vanderlinden & Mallefet 2004）。

魚類やエビにおいては、神経伝達によるクイックな発光の制御のほかに、光環境に応じたホルモンによるスローな発光の制御も行われているようである（Latz 1995）。クロハラカラスザメでは、その発光の制御にメラトニンとプロラクチンが関与している（Claes & Mallefet 2010）。イソコモチクモヒトデの発光には季節性があり、冬の繁殖期に合わせて強く光るようになるが（Deheyn et al. 2000）、こうした季節による発光の変化にもホルモンが関わっている可能性は高い。

発光のスイッチのオン／オフができる生物は多いが、リズミカルな明滅（いわゆる、ピカピカ）ができる生物は意外に少ない。ホタル以外で確実に明滅するのは、先に紹介した発光カタツムリくらいである。ヨコスジタマキビモドキは飽和食塩水などで刺激するとゆっくり点滅を繰り返すが、自然条件でも点滅することがあるのかはわからない。ハダカイワシ類の尾部発光器も強くフラッシュ点滅することが報告されているが、これも人為的に刺激したときの観察である（Edwards & Herring 1977）。

ムラサキカムリクラゲ *Atolla wyvillei* を代表とする深海発光性の鉢虫綱ヒラタカムリクラゲ属 *Atolla*、エフィラクラゲ属 *Nausithoe*、*Paraphyllina*、ベニマンジュウクラゲ属 *Periphyllopsis*、クロカムリクラゲ属 *Periphylla* においては、傘のまわりを（まるで工事現場の LED 回転灯のように）光の波がぐるぐると回転する変わった現象が見られる（Herring & Widder 2004）。発光生物を紹介するテレビ番組などでも必ず取り上げられる不思議な発光パターンだが

（Herring & Widder 2004; NHK 2017）、これも点滅の一種と考えてよいかもしれない。

　ぼんやりただ光っているより点滅したり光が回転したりする方がよく目立つことは、黄色信号や工事中の標識などでわれわれもよく見知っているとおり。発光生物の点滅にも、発光をより目立たせて、見る側に対して効果的に信号を伝える効果があると考えられる。

発光生物トピックス ｜ ホタルの点滅

　ホタルがどのような仕組みで点滅しているのかは、ホタル学上もっとも大きな疑問のひとつであったが[6]、最近ようやく謎の答えが見えてきた（Trimmer et al. 2001）。その仕組みはやや複雑であるが、この発見に関わったサラ・ルイスの著作『ホタルの不思議な世界』（エクスナレッジ、2018年）に丁寧な説明があるので、その発見の経緯も含めて詳しく知りたい人にはこれが参考になる。ただし、私がこの本の翻訳監修をしたときに「もう少しシンプルでわかりやすく説明できる」と思ったので、ここでは私なりにさらに噛み砕いた説明を試みてみよう。

　詳しい説明の前にまず理解してほしい点は3つ──①点滅のタイミングは中枢からの「神経伝達」によって発光器に送られ、②最終的な発光反応のクイックなオン・オフは発光細胞への「酸素」の供給で制御されていること（すでに述べたとおり、ホタルの発光反応には酸素が必要である）。そして、③発光反応が起こるのは、発光細胞の中の小器官「ペルオキシソーム」であること（ペルオキシソームの中には、ルシフェリンとルシフェラーゼが入っている）。つまり、キーワードは「神経伝達」「酸素」「ペルオキシソーム」だ。では、このキーワードに沿って、発光器が点滅する際に発光細胞の周辺で何が起こっているのかを、順に説明してみよう（図12）。

　まず、ホタルの脳からのインパルス（電気信号）が神経を介して発光細胞の付近まで伝達すると、神経末端からはオクトパミンという神経伝達物質が放出される。このオクトパミンが気管を取り囲んでいる気管細胞に作用すると、その刺激で「一酸化窒素（NO）」という生体に広く使われているシグナル分子が産生され、これが発光細胞の中に拡散してゆく。なお、発光細胞の中ではたく

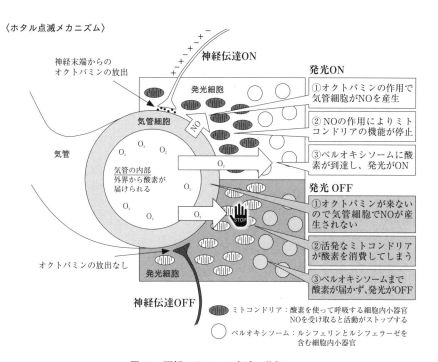

〈ホタル点滅メカニズム〉

神経伝達ON

発光ON

神経末端からの
オクトパミンの放出

発光細胞

①オクトパミンの作用で
気管細胞がNOを産生

気管細胞

NO

②NOの作用によりミト
コンドリアの機能が停止

気管

③ペルオキシソームに酸
素が到達し、発光がON

O_2

O_2

気管の内部
外界から酸素が
届けられる

O_2

O_2

O_2

O_2

O_2

STOP

発光 OFF

①オクトパミンが来ない
ので気管細胞でNOが産
生されない

②活発なミトコンドリア
が酸素を消費してしまう

オクトパミンの放出なし

発光細胞

③ペルオキシソームまで
酸素が届かず、発光がOFF

神経伝達OFF

ミトコンドリア：酸素を使って呼吸する細胞内小器官
NOを受け取ると活動がストップする

ペルオキシソーム：ルシフェリンとルシフェラーゼを
含む細胞内小器官

図12. 図解：ホタルの点滅の仕組み

さんのミトコンドリアが気管細胞の近くに集まって存在している。

　一酸化窒素を受け取った発光細胞は、ミトコンドリアの働きが一時的にストップする。ミトコンドリアは、呼吸（酸素を消費してエネルギーを取り出すこと）を行う細胞内小器官なので、その働きが止まると、気管から発光細胞に拡散してきた酸素がミトコンドリアで消費されないため、ペルオキシソームにまで到達するようになる。ペルオキシソームにはルシフェリンとルシフェラーゼがあるので、これに酸素が加わることで発光反応がオンになる。つまり、「オクトパミン放出→一酸化窒素産生→ミトコンドリア停止→発光オン」ということである[7]。

　発光をオフする際には、このプロセスと逆のことが起きる。脳からのインパルスが来なくなり神経末端からのオクトパミンの放出が止まると、気管細胞で行われていた一酸化窒素の産生がストップする。すると、一酸化窒素の作用で停止していた発光細胞の中のミトコンドリアの働きが再開し、ミトコンドリアが酸素を消費し始める。その結果ペルオキシソームまで酸素が届かなくなり、

発光反応はストップする。つまり「オクトパミン停止→一酸化窒素の産生オフ→ミトコンドリア活動再開→発光オフ」ということである。

　このオン／オフの繰り返しにより点滅が起こっている、というのが現在の定説である。

発光生物トピックス｜ホタル家の電気代

　ホタルは発光する時にどのくらいのエネルギーを使っているのだろう。ゲンジボタルが光るとき、ギューッと力んでいるような気がするという人もいるが、それはちょっと感情移入のしすぎであろう。

　ホタルが発光する時のエネルギー消費量を、巧みな実験により実際に測ってみた例がある。それによると、ホタルの成虫が光ったり消えたりするコストは、ホタルがただ歩いているときに使うコストよりも低かったそうである（Woods et al. 2007; Hosken 2007）。ただし、ここにはルシフェリンとルシフェラーゼの合成に使うコストは勘定にいれていない（ホタルの成虫は短い一生分のルシフェリンをすでに蓄えているという研究もある；Strause et al. 1979）。要するに、ホタルは光ると疲れるのかといえば、少しは疲れるけれど歩く方がよっぽど疲れる、ということである。ホタル家の電気代は意外と安かった。

発光生物こぼれ話｜ホタルと日本人

　まったく、日本人のホタル好きには驚かされる。先日も、とある田舎の川に行ってみたのだが、ホタルの数よりも見物客の多さの方が印象に残ったほどである。近くの道路は数キロメートルにわたって路駐の車で埋めつくされ、なかには県外ナンバーの車もちらほら。地元の人たちは、反射ベストに誘導灯の出で立ちで交通整理に当たっている。聞けば、ボランティアで毎シーズンやっているらしい。見物人は、孫を連れたお年寄りから、少しやんちゃな感じの若いカップルまで。ここぞと定めたベストポジションにビニールシートを敷いて、明るいうちからスタンバイしている家族もある。

　言ってしまえば、たかが虫。何をそんなに夢中になっているんだろうという

冷めた気持ちがしないでもない。もっとも、こうした冷めた感情は、私がホタルをさんざん見てきたせいもあるのかもしれないが。とにかく、日本人が無類のホタル好きであることは私の経験に照らしてみてもまちがいなさそうである。

　ホタル好き文化も、最近では日本に限ったことではなくなってきている。台北の和義山という有名なホタルの名所を訪れた時は、びっくりした。山頂はホタルが出るのを待つ人たちで埋め尽くされ、身動きもままならないほど。何か特別なイベントでもあるのかと思ったが「そうではない、ホタルを見に来ているだけだ」という。台湾でホタル鑑賞が盛んになったのはここ 10 年 20 年のことで、日本のホタル文化の影響だという。

　しかし、国によってはホタルの扱いもいろいろだ。フロリダの友人に聞いてみると、「ホタルはどこにでもいるし、子どもたちは好きだよ。みんな、ガラス瓶に集めるんだ。でも水辺にはあまり行かないよ。ワニがいるからね」と教えてくれた。中国のホタル研究者に聞いた話だが、中国でホタルを採取していると「ホタルを集めてどうする？　食えるのか？　売れるのか？」と地元の人たちが必ず話しかけてくるという。それでも最近は中国でもホタルを鑑賞したいという人が増えてきたらしく、そうなると今度はホタルを大量に捕まえてきて都会の行楽施設で見せて一儲けしようという輩が出てきて、社会問題になっている。とんでもないことであるが、われわれも明治時代にはまったく同じことをやっていた。

　ホタルの研究をする日本人は少なくないが、その全生涯をホタルに懸けた「ホタル博士」といえば大場信義（1945-2020）をして他にはないだろう[8]。羽根田から引き継いだホタル学を発展させるとともに、博物館学芸員らしくアカデミックとアマチュアの双方と親交し日本のホタル学をリードした、まさに「ホタル博士」。その全仕事については自伝的著作『ホタルの不思議』（どうぶつ社、2009 年）が参考になる。

　アマチュアのホタル研究者としては、ゲンジボタルの飼育法の確立や生態の研究の先駆者として、南 喜市郎（1896-1971）と原志免太郎（1882-1991）の 2 人の名を挙げておきたい。南は、研究の集大成として『ホタルの研究』（1961 年）を刊行し、ホタルに捧げたその生涯は児童書『ゲンジボタルと生きる』（国松俊英著、くもん出版、1990 年）に紹介されている。一方、原の本職は医師で、灸の研究で知られている。当時の男性長寿日本一として、108 歳で亡くなった（その生涯は安藤憲考『日本一長生きした男』千年書房、1996 年に詳しい）。著作は

灸に関するものが多数あるが、その中で唯一ホタル研究の集大成として『蛍』
（實業之日本社、1940年）を刊行している。若い頃に九州帝国大学の衛生学研究
室でたまたま神田左京と同じ教室にいたことがあるが、原がホタルの研究を始
めたのはその後のことであり、神田に影響されたわけではないらしい（原
1940）。

発光生物トピックス ｜ ホタルの集団同時明滅

　一部のホタルでは、オス同士の点滅が集団で同期する「集団同時明滅」が起
こる。日本ではゲンジボタルとクメジマボタルの2種だけにこれが見られ、ゲ
ンジボタルについては、西日本では大規模で明瞭な集団明滅が見られるが東日
本の集団は同期する個体数が小規模でやや同期性が悪いという（大場2004）。
著者も同様のことを観察しており、東海地方で見たゲンジボタルは、数個体が
同期明滅を始めてもすぐに同期が崩れてしばらくしてから再び同期が始まると
いった具合であったが、下関の木屋川で見たゲンジボタルは、大きな川全体に
無数のホタルが同期明滅し、わずかなタイミングのズレのせいで光の波が川べ
りに沿って流れるようすは壮観であった。

　東南アジアでは、マレーシア・セランゴール川の観光スポットにもなってい
る *Pteroptyx tener*、タイの水上マーケット観光の夜の目玉 *Pteroptyx malaccae*、
NHKの番組でも特集されて有名になった1つの木に集まって同時明滅する「ホ
タルの木」（大場2003）として知られるパプアニューギニアの *Medeoptyx
effulgens*、インドネシアのマングローブに棲む *Pyrophanes appendiculata* が、
同時明滅することでよく知られている（大場2003）。

　北米にも同時明滅するホタルが知られている。同時明滅が明らかなものとし
ては *Photinus carolinus* と *Photuris frontalis* がある。*Photinus* 属には他にも部
分的に同時明滅する種や同時明滅するだろうと考えられる種がある（Lloyd
1983; Faust 2017）。

　これらのホタルが同時明滅する理由については、諸説あるがはっきりしてい
ない。これについて、ホタル学者であり進化生態学者であるルイスは「リズム
認識」「沈黙の時間」「篝火」という3つの考えうる仮説を提案している（ルイ
ス2018）。

●「リズム認識」仮説：メスは「オスの持つ種に特有な明滅リズム」を認識しているはずなので、ばらばらに光るとメスは混乱してオスを正しく見つけられないが、同期していれば認識できる。
●「沈黙の時間」仮説：発光を同期させると、みんなが光ってない瞬間が生まれる。この沈黙の時間にオスたちは、メスからの合図を見つけることができる。
●「篝火」仮説：一匹で光るよりも集団で同期させて明るく発光するほうが、遠くにいるメスにも信号が届く。

　どの仮説にも可能性があるが、飛翔しながら同期明滅する北米や日本の種と、木に止まったまま同期明滅する東南アジアの種とでは、おそらく正解も異なっているだろう。それにしても、日本や東南アジアの同期明滅する種がいずれもホタル亜科であるのに対して、北米の種はマドボタル亜科とフォツリス亜科であり、進化的にも離れた系統が同期明滅という複雑な発光様式を進化させていることに驚かされる。

発光生物のオプトメカニクス

　脊椎動物の眼は、しばしば精巧なカメラになぞらえられ、自然選択がいかに合理的で複雑なデザインを生み出しうるかを示す典型例として進化生物学の教科書に引き合いに出される。ここでは、いくつかの発光生物の発光器（とくに魚類とホタルの発光器）も、眼に匹敵するほど精巧にデザインされた進化の産物であることを見ていこう。

　明確な反射板とレンズ構造を備える高度に洗練された発光器を持つ発光生物には、主に次のものがある（レンズがあると言えるかどうかはっきりしないものは含めていない）：ハダカイワシ科 Myctophidae、ソトオリイワシ科 Neoscopelidae、ムネエソ科 Sternoptychidae、ワニトカゲギス科 Stomiidae、ソコダラ科 Macrouridae、カラスザメ科 Etmopteridae、マダマイカ科 Pyroteuthidae、サクラエビ科 Sergestidae、ヒオドシエビ科 Oplophoridae、オキアミ科 Euphausiidae——しかも驚くべきは、これらの分類群はおそらく独立にその構造を進化させている点である。さらに、その多くが発光器の中に色フィルターを

持ち、これにより発光細胞からの光のスペクトルが微調整されている（Paitio & Oba 2021）。

　発光器の精巧なオプトメカニクスに関する別な例として、もうひとつ、ホタルの発光器を覆う透明クチクラ表面に見つかった微細構造を紹介しよう。

　昆虫の体は硬い外骨格（クチクラ）で覆われているが、たいていは黒か褐色に着色している。しかし、ホタルの発光器の表面は、クチクラが透明化して光を透過しやすくなっている。これについて、北米産 *Photuris* 属の一種と韓国産アキマドボタル *Pyrocoelia rufa* の成虫発光器のクチクラ表面を電子顕微鏡で観察したところ、体の他の部分には見られない数ミクロンサイズの鱗状の構造とさらに細かい凸凹構造が見つかった。論文の著者らによると、この微細構造のおかげでクチクラを通して外側に光が放出される効率が上がるのだという（Bay & Vigneron 2009; Kim et al. 2012, 2016; Bay et al. 2013）。

発光生物トピックス | 深海の光学技師・ハダカイワシの反射板

　ハダカイワシ類の発光器にある反射板はちょっと変わっている。ハダカイワシ類は発光器に色フィルターを持たないかわりに、反射板自体が色ミラーになっている。この色ミラーは、等間隔に積み重なったグアニン結晶の板による多層膜干渉が作り出す構造色であり、おそらく色素による吸収スペクトルよりも多層膜干渉の反射スペクトルの方がカットされる波長が急峻なので、光の色を変える方法として色フィルターを使うより光エネルギーのロスがより少ないというメリットがあるのだろう。

　ハダカイワシの発光器反射板に色ミラーが使われているわけには、もうひとつ重要な理由があるかもしれない。ハダカイワシの発光器を見比べてみると、同じ種でも（さらには同じ個体の中でも）青色に反射しているものと緑色に反射しているものが見つかる。このようなバリエーションが存在することからわれわれは、ハダカイワシは水深に応じて反射板の反射色を変えることができるのではないかと考えている。ハダカイワシのなかまの多くは、日周鉛直移動によって１日の間に深海から表層までを行き来する。ハダカイワシの体表発光器の役割は、すでに説明したとおり、下から見上げられた時の自身のシルエットを消す「カウンターイルミネーション」である。このとき、海の浅いところと深

いところでは届く光の明るさだけではなく波長帯が異なるので（本章の註1を参照）、敵にカウンターイルミネーションを見破られないようにするには、自分のいる深さの光環境に正確に発光波長を合わせるのが望ましい。このときに、色フィルターではなく色ミラーを採用していることの意味が出てくる。多層膜干渉で作られた色ミラーは、膜と膜の間隔を変えると反射スペクトルも変わる。おそらくハダカイワシは多層膜の間隔を何らかの方法で調節することができて、それにより色ミラーの反射スペクトルを変えていると考えられる（Paitio et al. 2020）。

　ハダカイワシの発光器におけるオプトメカニクスは、これだけではない。発光細胞の表面には、黒い色素のカバーが取り付けられている。これは、発光組織からの光が直接外に漏れず反射板からはね返った反射光だけが放出されるしかけであるが、面白いことに、これとまったく同じ構造が自動車のヘッドライトにも採用されている[9]。

　さらに、ハダカイワシの発光器の反射板はカップ状の形をしているが、そのカップの形状を計測してみたところ、反射面の曲率が放物曲面（パラボラ）に近似し、しかもその放物曲面における計算上のちょうど焦点に発光細胞が位置していることがわかった。すなわち、発光器から放出された光は放物曲面の反射板に当たるとすべて真下に向かうように設計されていたのである（Paitio et al. 2020）。深海に届く太陽光は、太陽の出ている角度に関係なく常に垂直に下向きになっている（ヘリング 2006）。そのため、カウンターイルミネーションに使う光は真下を向いている必要があり、それ以外の方向に光が漏れると、横から来た敵に見つかってしまうことになる。つまり、ハダカイワシの発光器の反射板が放物曲面とその焦点に位置する発光細胞の組み合わせは、光源から放出された光が真下だけに向くためのきわめて合理的なデザインなのである[10]。

　それだけではない。ハダカイワシの発光器の反射板は、1枚鏡ではなく虹色細胞と呼ばれる多数の小さな鏡が敷き詰められているが、その1枚1枚の形がほぼ正六角形であることがわかった。正六角形は面を一種類の図形ですきまなく埋め尽くす「平面充填」の数少ない解決法のひとつであり、上記の放物曲面と合わせて考えると、これはまさにハワイのケック天文台やジェイムズ・ウエッブ宇宙望遠鏡などの巨大反射望遠鏡に使われている分割鏡とまったく同じ構造になっているのである（Paitio et al. 2020；日経サイエンス編集部 2019[11]）。

　こうしたシンプルな幾何学が深海の光る魚の体にあるわずか1ミリの小さな

発光器に具現化されているのだから、面白い。

註
1）透明度の高い海での調査によると、表層における太陽光は 480 ～ 500 ナノメートル（青緑色）にピークを持つゆるやかな山型のスペクトルであるが、水深を増すごとに 465 ナノメートル（青色）の狭いスペクトルへとゆっくり収束してゆくという（Jerlov 1976）。

2）脊椎動物における薄暗い場所での光受容の最大感度（視細胞のひとつである桿体の感度）は 500 ナノメートル付近（深緑色、Yokoyama et al. 2008）、明るい場所での光の最大感度（明所視標準比視感度）は生物種によって異なるが、ヒトの場合は 555 ナノメートル付近（緑色）である。また、昆虫全般は、眼に 500 ～ 550 ナノメートル付近の緑色を受容する光受容器を持っている（Briscoe & Chittka 2001）。

3）旧学名 *Pteroptyx effulgens* で知られる種（大場 1999; 2003）。羽根田（1985）では *P. cribellata* の表記。Ballantyne & Lambkin（2013）により *Medeopteryx* 属に移された。

4）暗やみでごく弱い光を見る場合、眼の錐体（視細胞のひとつ）が働かないためヒトは色の識別ができなくなる。このとき、なぜかわれわれは（少なくとも日本人は）「青白い」という表現を使いたくなるようで、多くの発光生物の光の記述に「青白い」「青白色」という表現が見られるが（例えば、羽根田 1985）、実際に青白色の光が出ているわけではない。例えば発光キノコの菌糸は、光が弱くて白っぽい光に見えるときがあるが、写真に撮ればわかるとおり実際に放出されている光の色はキノコと同じ緑色である。発光生物の発光スペクトルは基本的に半値幅（ピーク強度の半分の強度におけるスペクトルの幅）が 50 ～ 100 ナノメートル程度の単一のピークを持つ山型になるので（Seliger et al. 1964; Herring 1983）、発光色が白色になることはない。なぜならば、ある光がヒトの目に白色に見えるためには、青錐体（420 ナノメートル）、緑錐体（530 ナノメートル）、赤錐体（560 ナノメートル）の 3 つの錐体が同時に刺激されなくてはいけないが、生物発光における山型のスペクトルでそれはありえない。「青白く光っていた」というのは、人間の生理的な欠陥と心理的な誤りによる思いこみなのである。

5）謎のフェンゴデス科 *Astraptor illuminator* も頭部が赤く発光すると報告されているが、おそらく *Phrixothrix hieronymi* と同じ種のようである（Murray 1868; Barber 1908; 羽根田 1950）。

6）実際にホタルを専門に研究したり調べたりしている人は、世界中にいる。"Lampyridae"（ホタル科のこと）というタイトルの国際学術雑誌もあるし、国際ホタル学会 International Firefly Symposium は 3 年に 1 度開かれ、毎回世界から 50 人以上の参加者がある。そのホタル学者の数が一番多い国は、まちがいなく日本である。全国規模の「日本ホタルの会」と「全国ホタル研究会」をはじめ、主にアマチュアが参加するホタルの会が無数に存在する国は、世界でも日本しかない。国際ホタル学会の席で「日本にはホタルを調べている団体がいくつあるのか？」と聞かれて「そんなの無数にあって数え切れない」と答えたら、目を丸くされたことがある。なお、「ホタル学」は発光生物学の一部ではない。ホタル学者は一般に保全や飼育法に関心が高いが、発光生物学者である私などは発光形質に関わる部分以外のホタルにはそれほど関心がない。

7）このとき発光反応のスイッチを入れるのは、酸素ではなく、ペルオキシソーム内で酸素から作

られる過酸化水素だとする説もある（Ghiradella & Schmidt 2004）。

8）私と同姓なので、よく「親子ですか？」と聞かれるが、血縁関係はない。私と同席したときは
　　よく「いや、兄弟です」と冗談を言われていた姿が懐かしく思い出される。

9）自動車のヘッドライトの構造を見ると、光源ランプの光が直接外に出てギラギラと眩しく（グ
　　レア光という）ならないように、ランプの前面には光を遮る「シェード」という板が付けられ
　　ている。まさに、ハダカイワシの発光器にそっくりである。

10）パラボラ構造は、気象レーダーや音を集めるレコーダー、懐中電灯の反射板、反射望遠鏡の鏡
　　など、さまざまな場所で使われている。その特徴は、外からまっすぐ来たもの（音、光、ボー
　　ル、何でもよい）はパラボラ面のどこに当たってもすべて焦点に向かって反射すること。逆の
　　見方をすると、焦点から発せられたもの（これも音、光、ボール、何でもよい）はパラボラ面
　　のどこに当たっても必ずパラボラの垂直方向に反射する。自然界にパラボラ構造が見られる例
　　はほとんど知られていないが、高山や極地に見られる花の一部は、花びらがパラボラに似てい
　　る（ただし、数学的に近似しているかは調べられていない）。このパラボラ構造により光を集
　　めて花の中を温めることで、種子の発育が促進し、また、暖かい花の中に昆虫を誘い込んで花
　　粉を媒介してもらう効果が考えられるという（Wada 1998）。例えば、早春一番に咲くフクジ
　　ュソウもツヤのあるパラボラ型の花びらを持つが、花には花蜜がない。温かさだけで昆虫を呼
　　んでいるということなのだろう。

11）本トピックスのタイトル「深海の光学技師」は、日経サイエンスの記事（2020）の見出しから
　　借用した。言い得て妙なうまい表現である。

第5章

発光メカニズム、自力と他力

　生物の発光形質は、生物分類群ごとに独立に獲得されたものである。そのため、それぞれの発光の分子メカニズムは分類群ごとに異なっている。一方、同じ生物分類群に含まれる種はどれも同じ分子メカニズムで発光する。これは、共通祖先が獲得したメカニズムを受け継ぎながら種分化がすすんだからである。では、生命進化の樹の中で、発光形質は何回くらい現れたのだろうか。

　これについて、テレーズ・ウィルソン（Thérèse Wilson, 1925-2014）とヘイスティングスは「三十数回は独立に」（Wilson & Hastings 1998）、ハドックらは論文の中では「現存する生物の中で、少なくとも40回、おそらくは50回以上も独立に生物発光形質が進化したと予想される」（Haddock et al. 2010）、さらに最近のラウとオークリーの論文ではなんと「少なくとも93回、研究が進めば少なくとも100回に達するだろう」と見積もられている（Lau & Oakley 2021）。その回数の違いはともかく、「光を出す」などという一見特殊で極めて達成困難に思える形質が、なぜこれほど何度も何度も進化の過程で出現しえたのだろうか？　この問いは本書第2部とも関わる発光生物学の本質的な部分であるが、それを考える前に、まずは生物発光のメカニズムについてわかっていることを整理しておこう。

発光反応の原理

　生物の生命活動は、生体内で起こる代謝反応から生み出されるエネルギー物質を使って維持されている。生み出されたエネルギー物質（化学エネルギー）は、

さらなる物質代謝（栄養素の異化や同化）に使われるとともに、筋肉の運動や細胞分裂などの「力学エネルギー」、体温の維持などの発熱における「熱エネルギー」、神経伝達や一部の特殊な生物の発電器官における「電気エネルギー」、そして発光生物だけが持つ「光エネルギー」といった物理的エネルギーの産生に使われる。

　これらのエネルギー代謝は、基本的に酵素反応によって行われる。酵素とは化学反応を促進させる（触媒する）生体分子のことで、その多くはタンパク質でできている（例外的に RNA でできているものもある）。酵素を使わない化学反応でも物理的エネルギーが放出されうるが、生物発光においては、酵素が関わらない反応が使われている例は今のところ見つかっていない[1]。

　ただし、発光反応の詳細は不明だがなぜか鉄イオンや過酸化水素（あるいはその両方）が発光反応に関わっていると考えられる生物が少なくない点には気をつける必要がある（例えば、ツバサゴカイやウロコムシなど）。2 価の鉄（Fe^{2+}）もしくは 1 価の銅（Cu^+）と過酸化水素が共存すると金属イオンの触媒作用によってヒドロキシラジカルが発生する反応のことをフェントン反応（Fenton reaction）というが、この反応にフラビンモノヌクレオチド（FMN）のような天然にも広く存在する分子を加えると弱い可視光が放出される場合があるのだ（Zeng & Jewsbury 1995）。つまり、鉄イオンや過酸化水素が発光に関与していると思われる発光生物の発光は、非酵素的な化学発光で生じている可能性がないわけではない。もっとも、こうした化学発光は発光量子収率（反応で生じた高エネルギー分子から放出されるエネルギーのうち光になる割合）が非常に低いので、このような効率の悪いシステムを生物がそのまま採用しているとは考えにくい。

　なお、電球や蓄光材のイメージからか「電気で光る生物はいないのか」「太陽光を吸収して光る生物はいないのか」と聞かれることがよくあるが、そのような生物は見つかっていない。いない理由を説明するのは簡単ではないが、少なくとも人間が発明した電気で光るものや蓄光材は、その性質上（高温、真空放電、特殊な元素の関与など）原理的に生物が実現するのは困難である。

　ところで本章の冒頭に、生物の発光反応メカニズムは生物分類群ごとに異なると書いたが、実は 1 つだけ発光生物すべてに共通する不思議なメカニズム上

の共通点がある。生物の発光反応には、いずれも酸素原子同士の結合（O-O）を切断する酸化反応が関わっているのである（しかも、生物とは関係のない化学発光においてもこれがほぼ当てはまる）。その物理化学的な説明の詳細は他書に譲るが（例えば松本（2019）がよい）、要約すると「可視光を放出するのに十分な高いエネルギーを一度に得ることのできる化学反応は、酸素原子同士の結合を開裂する酸化反応にほとんど限られてしまう」というのがその理由である。

ルシフェリン‐ルシフェラーゼ反応

　発光反応を促進させる酵素のことを総称してルシフェラーゼ luciferase という。また、発光反応における酵素反応の基質のことを総称してルシフェリン luciferin という。生物の発光反応は例外なく酸化反応であるので、ルシフェラーゼは酸化酵素の一種といえる。

　ただし、発光反応はルシフェリンとルシフェラーゼだけがあれば進行するものではない。酸素分子 O_2 が必ず必要で（ただし、上記のとおり酸素の代わりに過酸化水素などの活性酸素種が使われている生物発光もあるかもしれない）、加えて補因子が必要な場合もある（例えばホタルの場合 ATP が反応に必要）（図 13）。

ルシフェリン

　ルシフェリンは基本的に低分子有機化合物であり、その化学構造は生物分類群ごとに異なっている。これはよく生物系の大学教員・高校教師でもまちがって理解している人が多いので強調しておくが、先にも書いたように、ルシフェリンとはあくまでも発光反応に関与する基質の「総称」であって、単一の化学物質の名前ではない。そのため、通常は頭に生物分類群の名前を付けて区別される。たとえば、甲虫（ホタルやヒカリコメツキ）のルシフェリンは「ホタルルシフェリン firefly luciferin / beetle luciferin」、渦鞭毛藻類のルシフェリンは「渦鞭毛藻ルシフェリン dinoflagellate luciferin」と呼ばれる[2]。ただし、さまざまな海洋発光生物の発光基質、またはフォトプロテインのクロモフォア（後述）として使われているセレンテラジン coelenterazine だけは、固有の名前が付いている[3]。

図13. ルシフェリン‐ルシフェラーゼ反応の代表的な例。ホタルを含む甲虫においては、反応は2段階で進行する。まず1段階目は、ホタルルシフェラーゼの働きによりホタルルシフェリンとATPが反応して、ホタルルシフェリンがアデニリル化（AMP化）される。続いてこのアデニリル化されたホタルルシフェリン（ルシフェリル‐AMP）は、ふたたびホタルルシフェラーゼの働きにより酸素分子O_2とAMPが交換し、このときジオキセタノン構造と呼ばれるO-Oの結合を持つ反応中間体が生じる。この歪んだ4員環構造を持つジオキセタノンはすみやかに壊れて、励起状態（エネルギーが高い状態）のルシフェリン酸化物（オキシルシフェリン）となる。このエネルギーが解き放たれて基底状態（エネルギーが低い状態）になる際に光が放出される。

　現在までにわかっているルシフェリンの化学構造を図示するが、これを見れば化学の基礎知識が多少ある人ならば、それぞれの構造には基本的に類似性がないことがわかっていただけるであろう（図14）。これこそが、生物発光という現象が進化の過程で何度も独立に獲得されてきたことの証拠に他ならない。このように、発光形質が進化するには、物質レベルでいくつもの筋道が可能なのである。このことは、ルシフェリンの化学構造だけでなく、次に示すように、ルシフェラーゼについても当てはまる。

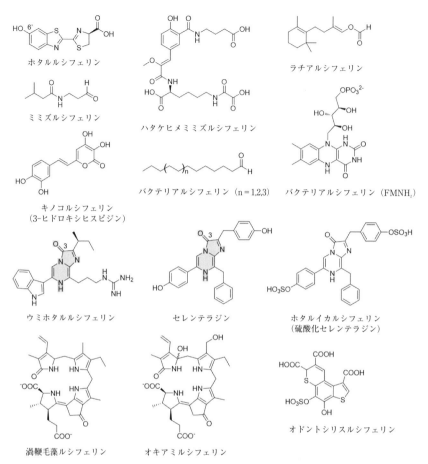

ホタルルシフェリン

ラチアルシフェリン

ミミズルシフェリン

ハタケヒメミミズルシフェリン

バクテリアルシフェリン（n = 1,2,3）

バクテリアルシフェリン（FMNH₂）

キノコルシフェリン
（3-ヒドロキシヒスピジン）

ウミホタルルシフェリン

セレンテラジン

ホタルイカルシフェリン
（硫酸化セレンテラジン）

渦鞭毛藻ルシフェリン

オキアミルシフェリン

オドントシリスルシフェリン

図14. ルシフェリンの化学構造。網掛けは、ウミホタルルシフェリンとセレンテラジンに
共通するイミダゾピラジノン骨格。貯蔵型になるときに硫酸化される部位（ホタルルシフェ
リンの6'位、ウミホタルルシフェリンの3位、セレンテラジンの3位の炭素）には数字を
付けた。バクテリアルシフェリンについては2つの物質を挙げている（本文参照）。ハタケ
ヒメミミズはヒメミミズ科の *Fridericia* 属のこと、オドントシリスはシリス科の
Odontosyllis 属のこと。

ルシフェラーゼ

　ルシフェリンと同様に、ルシフェラーゼも「総称」。だから、ホタルルシフ
ェラーゼ firefly luciferase / beetle luciferase やヒオドシエビルシフェラーゼ
Oplophorus luciferase などのように、これも生物名を頭に付けて区別する。生

物分類群ごとにそれぞれ独立に進化してきた酵素なので、例えば、ホタルルシフェラーゼとウミホタルルシフェラーゼのアミノ酸配列に類似性は見られない（少しはあるだろうと思う人が多いようだが、まったくない）。だから、ホタルルシフェラーゼにウミホタルルシフェリンを加えても、発光反応は起こらない[4]。

　さらに、たとえ基質が同じでも生物分類群が異なればルシフェラーゼのアミノ酸配列には類似性がない点にも注意が必要である。例えば、セレンテラジンを発光反応の基質に使っている海洋発光生物は多いが、同じ甲殻類であってもカイアシ類のルシフェラーゼとヒオドシエビのルシフェラーゼとでは、アミノ酸配列に相同性が見られない（まったくない）。つまり、ルシフェラーゼは、独立に何度も、しかもアミノ酸配列に収斂が起こることなく進化しうるということである。これについては、第2部でもういちど触れる。

発光生物トピックス │ ATP の誤解

　ホタルの発光反応に ATP（アデノシン三リン酸）が必要なことは、高校の生物でも習う。また、生体内のエネルギーは ATP の分解によって生じ、生物は基本的にこのエネルギーを使って活動しているので、ATP は「生物のエネルギー通貨」とも呼ばれている。これも高校の生物で習う。こうしたことから、「発光生物は ATP の分解エネルギーで光る」と思っている人をよく見かけるが、それは正解ではない[5]。

　そもそも、ホタルを含めた甲虫（およびおそらく発光ヒメミミズとヒカリキノコバエ）以外の発光生物は、知られる限り ATP を発光反応に必要としない。さらに、1回のホタルの発光反応には ATP が1個使われるが、この反応で放出されるエネルギーは1個の ATP の分解によって放出されるエネルギーよりもずっと（7〜9倍も！）大きい（Wilson & Hastings 2013, p. 155）。ATP 1個の分解によって放出されるエネルギーだけでは低すぎて光子にならないのだ。

　ちなみに、筋肉などで ATP が使われると ADP（アデノシン二リン酸）ができるが、ホタルの発光反応の場合は AMP（アデノシン一リン酸）ができる。

発光生物トピックス │ ルシフェリンとルシフェラーゼの定義

　ルシフェリンとルシフェラーゼという言葉は、デュボアによって案出されたことはすでに述べたとおりである。しかし、その言葉の意味するところは歴史とともに少しずつ変化してきている。

　そこで下村は著書の中で定義を試み、ルシフェリンを「発光生物のなかにある有機化合物で、通常は特異的なルシフェラーゼによって酸化されることにより発光のエネルギーを提供するものの総称」(Shimomura (2006) からの訳)[6]、または「ルシフェラーゼの触媒作用により酸化されて、発光エネルギーを与える有機化合物。発光量は反応したルシフェリン量に比例する」（下村（2014）から引用）とした。なお、同書の中で下村は、ルシフェラーゼを「ルシフェリンの酸化反応を触媒する酵素」（下村（2014）から引用）と定義している。厳密には（ルシフェリンの定義にルシフェラーゼが含まれ、ルシフェラーゼの定義にもルシフェリンが含まれているので）循環定義になっているものの、実際の場面でこの定義で困ることはまずない。

　一方、ヘイスティングスは、ルシフェリンを「ルシフェラーゼによる発光反応の基質の総称で、その反応中間体か反応産物はライトエミッターとなりうるもの。反応基質がもし2つ以上あったときは、エミッターの方」と定義した (Wilson & Hastings 2013)[7]。言葉づかいは下村の定義とやや異なるが、この違いが問題となるような場面はほとんどない。しかし、発光バクテリアのように、発光反応に2つの物質の酸化が関わるような場合には、それが問題となる。実際、下村とヘイスティングスの定義の違いは、発光バクテリアのルシフェリンをどう解釈するかの違いから生じた相違なのであった[8]。

発光生物トピックス │ ルシフェリンの同定

　同定というのは、自然科学の用語で「目の前にある生物の種名を正確に特定すること」や「単離した物質が何と同一であるかを特定すること」を意味する。ここまで私は、「ルシフェリンはこれである」という説明を何度もしてきたが、実は完全な意味でルシフェリンの化学構造が「同定」された発光生物は実はわずかしかない。

ホタルを含む甲虫はすべて同じホタルルシフェリンを使っている、と先にも書いたが、「その生物からルシフェリンが単離精製され、化学分析・生化学分析により立体化学も含めて化学構造が決定されている」という厳密な意味でルシフェリンが同定されているのは、北米産 Photinus pyralis と日本産ゲンジボタルの２種だけである（White et al. 1961; Kishi 1968）。それ以外の発光性甲虫では、「抽出したルシフェラーゼにホタルルシフェリンを加えると強く発光するから、たぶんルシフェリンの構造も同じだろう」あるいはもう少しマシな場合でも「単離したルシフェリンの紫外吸収スペクトルと蛍光スペクトルが北米産 P. pyralis のルシフェリンとまったく同じなので、おそらく同一物質だろう」と推論されたにすぎないのだ。

　同様のことは、他の発光生物にも当てはまる。だから、その生物の「ルシフェリン」だとされているものが、本当にその構造をもった物質なのか（構造のよく似た類縁体である可能性はないか）、本当にその物質だけなのか（よく似た類縁体も同時にルシフェリンとして使われている可能性はないか）という疑いは常に意識しておいた方がよいだろう。

　実際、ルシフェラーゼを含めて酵素全般は高い基質特異性（ある決まった化学構造の物質しか基質として受け入れない性質）を持つのが特徴であるが、それでもホタルルシフェラーゼやオワンクラゲのイクオリンなどで証明されているとおり、ルシフェリンの化学構造を人工的に一部モディファイしても十分に発光基質として機能することが多い。

　最近、発光性菌類のルシフェリンが 3-ヒドロキシヒスピジンという化学物質であることがわかった（Purtov et al. 2015）。これは正しく同定されたルシフェリンである。しかし、発光キノコからはヒスピジンの類縁体でヒドロキシル基が１つ少ないビスノルヤンゴニンも検出されており、これがルシフェリン前駆体としての発光活性を持っている（Purtov et al. 2015）。つまり発光性菌類においては 3-ヒドロキシヒスピジンだけではなく 3-ヒドロキシビスノルヤンゴニンも、ルシフェリンとして使われている可能性がある。

　生物発光のケミストリーに最後までこだわった下村は「生物発光反応の研究をする上で最も重要なことは、発光に必要な物質を純粋な状態で得ることである。不純な物質を使った実験では解釈が難しくなり、しばしば間違った解釈をしてしまうからだ」と著書の中に書いている（Shimomura 2006）。近年、面倒な化学分析を抜きにして遺伝子だけで発光生物の研究が進められる傾向が見られ

るが、そうした研究は正しいルシフェリンが何であるかという点で大きな間違いをしているかもしれないことを、われわれ発光生物学者はもう少し意識すべきなのかもしれない。

フォトプロテイン

　下村によるフォトプロテインの発見は、オワンクラゲの発光がルシフェリン－ルシフェラーゼ反応では説明できないことに気付いたときにさかのぼる（Shimomura et al. 1962）。当時、全ての生物発光反応はルシフェリンとルシフェラーゼの反応により説明できると考えられていたが、そうではない例がオワンクラゲではじめて見つかったのである。その後、下村は、ツバサゴカイの発光もルシフェリン－ルシフェラーゼ反応では説明できないことを発見し、「ルシフェラーゼではない発光反応に関わるタンパク質」に対し photoprotein の呼び名を与えた（Shimomura & Johnson 1966）。日本語では「発光タンパク質」と呼ばれることもあるが、最初の発見者であり命名者である下村は日本語の著書の中でそのまま「フォトプロテイン」と呼んでいるので（下村 2010; 2014）、ここではそれに従うことにしよう[9]。

　発見者であり命名者である下村は、フォトプロテインを「発光生物の発光組織中にあって、そのタンパク質量に比例した光を放出する、生物発光に関わるタンパク質の総称」と定義した（Shimomura 1985; Shimomura 2006）。すなわち、フォトプロテインは、生物発光に関与するタンパク質であるという点ではルシフェラーゼと同じだが、「発光反応を触媒するだけで自身は消費されない」という酵素の定義に当てはまらないのでルシフェラーゼとは呼ばない。また、その量に比例した光を放出するという点においてはルシフェリンと同じであるが、それが有機化合物ではなくタンパク質であり、ルシフェリンと違って反応は酵素によって触媒されるのではなく何らかのトリガー物質によって誘起される点で異なっている。

　こう書くとなかなかややこしく思われるが、単純に言うと「ルシフェラーゼとルシフェリンが結合した状態で反応が止まっていて、それを解除するトリガー待ちの状態にあるもの」がフォトプロテインだと考えてよい。したがって、

フォトプロテイン中にはルシフェリンに相当する「クロモフォア chromo-phore」（発光生物トピックス「赤い光のドラゴン」参照）と称される低分子化合物が必ず結合していて（Wilson & Hastings 2013, p. 23）これにカルシウムイオンなどの何らかのトリガー物質が結合すると、タンパク質の構造に変化が生じて発光反応が起こるのである。

　フォトプロテインにより発光している生物はさまざまだが、タンパク質のアミノ酸配列やクロモフォアの構造などの詳細がわかっているのはクラゲ、クシクラゲ、ヒカリカモメガイ、トビイカだけである（これらのフォトプロテインのクロモフォアはすべてセレンテラジンかその類縁体なので、詳細は改めて第8章で説明する）。トリガー物質としては、クラゲとクシクラゲと放散虫ではカルシウムイオン、ヒカリカモメガイでは活性酸素種、トビイカでは1価の金属イオン、多毛類のツバサゴカイ *Chaetopterus* とムギワラムシ *Mesochaetopterus* とウロコムシでは2価鉄イオンと過酸化水素、同じく多毛類のフサゴカイ *Thelepus* では2価鉄イオン、北米のヤスデ *Motyxia* では ATP と酸素とマグネシウムイオン、クモヒトデ *Ophiopsila* では過酸化水素が使われている（Shimomura 2006; 下村 2014; Kin et al. 2019; Kin & Oba 2020）。

＊　　　　＊

　以上、発光反応メカニズムの反応タイプを「ルシフェリン－ルシフェラーゼ型」と「フォトプロテイン型」に分けて概説したが、詳細についてより詳しく知りたい研究者は、そのほとんどは下村脩博士が2006年に記した本『生物発光—化学的原理と方法』（*Bioluminescence: Chemical Principles and Methods*）にまとめられている（2019年には第3版が出ている）ので、直接この本に当たるのがよいだろう。ちなみに、下村はのちに「なぜ私がこの本を書いたかというと、それは私が世界で一番色々違った種類の発光動物の化学的研究をした経験があり、私の知識を残すことは将来の研究者に対する義務であると考えたからである」（下村 2010, p. 183）と書いているが、まさにそのとおり。生物発光メカニズムを研究する人は、この一冊があれば他には何も要らない究極のバイブルである[10]。

発光生物トピックス ｜ 緑色蛍光タンパク質

　オワンクラゲから発見された緑色蛍光タンパク質（GFP）は、最初の発見者である下村脩が 2008 年のノーベル化学賞を受賞したことで一般にも知られるようになった。GFP は、その遺伝子を発現させると（他の酵素による手助けなしに）GPF タンパク質内のアミノ酸同士が分子内自己環化を起こし、自動的に蛍光性を持つようになる不思議な性質を持っている。このため、遺伝子発現のマーカーとして生物学的研究に利用できることがわかり、ノーベル賞へと結びついた（本書では応用的側面は扱わないので、詳しくは他を参照のこと。例えば、ピエリボン＆グルーバー（2010））。

　このように GFP は人間の活動にも役に立っているわけであるが、本来のオワンクラゲにおいては発光の色を変えることに使われている。下村は、オワンクラゲからフォトプロテインであるイクオリン aequorin を発見し、これにカルシウムイオンが結合すると「青色」に発光することを明らかにした。しかし、実際のオワンクラゲの傘の縁にある発光器から放出される光の色は「緑色」。ここで登場するのが GFP である。イクオリン分子の近傍（約 10 ナノメートル以内）に GFP 分子があると、イクオリンから放出されるはずの青色光のエネルギーが（青色の光を発することなく）GFP へと移り（BRET、第 4 章の発光生物トピックス参照）、緑色の光が放出されるのだ。

　その後、非発光性のサンゴやイソギンチャク、カイアシ類、ナメクジウオからも緑色蛍光タンパク質様の蛍光タンパク質が見つかったが（Yue et al. 2016; Ogoh et al. 2013）[11]、オワンクラゲのように緑色蛍光タンパク質を使って発光色を変化させていることがわかっているのは、ヒドロ虫綱のオベリアクラゲ *Obelia* やウミコップ *Clytia*（Morin & Hastings 1971; Fourrage et al. 2014）と（おそらく）*Mitrocoma*（Shimomura 2006）、花虫綱のウミシイタケ *Renilla* やウミサボテン *Cavernularia*（Morin & Hastings 1971; Ogoh et al. 2013）、（おそらく）ウミエラ *Ptilosarcus*（Shimomura 2006）などの刺胞動物だけである。なお、鉢虫綱は蛍光タンパク質をもたないとされるが（Shimomura 2006）、その存在を示唆する報告もある（Kubota 2012; Kubota & Minemizu 2014）。

　蛍光タンパク質を持つカイアシ類はどれも非発光種である。カイアシ類には発光種が多いので、蛍光タンパク質を使って発光色を変えている種がいてもよさそうなものだが、見つかっていない。

非発光性のサンゴが蛍光タンパク質を持っている理由については、熱帯の浅い海では紫外線から身を守る役割、少し深いところでは紫外線を可視光に変えて共生渦鞭毛藻による光合成の効率を上げる役割、また紫外線を受けて光ることで餌となる獲物をおびき寄せる役割などが考えられている（Yue et al. 2016）。最近、新たな仮説として、蛍光を使って自由生活している渦鞭毛藻を誘引して取り入れているという興味深い可能性が報告された（Aihara et al. 2019）。

　ナメクジウオの蛍光タンパク質には複数のサブタイプが存在し、蛍光スペクトルもそれぞれ異なっている。蛍光タンパク質遺伝子の発現部位は主に口の外鬚に多いが、全身でも弱く発現が見られる。もちろんナメクジウオは発光しない。この蛍光タンパク質を使って、ナメクジウオは何をしているのだろうか？

　このように、緑色蛍光タンパク質様の蛍光タンパク質は、系統進化的に見ると、刺胞動物から甲殻類、脊索動物まで幅広くかつポツポツと存在が確認される不思議なタンパク質である。アミノ酸配列から推測するかぎり進化的には単一起源であり、遺伝子水平伝播（horizontal gene transfer）などで分類群を越えて広まったわけではないと考えられている。すなわち、緑色蛍光タンパク質の起源は古く、動物全体の共通祖先近くにまで遡るが、その後さまざまな分類群がこれを失い、ごく一部の分類群だけが今もなぜか保持しているということになる（Yue et al. 2016）。論文の著者であるユエらも書いているとおり、このような奇妙な進化過程をたどった遺伝子は他に例がなく、とりわけルシフェラーゼ遺伝子が進化の過程で「必要に応じて」何度も独立に進化し得た事実と比べると、非常に不思議である。

自力と他力

　発光生物がみな、自分の力で光っている（自力発光している）とは限らない。発光に関わる物質の一部を他の生物に頼っていたり（半自力発光）、中には、まるっきり他人頼みで光ったりするものもいる（共生発光）。ここでは、発光メカニズムの多様性とは違う、発光の獲得手段の多様性を見てみよう（図15）。

自力発光（intrinsic luminescence / self luminescence / autogenic bioluminescence）
他の発光生物を利用せず自分で作った物質を使って発光している生物の発光

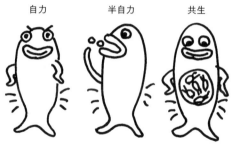

自力　　　　半自力　　　共生

図15. 自力・半自力・他力（共生）

を、羽根田は「自力発光」と呼んだ（羽根田1985）。ただし、ルシフェリンを自らの体内で生合成していることがきちんと証明されている生物は、バクテリア、渦鞭毛藻、ホタル、ウミホタル、カイアシ類、キノコなど、ごくわずかである。これら以外は、自らルシフェリンを生合成しているかもしれないが、実験的にそれが証明されているわけではない。

　自力発光する生物のルシフェラーゼ、もしくはフォトプロテインのタンパク質部分（アポタンパク質という）は、発光生物自身のゲノムに遺伝子情報としてコードされているが、次項に説明するように、キンメモドキだけは例外的に他の生物が作ったルシフェラーゼタンパク質を横取りして使っていることがわかっている。

　自力発光の進化は、その発光メカニズムから判断して、例えば細菌類と菌類と渦鞭毛藻類ではそれぞれたった1回だけ、一方の環形動物や甲殻類においてはそれぞれ何度も独立に起こったと考えられる。硬骨魚類においては、自力発光は独立に少なくとも8回生じたとされるが（Davis et al. 2016）、論文中ではそもそも発光が疑わしいとされるエツが共生発光としてカウントさ

> **用語解説　ゲノム**
>
> 「ゲノム」とは、染色体のDNAに含まれる遺伝情報の総体を指す言葉。「ゲノム解読」と言えば、その生き物が持っているすべての遺伝子を含めた全DNA情報を読み取ることを意味する。また、その生き物が持っている全DNA情報量（全塩基数）のことを「ゲノムサイズ」という。ゲノムが解読されたからといって、その生物に関することが全てわかるわけではない。解読されたゲノム情報を使って、さらにその生物の研究を進めることを「ポストゲノム」という。例えば、生物種同士（あるいは個体同士）のゲノム情報に基づいて遺伝子の配列の違いや並び方や遺伝子の数を比較する「ゲノム比較」は、もっともよく行われるポストゲノム研究のひとつである。

れていたり、自力発光であるキンメモドキやツマグロイシモチが共生発光としてカウントされていたりなど、再検討の余地がある。

一方、甲虫類では、発光メカニズムは基本的にみな共通であるにもかかわらず、詳しく調べると発光形質は独立に2回進化していると結論づけられた（平行進化と呼ばれるこの現象については、第6章で詳述する）。したがって、他の生物分類群についても進化の回数を考えるときには注意が必要である。つまり、同じ生物分類群が同じ発光メカニズムで発光しているからといって、発光形質が共通起源であるとは言えないのだ。

半自力発光（semi-self luminescence / semi-intrinsic luminescence）

自力発光のバリエーションとして、発光反応に使う物質を自分で合成するのではなく、食べた別な発光生物から手に入れて自分の発光に使っているものがある。その最初の例となったのが、羽根田の発見したキンメモドキ *Parapria-canthus ransonneti* である。それまでは「1つの分類群につき1つのルシフェリン」が常識だったが、キンメモドキが分類学的に遠く離れたウミホタルのルシフェリンを使っていることがわかり、常識が覆った[12]。羽根田が行ったのは単純な交差実験（クロスリアクション：異なる生物由来のルシフェリン抽出液とルシフェラーゼ抽出液を交換して活性を確認する実験）であるが、よくぞキンメモドキとウミホタルで交差実験をやってみようと思いたったものである[13]。

このキンメモドキの発見を発端に、羽根田は他のいくつかの浅海発光魚もやはりウミホタルルシフェリンを使って発光していることを見つけた。羽根田はこの現象を表す言葉を作っていないが、私は羽根田の使った「自力発光」という素朴な表現が面白いと思ったので、それにちなんで私は、こうした物質レベルで他の発光生物の力を借りている発光生物の発光手段を「半自力発光」と呼んでいる（大場 2016）[14]。

現在までにわかっている半自力発光には3つのタイプがある。1つは、上記のとおり、ウミホタルルシフェリンを餌から入手して発光するタイプ。これは、今のところ浅海性の魚類にだけに知られている（第7章に詳述）。2つ目は、セレンテラジンを餌から入手して発光するタイプ。これは、刺胞動物から魚類まで、分類群を越えた多様な生物に採用されている（第8章に詳述）。3つ目は、

ごく最近見つかったウミホタルルシフェラーゼを餌から入手しているタイプ。これは、いまのところキンメモドキでしか見つかっていない（第7章に詳述）。

オキアミルシフェリンは渦鞭毛藻のルシフェリンと化学構造が非常によく似ているので、オキアミ類も半自力発光の可能性がある（Dunlap et al. 1981; Nakamura et al. 1993）[15]。ただし、オキアミ類の多くが実際に渦鞭毛藻を食べていることは確かであるが、ナンキョクオキアミ *Euphausia superba* のような膨大なバイオマスを誇る生物に行き渡るほど十分な量の発光性渦鞭毛藻が南極海にいるのかは疑問であるという（ヘリング 2006）。さらに、肉食性が強くほとんど渦鞭毛藻を食べていない種のオキアミについては、どうやって渦鞭毛藻ルシフェリンを手に入れているのか説明がつかない（Haddock et al. 2010）。

半自力発光は、発光生物の進化と多様性を理解するもっとも重要なキーワードであると考えているので、詳細は第2部の第7章と第8章で改めて議論する。なお、半自力発光の英訳としては、semi-self luminescence を提案したい。スーパのレジなどで最近増えてきた、バーコードの読み取りだけを店員がやって支払いその他は客が機械で行う「セミセルフ・レジ」のイメージである。あるいは、自力発光の別な英訳 intrinsic bioluminescence に揃えるならば semi-intrinsic bioluminescence でもよいかもしれない。

共生発光（symbiotic luminescence / bacteriogenic bioluminescence）

他の発光生物を体の中に共生させることで発光生物になりすましている発光様式を、「共生発光」という。ホストの生物自身が発光しているわけではないが、それが種に共有された遺伝的形質であり、そのようにして手に入れた発光をホストが適応的に使っている（通常は、発光器や反射組織などの形態的な特殊化が見られる）ので、定義上このホストは発光生物とみなしてよい。

共生するゲストの方の発光生物は、今のところバクテリアしか知られていない。つまり「共生発光」といえば、少なくとも現在わかっている限り、発光バクテリアとの共生発光 bacterial luminescence と同義である[16]。

発光バクテリアと共生発光をしているホスト側の生物は、硬骨魚類とイカ類にしか知られていない。ただし、硬骨魚類では 17 回（Davis et al. 2016）[17]、イカ類では、ダンゴイカ目 Sepioida ダンゴイカ亜科 Sepiolinae の祖先で（おそら

くダンゴイカ科 Sepiolidae の祖先で）1 回、ツツイカ目 Teuthida ヤリイカ科 Lol-iginidae の祖先で 1 回の合計 2 回、それぞれ独立に共生発光が進化している（Pankey et al., 2014）。おびただしい量の発光バクテリアが海水中にいることを考えると、なぜ共生発光が硬骨魚類とイカ類でしか進化しえなかったのかは不思議である。

　バクテリアとホストの共生関係は一般に、自由生活できるバクテリアをホストが環境中から取り入れて共生させる「任意共生 facultative symbiosis」と、ホストの中でしか生きていけないバクテリアと共生する「絶対共生 obligate symbiosis」に分けられるが、共生発光は基本的に任意共生である。ただし、ヒカリキンメダイ類とチョウチンアンコウ類では絶対共生の度合いがある程度進んでいる。

　もともと、ヒカリキンメダイとチョウチンアンコウの発光バクテリアは、単離培養できないことに加えて、遺伝子解析の結果これまでに知られている発光バクテリアと系統が大きく異なっていた事実から、これらの発光魚とその発光バクテリアは絶対共生（ホストと 1 対 1 対応）の関係にあると考えられていた。これを示唆する事実として、ヒカリキンメダイ *Anomalops katoptron* の共生バクテリアの全ゲノムが解読され、そのゲノムサイズが通常の発光バクテリアの20％にまで縮小していることが明らかとなった（Hendry et al. 2014）。同様のゲノムサイズの縮小はチョウチンアンコウ類でも確認されている（Hendry et al. 2018）。ゲノムサイズが小さくなったということは、共生生活によって不要になった遺伝子をそぎ落として身軽になったということ。すなわち、共生状態でしか生きていけない「絶対共生」に近づいていることを意味する。

　しかし最近、チョウチンアンコウ類において、種を超えて遺伝的に同一なバクテリアが検出された。このことは、チョウチンアンコウ類と発光バクテリアの共生関係が完全な絶対関係にはなく、ホスト種を超えた環境を介するバクテリアの移行があることを示唆する（Baker et al. 2019）。また、ヒカリキンメダイに共生するバクテリアには（絶対共生細菌では不要なはずの）鞭毛が存在し、運動することが確認されている。さらに、ヒカリキンメダイとチョウチンアンコウの両方には、なぜか発光器からバクテリアが放出される「出口」がある。またヒカリキンメダイの仔魚の発光器にはバクテリアが入っていなかったとい

う観察もある。これらの観察事実は、おそらくヒカリキンメダイとチョウチンアンコウの共生バクテリアはある程度の自由生活が可能で、環境を介した個体同士でバクテリアの水平移動があることを示唆している（Freed et al. 2019; Haygood 1993）。

発光生物こぼれ話 | 発光生物に食べられる？

　私たちが発光生物を食べるのではなく、発光生物に食べられてしまうこともある。ダルマザメ *Isistius* spp. は体長 40 センチメートル程度のそれほど大きなサメではないが、発光することよりもその恐ろしい食事法で有名だ。鋭い歯で自分よりも大きな獲物にかぶりつき、体をねじって直径 3 〜 10 センチメートルくらいに丸く肉をえぐり取るのだ。英語名はクッキカッター（cookie-cutter shark）、つまりクッキー作りの型抜きのことである。ダルマザメの被害に遭うのは、たいていマグロやカジキ、クジラやイルカなど大型の魚類や海産哺乳類。しかし、なんと泳いでいた人間がダルマザメの被害にあった例が少ないながら報告されている（Honebrink et al. 2011）。

　松本清張の短編『犯罪広告』（短編集『黒の様式』新潮文庫、1973 年に収録）には、水死体がウミホタルに食べられて光っているのではないかというシーンが出てくる。

　　「そうや、ひょっとするとあのウミホタルは人間の死体を食べとるのかもしれまへんな」
　　「おい、おどかすなよ」
　　「いえ、ほんまでっさ。土左衛門が流れてくるとウミホタルがああして集りよりまんね」

　これについて、ウミホタル研究者であった阿部勝巳（1953-1998）は「人からそんなこともあったという話を聞いて書いたものだと思われる」と記している（阿部 1994）。一方、松本清張の編集者をしていた重金敦之は、松本がどこからか仕入れてきた水死体とウミホタルの関わりについて重金自身が水産学者で随筆家でもあった末廣恭雄を訪ねてウラを取ってきたと書いている（重金 2010）。

末廣がどこまで知っていてどこまで松本に情報が伝わったのかは不明だが、よく調べてみると実際に水死体の損傷が部分的にウミホタルによるものであるとする法医学の文献が見つかる（友永・須山 1952；永田ら 1967）。

　私はウミホタルを採集するときいつも生レバーを餌に使っているが、レバーの塊はウミホタルに食われて見る間にボロボロになっていく。それを見ていると、水死体がウミホタルに食われて白骨化するというのもわかる気がする。ただしウミホタルは海底近くでしか活動しないので、海面に浮かんだ土左衛門を食うことはない。

註

1）発光キノコの発光メカニズムには酵素が関与しないかもしれないと考えられていた時もあったが（Shimomura et al. 1993）、現在は通常のルシフェリン–ルシフェラーゼ反応であると理解されている（Kotlobay et al. 2018）。

2）しかし、こうした呼び方に問題がないわけではない。ウミホタル科 Cypridinidae のルシフェリンはもともと日本産ウミホタルから単離・構造決定されたので、英語では、ウミホタルの当時の学名 *Cypridina hilgendorfii* を取って *Cypridina* luciferin と呼ばれた。その後ウミホタルが *Vargula* 属に移されため *Vargula* luciferin と呼ばれることとなるが、*Cypridina* 属に残った種もやはりウミホタルルシフェリンを使って発光しているため、混乱が生じた。さらに最近、ウミホタルは分岐分類学的にみて *Vargula* 属ではないことが明らかになっている（Morin 2019）。この問題を解消するために ostracod luciferin という言葉も案出されたが、貝虫綱 Ostracoda にはウミホタルルシフェリンではなくセレテラジンを使って発光するハロキプリス科の種もいるので、これまた正確とは言えない。さらに、2語からなる複合語は使いにくいことから vargulin という言葉が作られ、今も試薬メーカーなどはこれをよく使っている。ただし、ウミホタルルシフェリンの結晶化から構造決定までに関わった下村は、むやみに名称を変えるのは混乱の元であるとして、*Cypridina* luciferin 以外の呼び名を決して使わなかった。一方、ウミホタル科の専門家ジム・モーリン（James G. Morin）は、ウミホタル科の分類体系が変わってもさらなる混乱が生じないよう新たに cypridinid luciferin ということばを提案した（Morin 2011）。つまり、「ウミホタル科のルシフェリン」という意味である。この合理的だが気が利いているとは言いがたいネーミングは、基礎研究者の間では少しずつ使われてきているものの、現時点では1語で呼びやすい vargulin が優勢になってきているようである。もちろん、日本語で呼ぶときは「ヴァーギュリン」などと口を曲げて言う必要はなく、迷わず「ウミホタルルシフェリン」でよい。

3）これも、もともとはウミシイタケルシフェリン *Renilla* luciferin、ヒオドシエビルシフェリン *Oplophorus* luciferin、またはホタルイカルシフェリンの前駆体であることからホタルイカプレルシフェリン *Watasenia* preluciferin などとさまざまに呼ばれていたが、腔腸動物 coelenterate にちなむセレンテラジンという名前に落ち着いた（Shimomura 2006）。ただし、

有櫛動物と刺胞動物を合わせた腔腸動物という分類群の単系統性は現在支持されておらず、coelenterate という言葉は分類学ではもはや使われていない。

4）このことは、生物学者でさえよくわかっていない人が多いらしく、ホタルとはまったく関係のない発光生物からホタルルシフェラーゼに似た遺伝子を探し出して「ルシフェラーゼを見つけた」となどと言っているひどい論文をいまだによく見かけるので、ここに強調しておく。

5）とある高校の教科書には、ホタルは「ATP の化学エネルギーを光エネルギーに変換」して光っている、とはっきり書いてあった。

6）原文は "as the general term of an organic compound that exists in a luminous organism and provides the energy for light emission by being oxidized, normally in the presence of a specific luciferase"（Shimomura 2006）。

7）ヘイスティングスらの本の語彙集にあるルシフェリンの定義の原文は "A generic term for the substrate in a luciferase reaction, in which a reaction intermediate or product may serve as the emitter. If there are two or more substrates, the one implicated as the emitter or giving rise to it is called the luciferin"（Wilson & Hastings 2013）。

8）発光バクテリアのルシフェリンが何であるか、下村とヘイスティングスの意見の相違については、説明が込み入ってしまうので、この註釈に示す。発光バクテリアの発光の仕組みは、直鎖アルデヒド（炭素数は 12、14、16 と幅がある）と酸素分子 O_2 と $FMNH_2$（還元型フラビンモノヌクレオチド）の 3 つの分子とルシフェラーゼが関わるルシフェリン－ルシフェラーゼ反応で説明される（発見の経緯とメカニズムの詳細については下村脩『光る生物の話』朝日選書を参照）。発光反応が起こると、直鎖アルデヒドが酸化されて脂肪酸となり、同時に $FMNH_2$ が酸化されて FMN となる。このとき、酸化されたどちらの物質を「ルシフェリン」とみなすかが問題となる。ジョンソンと下村は、この直鎖アルデヒドを発光バクテリアのルシフェリンとみなした（Johnson 1988; 下村 2014）。一方、ハーヴェイやヘイスティングスは、$FMNH_2$ を発光バクテリアのルシフェリンとみなした（Harvey 1929; Harvey & Tsuji 1954; Hastings & Johnson 2003; Wilson & Hastings 2013）。この違いは、オワンクラゲからフォトプロテインを発見したジョンソンと下村が、フォトプロテインと区別するため「発光量が物質量に比例すること」を重視してルシフェリンを定義したのに対し、ヘイスティングスらは、ライトエミッター（発光反応の過程で最終的に光を出す分子）となりうる方をルシフェリンと定義したことによる。つまり、$FMNH_2$ の濃度は発光量に正比例しないが（McElroy & Green 1955）、ライトエミッターは $FMNH_2$ からできる FMN-4a-hydroxide の方なのである。

9）私が photoprotein の日本語表記としてフォトプロテインを使いたい理由として、発光タンパク質の字面が蛍光タンパク質 fluorescent protein と紛らわしいからということがある。ただし、英語圏の人にとっては「フォトプロテインというと、〈光を出す〉というより〈光によって活性化される〉というニュアンスがある」らしい（Wilson & Hastings 2013）。

10）なお、下村は「その本をみた日本の複数の友人から日本語で出してほしいとの要望を受けた」が、「この本は研究者用であり、現代の研究者は自由に英語を解読できることが必須条件であるから、私は和訳の必要はないと思う」と書いているが（下村 2014, p. 189）、私もこれに賛成である。下村の英文はひじょうに平易にわかりやすく、研究者にとって翻訳書は不要であろう。逆に内容が生物発光の化学に特化しており、またそれ以外の生物学的な記述については不正確

な部分もあるので、生物発光の化学に携わる研究者以外がこの本を手に取る必要性はほとんどない。

11）「緑色蛍光タンパク質様の蛍光タンパク質」というのは面倒な言い方であるが、これには事情がある。下村が言うとおり緑色蛍光タンパク質が見つかるまでは「種々の蛍光たんぱく質が知られているが、それらはみな蛍光化合物とたんぱく質の複合体」であった。しかし、オワンクラゲから見つかった緑色蛍光タンパク質はそれまでに知られていた蛍光タンパク質とはまったく異なり、「初めて発見された、蛍光を放つ、アミノ酸のみからできたタンパク質」（下村2014）だったのである。ちなみに、蛍光性を持たない緑色蛍光タンパク質様のタンパク質も見つかっており、これらはクロモプロティン chromoprotein と呼ばれている。

12）論文としての発表年はツマグロイシモチの方が早いが、発見者である羽根田本人がキンメモドキを「ウミボタルの発光体の間にルシフェリン・ルシフェラーゼ交叉反応の陽性であることが証明された最初の魚」（羽根田 1985, p. 240）、「これはクロス・リアクションの最初の例だ」（羽根田＆北 1963）、またツマグロイシモチについては「その後……わかった」（羽根田 1972, p. 181）と書いていることから、羽根田が半自力発光の存在を理解したのはキンメモドキが先だと考えられる。

13）余談であるが、平凡でせっかちな科学者は答えがある程度わかっている現象を証明するのはうまいが、予想しえないこと（その多くは無駄に終わること）を試してみるのは下手である。羽根田はその点、それまで発光することが知られていなかった生物の発光を次々と見つけているが、これも膨大なダメモト実験の中から探し当てた「掘り出しもの」であることは想像に難くない。また、キンメモドキとウミホタルで交差実験をやってみたことについても、おそらく何か合理的な根拠があって試してみたとは思えない。こうした発光生物に対する執念こそが、私が羽根田を敬愛してやまない理由である。ちなみに私も、ときどき学生に対して突飛な実験を提案してみるが、大抵は怪訝な顔をされておしまいになる。まあ、思いついたら自分でやれということだろう。羽根田の真の偉大さは、発光生物の世界的権威と認められたあとも常に自分の手と足を使って行動し続けた点にある。

14）ちなみに、「半自力」という言葉はもともと仏教用語にあり、「他力本願に任せきらず自分の念仏の功徳により極楽往生を願い求めること」を言うらしい。私の「半自力発光」という呼びかたは、松本（2019）でも採用されている。

15）まったく個人的なことであるが、私が研究者として最初に名前が入った論文（Nakamura et al. 1993）がオキアミルシフェリンの化学構造の分析からオキアミの半自力発光を示唆する研究であったことは、現在の私の研究ヴィジョンと完全に同じであり、その一致にはまるで他人事のように驚かされる。

16）ただし、深海性の肉食海綿の中に共生するウロコムシが発光することにより、この海綿が利益を得ている可能性が最近報告された（Taboada et al. 2020）。これが本当で、かつこれらの共生関係が絶対的なものならばこの海綿も「発光生物」と呼ぶことができるかもしれない。サンゴやシャコガイなど渦鞭毛藻を共生させている動物がいるので、発光性渦鞭毛藻を共生させて発光する生物がいてもよさそうに思われるが、今のところそのようなものは見つかっていない。

17）発光性の硬骨魚類は、12目46科約1500種が確認されているが（Paitio et al. 2016; Davis et al. 2016）、そのうち発光バクテリアを使って共生発光することがわかっているものは7目21

科の約 500 種に及ぶ（Karplus 2014）。また、別な試算によると、発光魚の半数以上の 785 種が自力発光、725 種が共生発光であるという（Davis et al. 2016）。

第2部

発光生物たちの進化劇

本書の序章で私は、次のようなことを書いた——「発光生物を対象に行われてきたさまざまな研究をひとつの「学」に束ねあげるのに必要なのは「進化」の視点であり、発光生物学とは発光生物の進化生物学である」、と。

　「進化生物学」のゴールは、生物進化の道筋を明らかにすることと、進化の原因を解明すること——すなわち、「なぜ今、地球上の生物はこのようにあるのか」を説明するパターンを見つけ出すこと——である。では、第1部をとおして発光生物のさまざまな側面をひととおり見渡してきたわれわれは、そこになにか進化生物学上のゴールと言えるものを見い出せただろうか。おそらく読者は、分類学的にも生態学的にも、さらには発光メカニズムの点からも、発光生物には驚くべきバラエティーがあること、つまり、各々がてんでんばらばらの進化を遂げた「まとまりのなさ」をむしろ見てとったに違いない。

　しかし、分類学的に離れた生物群における発光現象同士を結び付けて考える「進化法則」と言えるもの（発光生物に広く共通する進化のパターン）が全く見い出しえなかったわけではない。その重要な進化パターンのひとつが、発光能の獲得様式のひとつ「共生発光」である。したがって、発光するバクテリアが海で進化し、それと共生することで発光する能力を獲得した生物が分類群を越えて現れたことは、発光生物が海に多いことを説明する重要な鍵のひとつである。

　もうひとつの鍵は、発光の生態的意義としての「カウンターイルミネーション」である。発光の役割は生物ごとにさまざまだが、発光生物の大部分が中深層に住み、その多くが発光をカウンターイルミネーションの役割に使っていることは重要である。言い換えると、現在の地球上に発光生物が溢れている理由の一半は、生物がカウンターイルミネーションの技を手に入れて中深層という広大な生物圏に進出したからである。

　しかし、なぜ発光生物が海にこれほどまでに溢れているかを説明するには、共生発光とカウンターイルミネーションだけでは不十分である。共生発光する生物は少なくないが、それは一部の魚類とイカだけなのだ。また、陸上ではホタル類と近縁な甲虫に2500を超える発光種がいるが、これらは共生発光ともカウンターイルミネーションとも関係がない。発光バクテリアは陸上にもいるのに、陸上では共生発光は進化しなかった。

　一方、ホタルに種数が多い理由の一半は、発光形質が性選択——つまり雌雄

コミュニケーションツール――として進化に組み込まれたからである。「性選択が種分化を促す」という進化の基本原理が発光生物にもあてはまることは、本書でも何度か見てきたとおりである。すなわち、カウンターイルミネーションと並ぶ生態的意義としての生物進化の鍵のひとつは「性選択」である。光を同種内のオスとメスの交信ツールに使ったことで、発光生物の著しい多様化がもたらされた。

　このように私は、発光生物が「今なぜ世界にあふれかえっているのか」という問いの答えとして、生態的意義における側面では、「カウンターイルミネーション」と「性選択」の２つの概念でほとんど説明が付くと考えている[1]。問題は発光形質の獲得様式の方法である。「共生発光」だけではどうしても、地球上でこれだけ多くの生物が発光形質を獲得しえたのかを説明しきれない。

　そこで本書の後半となる第２部では、発光形質の獲得様式として決定的と思われる、共生発光を補完する３つの仮説――「FACS起源仮説」「ウミホタル由来仮説」「セレンテラジン仮説」――を解説する。私は、「共生発光」にこの３つの仮説が加われば、生命の歴史の中で不思議なほど多くの生物が発光形質を獲得し地球上が発光生物に満ちていること、の謎にほぼ説明が付けられると考えている。

　なお、ここに紹介する３つの仮説はいずれも私自身が深く関与した研究から生まれたものなので、この第２部は、第１部までの内容とはトーンを変え、その発見プロセスや経緯なども含めたより深化した内容となる。説明がかなり高度になる部分もあるが、そこは、「読者が仮説の妥当性を正当に評価できるだけの情報を提供することが、仮説を提案するものとしての一番の誠意である」という私の信念の表れだと思ってご容赦いただきたい。それでも、こみ入った説明を読み飛ばしても結論だけはわかるよう、ところどころでまとめながら説明したつもりである。

註
1）反対に、「敵の威嚇」という発光生物の主要な役割のひとつについては、生命の樹の中で何度もそれが進化しているものの、発光生物が地球上に溢れることになる重要な生態的要因にはならなかったと思っている。例えば、ムカデ、ミミズ、クモヒトデなどは、発光を主に敵の威嚇に使っているが、せっかく獲得した発光形質が種の多様化に働いたようすがない。

第6章

FACS 起源仮説

生物発光は、他のどの生物現象とも似ていない。だから、発光反応の仕組みが明らかになった次に湧いてくる疑問は、どのようなプロセスを経て生物がその仕組みを獲得したのか（どのようにして獲得が可能だったのか）という「進化」の問題である。この謎を解くことはまた、発光生物学に留まらず、「まったく新しい形質はいかにして進化しうるか」という進化生物学の普遍的な疑問に対する答えの一例を与えることにもなる。

このような考えから私は、発光生物の中でも最もアイコニックな存在であり、かつ発光の仕組みが最も早くから詳しく研究されてきたホタルを材料に選び、長らくこの「進化」の謎に取り組んできた。その結果、まだ未解明な点は残っているものの、主要な部分についてはほぼ納得いくところまで解決できたと考えている。

この章では、私の20年にわたる研究からわかってきた「FACS 起源仮説」と私が呼んでいるホタルの進化に関するシナリオを説明する（図16）。そして最近、FACS 起源仮説は、ホタルなどの甲虫に限らず、もっと広く多くの発光生物の進化を説明する鍵となるかもしれない可能性が見えてきたので、それについても説明を加えよう。

ホタルルシフェラーゼは脂肪酸 CoA 合成酵素

私が最初に取り組んだのは、ホタルのルシフェラーゼの起源についてであった。言い換えると「ルシフェラーゼという発光反応を触媒する特殊な酵素を、

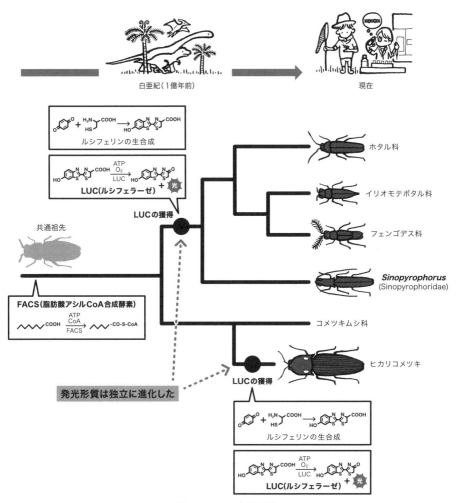

白亜紀(1億年前)　　　　　　　　　　　　　　現在

ルシフェリンの生合成

ATP
O₂
LUC
LUC(ルシフェラーゼ)　+ 光

LUCの獲得

共通祖先

FACS(脂肪酸アシルCoA合成酵素)

ATP
CoA
FACS

ホタル科

イリオモテボタル科

フェンゴデス科

Sinopyrophorus
(Sinopyrophoridae)

コメツキムシ科

ヒカリコメツキ

発光形質は独立に進化した

LUCの獲得

ルシフェリンの生合成

ATP
O₂
LUC
LUC(ルシフェラーゼ)　+ 光

図16. FACS起源仮説

ホタルの祖先はどのようにして獲得した
のか」という問いに対する答えの解明
を試みた。

　新しい機能を持った酵素が進化する
とき、基本的には既存のタンパク質を
モディファイすることでそれは作られ
る[1]。すなわち、ジャコブが『可能世
界と現実世界』（みすず書房、1994 年）
の中で捉えた生物進化の基本原理
「ブリコラージュ」（bricolage〔仏〕,

用語解説 遺伝子の決定

　「○○遺伝子を決定した」という言い方が
何度も出てくるので解説しておく。たとえば、
ルシフェラーゼはタンパク質なので、そのア
ミノ酸配列がルシフェラーゼ遺伝子上に塩基
配列としてコードされているが、その塩基配
列が明らかになったとき、「ルシフェラーゼ
遺伝子が決定できた」ということになる。逆
に、遺伝子の塩基配列だけがわかっても、そ
の配列がタンパク質に翻訳されたときの役割
がわからなければ、遺伝子を決定したことに
はならない。

tinkering〔英〕; あり合わせの鋳掛屋仕事の意）に他ならない。では、ホタルのル
シフェラーゼは既存のどのような酵素からブリコラージュされたのか？

　実は、私がこの研究に取りかかる前からその答えのヒントはあった。マッケ
ロイらは、はやくも 1967 年、その時点でわかっていたホタルの発光反応に関
する知見から、ホタルルシフェラーゼとアシル CoA 合成酵素（acyl-CoA syn-
thetase）類との類似性を指摘し、ホタルルシフェラーゼがアシル CoA 合成酵
素から進化した可能性を指摘した（McElroy et al. 1967）[2]。

　なお、アシル CoA 合成酵素とは、生物全般における脂肪酸の代謝や生合成、
また植物においては硬い木質を形作るリグニンの生合成にも関わっている普遍
的かつ重要な酵素の 1 グループである。基質となる物質に応じて、脂肪酸
CoA 合成酵素、アセチル CoA 合成酵素、クマル酸 CoA 合成酵素（クマル酸
CoA リガーゼ）などさまざまなタイプに細分化されているが、とりあえずこの
先を理解する上では〈生物が生きていく上で必要な「ありふれた」酵素であ
る〉ということだけ理解しておいてほしい。

　そして、このマッケロイらによる指摘こそが正解であった。その後、分子生
物学技術の進歩によりホタルルシフェラーゼを含めたさまざまな酵素の遺伝子
が決定されると、ホタルルシフェラーゼが植物のクマル酸 CoA 合成酵素や哺
乳類の脂肪酸 CoA 合成酵素と明確なアミノ酸相同性を持つことがわかり、遺
伝子レベルでも「ホタルルシフェラーゼはアシル CoA 合成酵素から進化し
た」というアイデアが正しいらしいことがわかってきたのである（Schröder

1989; Suzuki et al. 1990; Wood 1995）。しかし、今しがた説明したとおり、アシル CoA 合成酵素にもいろいろある。では、ホタルルシフェラーゼはどんなタイプのアシル CoA 合成酵素から進化してきたのか（つまり、具体的にもともと何をしていた酵素なのか）？　当時わかっていた遺伝子と比較したかぎり、ホタルルシフェラーゼの配列は植物のクマル酸 CoA 合成酵素にもっともよく似ていた。しかし、ホタルは昆虫であり、当然リグニンの合成は関係ない。だから、クマル酸 CoA 合成酵素から進化したとは考えられない。

　2003 年、われわれのグループは決定的に重要と思われる予想外の現象を見つけた。ホタルのルシフェラーゼが、ホタルルシフェリンを基質とする発光活性を有するだけではなく、脂肪酸を基質とする脂肪酸 CoA 合成酵素活性を併せ持つ「二機能性 bifunctional」のある酵素だということがわかったのである（Oba et al., 2003）。

　この発見のヒントとなったのは、「ホタルルシフェラーゼが脂肪酸によって強く阻害される」という麻酔学者・上田一作（1924-2010）らの論文であった（Ueda & Suzuki 1998; Matsuki et al. 1999）。この一見ホタルの進化とは関係なさそうな論文を見つけたとき、マッケロイらの進化シナリオ、すなわち「ホタルルシフェラーゼはアシル CoA 合成酵素から進化した」はおそらく正しく、しかも、そのアシル CoA 合成酵素とは脂肪酸 CoA 合成酵素だったにちがいないとひらめいたのである。いや、ひらめいたというとカッコよく聞こえるが、まあそういうこともあるかもしれないと思い立ってとりあえず実験をしてみたにすぎない。

　ちなみに、麻酔学と発光生物学とはまるで関係なさそうに思えるかもしれないが、歴史的には不思議な縁がある。発光生物学の始祖デュボアは、間章にも書いたとおりクロロホルム麻酔の実用化に貢献した麻酔学者でもあった。ハーヴェイの高弟ジョンソンもまた、発光バクテリアやオタマジャクシに対する麻酔作用の研究で業績を上げた麻酔学者としての一面も持っていた。なお、ジョンソン最後の著作のタイトルは『発光、麻酔、深海の生物』である（Johnson 1988）。そして、上述の上田も、ホタルルシフェラーゼがタンパク質レベルで麻酔効果を示す唯一の酵素であることを発見し、分子レベルでの麻酔の作用機序の理解に大きな貢献をしている（上田 2006）。

話を元に戻そう。私が本当に驚いたのは、上田らの実験を追試してみた時だった。上田らの論文にあるとおり、ホタルルシフェラーゼによるホタルルシフェリンを基質とする発光反応は、脂肪酸を加えると阻害された。しかし、脂肪酸濃度をうんと低くしてみたところ、なんとホタルルシフェラーゼが脂肪酸 CoA 合成酵素活性を示したのである[3]。このことは、ホタルルシフェラーゼが脂肪酸 CoA 合成酵素から進化したことを直接的に示しているとともに、〈新しい機能を持った遺伝子の進化パターン〉のひとつとして知られていた「遺伝子共有」がホタルルシフェラーゼの進化においても起こっていたことを示唆する（遺伝子共有の詳しい説明については、新しい機能を持った遺伝子の進化パターンとしてもうひとつ知られている「遺伝子重複」の説明と合わせて、用語解説を見ていただきたい）。

ハエでわかったホタルの進化

この発見をはずみに、次に、ショウジョウバエ *Drosophila melanogaster* のゲノムデータベースにホタルルシフェラーゼに似た遺伝子がないかを調べてみた。同じ昆虫とはいえ、ホタルとハエではずいぶん系統的に違うが、当

用語解説｜アデニリル化、CoA 化

第 6 章で何度か登場するこの 2 つの専門用語について説明しておく。

アデニリル化 adenylylation とは、何らかの生体内物質（タンパク質や有機化学物質）とアデノシン三リン酸（ATP）の反応により、アデノシン一リン酸（AMP）が結合した物質（アデニリル化体）を生じるプロセスのこと。アデニル化 adenylation と呼ばれることが多いが、実はこれは正確な呼称ではない（例えば、古典的教科書『ワトソン遺伝子の分子生物学』東京電機大学出版会、2010 年に説明がある）。アデニリル化された物質は高エネルギー状態にあり、この次に起きる代謝反応が進みやすくなる。そのため、生体内ではさまざまな場面でアデニリル化が起こりながら、生命が維持されている。ホタルの発光反応にアデニリル化が関わっているのも、このためである。

CoA（「コーエイ」と発音する）、またはコエンザイム A（補酵素 A）は、補酵素の一種。CoA 化（CoA esterification, CoA thioesterification）とは、何らかの生体内物質と CoA がエステル結合し CoA チオエステル（CoA 化体）を生じる反応のことをいう。CoA 化された物質は、アデニリル化体と同様に高エネルギー状態にあり、この次に起きる代謝反応が進みやすくなる。そのため、生体内ではさまざまな物質の CoA 化が起こりながら、生命が維持されている。

ただし、このアデニリル化と CoA 化については、ホタルの発光メカニズムとその進化を理解する上ではあまり詳しく知っておく必要はない。どちらも「生体における代謝反応ではよく見られるプロセス」とだけ理解しておけば十分である。重要なのは、生物発光反応という特殊そうに見える反応も詳しく見ると生体内でごく普通に行われているメカニズムがいろいろと流用されている、というその一点だけである。

時は全ゲノムが完全に解読されている昆虫はショウジョウバエくらいしかなかったのである。その結果、ホタルルシフェラーゼに最も類似性の高い遺伝子として *CG6178* というコード名を持つ機能未知の遺伝子がヒットした。驚いたことに、CG6178 とホタルルシフェラーゼとのアミノ酸配列相同性は非常に高く、41％もあった[4]。そこで、この遺伝子産物（遺伝子がコードしているタンパク質）の酵素活性を調べたところ、予想どおり！ 脂肪酸 CoA 合成酵素の活性を有することがわかった[5]。しかも、CG6178 はホタルルシフェリンに対して極めて微弱ながら有意な発光活性も示した（Oba et al. 2004a; 2005）。すなわち、ショウジョウバエの CG6178 は脂肪酸 CoA 合成酵素であり、さらにホタルルシフェリンを基質として微弱ながら発光する〈ルシフェラーゼへと進化しうるポテンシャル〉をもともと有していたのである[6]。

　以上の実験事実より、われわれは「ホタルルシフェラーゼは脂肪酸 CoA 合成酵素から進化した」とする仮説〈FACS 起源仮説〉を提唱した（Oba 2015）。ちなみに FACS とは、脂肪酸 CoA 合成酵素 fatty acyl-CoA synthetase の頭文字であり、論文ではよく使われている略称である。

　なお、ホタルのルシフェラーゼが脂肪酸 CoA 合成酵素の活性を持っていたのは、おそらく進化の「名残り」だろうと考えている。あとからわかったことであるが、パナマ産ヒカリコメツキ *Pyrophorus angustus* のルシフェラーゼは、ホタル科のルシフェラーゼとは異なり脂肪酸に対して検出可能なレベルでの脂肪酸 CoA 合成酵素活性を持っていなかった（Oba et al. 2010）[7]。つまり、ヒカリコメツキのルシフェラーゼは、進化の過程で過去の「名残り」を失ってしまったらしい。

ヒカリコメツキ問題

　ホタル科以外の発光性甲虫（フェンゴデス科、イリオモテボタル科、コメツキムシ科のヒカリコメツキ類）のルシフェラーゼは、ホタル科のルシフェラーゼとアミノ酸レベルで46％以上と高い相同性を有している。したがって、これらのルシフェラーゼはホタル科のルシフェラーゼと起源を同じくする相同なタンパク質と考えて間違いない。しかし、このことは必ずしも「甲虫目の発光形質

が共通起源である」ことを保証しているわけではない。

　ホタル科とフェンゴデス科とイリオモテボタル科における発光形質が共通起源であることはおそらく間違いない。なぜならば、この3科に含まれる種は知られる限りすべて発光し（Branham 2010; Kawashima et al. 2010; Costa & Zaragoza-Caballero 2010）、しかもこの3科はお互い姉妹群（もっとも近い起源を同じくするグループ同士）であることが分子系統解析の結果から強く支持されている（McKenna et al. 2015; Kusy et al. 2018）からである。つまり、この3科の共通の祖先は発光していた[8]。では、ヒカリコメツキ類はどうだろう。

　ヒカリコメツキの発光形質がホタルのそれと共通起源なのかそうでないのかについては、真っ向から対立する2つの議論があった。これを私は「ヒカリコメツキ問題」と呼んでいる。何が問題なのかをわかりやすくするために、仮想の生化学者Bと昆虫学者Eに答えてもらおう。ちなみに、例えば前者にはホタルの発光メカニズムの解明において革命的貢献をしたマッケロイやその弟子のセリジャーを（Seliger & McElroy 1965）、後者には甲虫分類学の大家ロイ・クラウソン（Roy Albert Crowson, 1914-1999）あたりを当てはめて考えていただければよい（Crowson 1972）。

　　生化学者B「ホタルとヒカリコメツキのルシフェラーゼは起源を同じくする
　　相同タンパク質であり、使われているルシフェリン分子も共通である。した
　　がって、両者の発光形質は共通起源である（こんな複雑な生化学現象が収斂で
　　2度も生じるはずはない！）」

　　昆虫学者E「コメツキムシ科のなかで発光するのはごく一部の種だけである。
　　また、コメツキムシ科とホタル科の系統関係はそれほど近くない。発光器が
　　付いている位置もまったく違う。したがって、両者の発光形質は別起源であ
　　る（似ているのは光るという点だけじゃないか！）」

　どちらの言い分が正しいのか。この問題に答えを出す方法のひとつとしてわれわれは、コメツキムシ科の分子系統解析を行いコメツキムシ科におけるヒカリコメツキ類の系統的位置を明らかにすることにした。つまり、昆虫学者E

の言うことが本当なのかを確かめようとしたのである。

　コメツキムシ科全体の系統関係を理解するためには、幅広く種を集める必要があったが、そのほとんどは日本国内で採集できた。種名は、コメツキムシ分類の大家である大平仁夫博士にすべてチェックしていただき、遺伝子解析を行った。その結果、コメツキムシ科の系統関係が明らかとなり、「ヒカリコメツキのなかまはコメツキムシ科の中でも比較的あとになってから出現した１グループ」であることが判明した。すなわち、コメツキムシ科の共通祖先における形質状態を最節約的に復元すると、コメツキムシ科はもともと発光していなかったことが支持された（Sagegami-Oba et al. 2007b）[9]。言い換えると、コメツキムシ科の発光種は、ホタル科などとは独立に、「祖先を同じくする遺伝子からルシフェラーゼを進化させて発光形質を獲得した」と推論された。そしてその後、後述するように、この結論は全ゲノム解読によって確証されることになる。

　ただし、最近の大規模な分子系統解析によると、意外にも、ホタル科−フェンゴデス科−イリオモテボタル科グループ（長ったらしいので、これを〈広義のホタル類〉と呼ぼう）とコメツキムシ科は姉妹群であるらしい（Kusy et al. 2018）[10]。もちろん、この事実がヒカリコメツキ類における発光形質の独立起源性を覆すわけではない。しかし、〈広義のホタル類〉とコメツキムシ科が非常に近い関係にあったことには、何か意味ありそうだ。これについては、もう少し後の方（本章の最後「平行進化の遺伝的素因」）で考えてみることにする。

突然変異導入実験

　次にわれわれは、ホタルルシフェラーゼへの突然変異導入実験により、脂肪酸 CoA 合成酵素からルシフェラーゼへの進化は「意外と簡単に起こる」ことを示唆する実験結果を得た。非発光性のコメツキムシであるサビキコリ[11]から単離した脂肪酸 CoA 合成酵素遺伝子（AbLL と名付けた）に数個のアミノ酸突然変異を導入するだけで、ルシフェリンに対する発光活性を付与することができることを確かめたのである（Oba et al. 2009a）。

　具体的には、すでに報告されていたゲンジボタルのルシフェラーゼにおける X 線結晶構造解析（Nakatsu et al. 2006）の結果を参考に「ルシフェラーゼにお

いてルシフェリンの結合に重要であるが、AbLLでは変異している」アミノ酸を選び出し、それらのアミノ酸およびその周辺を突然変異させて本来のルシフェラーゼに合わせた「AbLL突然変異体」をいくつも作成した。そして、これら変異体の遺伝子産物（変異体ルシフェラーゼ）のルシフェラーゼ活性（ルシフェリンに対する発光活性）を調べたところ、そのひとつが、もともとのAbLLでは検出限界レベルだった発光活性の250倍もの高い活性を示したのである。ただし、高いと言っても天然型ホタルルシフェラーゼと比べるとその発光活性は0.001％にすぎないが、この結果は、「わずかなアミノ酸変化によって脂肪酸CoA合成酵素がルシフェラーゼへと進化しうること」をはじめて証拠付けた。ここで発光活性が非常に弱かったことは、あまり問題ではない。なぜならば、たとえルシフェラーゼの進化の最初期においてはわずかな光しか出せなかったとしても、その弱い光が生存に対して何らかのアドバンテージに働いたならば、あとは自然選択によりルシフェラーゼの発光活性は速やかに上昇する方向へと進化していったはずであるから[12]。

用語解説 **X線結晶構造解析**

　タンパク質も、塩や低分子有機化合物と同様に結晶化させることができる。そして、できた結晶にX線を当てると結晶格子で回折が起こり、それを解析するとタンパク質の3次元構造──すなわちタンパク質を構成するアミノ酸ひとつひとつの3次元的位置関係──を原子レベルで知ることができる。なお、本文中で紹介したホタルルシフェラーゼのX線結晶解析結果は、発光反応の中間体である「アデニリル化体ルシフェリン」の類縁体が結合した状態のホタルルシフェラーゼの結晶を使ったものなので、ルシフェラーゼタンパク質内のアミノ酸のうちのどれとどれがホタルルシフェリンとの結合に関与しているかという重要な情報が含まれている。なお、中間体そのものではなく中間体の「類縁体」を使っている理由は、ルシフェラーゼに中間体そのものを加えると、そのまま発光反応が進行してしまい、両者が結合した状態の結晶が作れないからである。

用語解説 **遺伝子重複**

　進化の過程で遺伝子のコピーがゲノム上に生じ、同じ遺伝子が2つできることを「遺伝子重複 gene duplication」と言い、新しい機能を持った遺伝子が生じるときの重要な進化プロセスのひとつと考えられている（オオノ1977；藤2004）。

　ジャコブの言うとおり、自然は「鋳掛屋」でありエンジニアではない（ジャコブ1994）──つまり、何か新しそうに見える形質も、あり合わせのものを繕って作り上げるのが進化の常套であるから、新しい機能を持った遺伝子も、やはり基本的には持ち合わせの遺伝子をいくらか変異させて創り出すことになる。しかし、もともと何か重要な働きを担っていた遺伝子に変異が入ると、新しい機能を持った遺伝子ができる前に致死になりかねない。この問題を解決するのが、遺伝子重複である。

ホタルゲノム解読

　ホタルにおける発光形質の進化をより深く理解するために、2018年、われわれはアメリカのMITのグループとの共同研究により、日本のヘイケボタルと北米産ホタル *Photinus pyralis* の全ゲノムを解読した。その結果、驚いたことにルシフェラーゼによく似たアシルCoA合成酵素様の遺伝子がたくさん見つかり、しかもそれらのいくつかがゲノム上においてルシフェラーゼ遺伝子の近傍にタンデムにずらりと並んでいることがわかった（Fallon et al. 2018）（図16参照）。この発見は、進化の過程において「アシルCoA合成酵素に複数回のタンデム遺伝子重複が起こり、その中のひとつがルシフェラーゼへと進化した」という歴史を物語っており、われわれのFACS起源仮説をさらに裏づけるものである。

　さらに、このゲノム論文では同時にプエルトリコ産のヒカリコメツキ *Ignelater luminosus* の全ゲノムも解読した。その結果、ホタルとヒカリコメツキのルシフェラーゼは、複数あるアシルCoA合成酵素遺伝子群の中の

さいしょに遺伝子の重複によって余分なコピーが作られると、もともとの機能を担保したままコピーに変異を導入することが可能となり、新しい機能を獲得するチャンスが生まれるのである。

　遺伝子重複により新しい機能を持った遺伝子が進化した例は多いが、ホタルルシフェラーゼは、そのわかりやすい代表的な例だと私は思っている。なお、トビイカのフォトプロテインであるシンプレクチンの進化プロセスにも、遺伝子重複が関与していた可能性が指摘されている（Francis et al. 2017）

用語解説 ｜ 遺伝子共有

　新しい機能を持ったタンパク質が進化する際に、もともとの機能を保持したまま新しい機能がそのタンパク質に付与されることを、遺伝子共有 gene sharing と呼び、新規機能遺伝子が進化するときの遺伝子重複と並んで重要なプロセスだと考えられている（藤 2004）。既存の遺伝子に変異が加わって新しい機能が進化する際に、もともとの機能が失われて生存に不利になってしまってはいけない。しかし、もともとの機能を失わずに新しい機能が付与されるような変異が可能であれば、その生物は死滅することなく新しい形質を獲得しうるのである。

　遺伝子共有は進化過程のとちゅうで起こる出来事なので、必ずしもその痕跡が現在の遺伝子に残っているとは限らない。ヒカリコメツキのルシフェラーゼに脂肪酸CoA合成酵素活性が見られなかったように、もともとの機能がすでに失われていた場合は、過去の進化プロセスに遺伝子共有があったのかどうかは判断できない。

異なる遺伝子から独立に進化したことがわかった（Fallon et al., 2018）。すなわち、両者はたまたま同じ仕事に就いた「いとこ」同士だったというわけである。このことは、先のわれわれの結論「ヒカリコメツキ類における発光形質は、

〈広義のホタル類〉とは独立に生じた」という仮説を強く支持する。なお、このホタルゲノムの論文のタイトル（和訳）は「ホタルゲノムが解き明かす甲虫における発光形質の平行進化」であり、ホタル科とヒカリコメツキ類の発光の起源が別である点に重きが置かれている。

用語解説 ┃ **平行進化**

平行進化（並行進化ともいう）parallel evolution / parallelism は、収斂進化 convergent evolution / convergence の特殊な例である。その定義には議論が多いが、ここではローズンブルムらの定義（Rosenblum et al. 2014）に従って「遺伝的に同じ原因（genetic mechanism）によって生じた収斂現象」のことを平行進化と呼ぶ。

よく知られている例としては、クロヒョウやクロネコのようなネコ科における黒化変異がある。ネコ科の動物には、真っ黒なものがいくつか知られているが、その黒化はどれも同じ遺伝子に生じた変異の結果なのである（ただし、変異したアミノ酸は同じではない）（Eizirik et al. 2003）。この例からもわかるとおり、平行進化は系統的に近いもの同士で起こりやすい。実際、「系統的に近いもの同士で起こった収斂現象」を平行進化と定義する場合もある。この2つの異なる平行進化の定義の関係については、このあとの「平行進化の遺伝的素因」で議論する。

発光生物こぼれ話 ┃ **ホタルゲノムの裏ばなし**

ホタルの全ゲノムを解読しようというアイデアは、ずっと以前から私の中で温めていたものの、研究資金の問題でなかなか実行できなかった。しかし、基礎生物学研究所の共同利用研究に応募して研究費を獲得したことがチャンスとなり、2015年から悲願のホタルゲノムプロジェクトが動き出した。

ゲノム解析には、ヘイケボタルを選んだ。理由は、室内での人工飼育法と飼育系統が確立しているため、将来的にも同じ系統の個体を研究に使えるから。もちろん、大型で見栄えのよいゲンジボタルの方がいいんじゃないかという迷いもあったが、実はゲンジボタルはヘイケボタルと比べて継代飼育が難しいので、実験生物としての将来性を考えるとヘイケボタルに軍配が上がったのである。

ヘイケボタルの人工飼育系を確立したのは、私の年来の共同研究者である池

谷治義氏である。桐蔭学園高校の教諭である池谷氏は、1989年に学園キャンパス内の実習水田で成虫のヘイケボタルを数個体採集して採卵し、人工飼育を開始した。その後、1990年に同じ場所から数個体を飼育系統に追加したが、それからは一度も成虫を野外から追加することなく、飼育法を研究しながら完全室内飼育を続け、今に至っているのである。30世代を超える飼育期間中には、停電による大量死が何回かあったらしいが、それでも絶やすことなく毎日毎日ホタルの世話を続けた努力には頭が下がる。なお、これはゲノム解読をしてみてわかったことであるが、数回の大量死を経験したことで意図せず近交化がかなり進んでいたようだ。近交化が進んで遺伝子配列が均質になっていたことは、遺伝を扱う研究に好都合であった。

　ホタルゲノムの論文投稿時に「Ikeya-Y90」と名付けられたこの系統（「池谷氏が確立した横浜産1990年のホタル系統」の意）は、近交弱勢もなく高い生残率で卵から成虫にまで育てることができ、また、発光形質を含めたすべての形質が正常にみえる。一定温度で飼育できるので、成長のタイミングをずらせば、一年中あらゆるステージの個体が実験に使えるので、われわれのホタル研究もこの系統の存在に大いに助けられてきた。なお、世界でもこのようなホタルの飼育系統は他に存在しない。システマティックな室内飼育方法が確立され、全ゲノム情報も解読されたIkeya-Y90は、今やホタル研究のモデル系統として世界的財産になったと言ってもよいだろう。

　さて、そのようにしてわれわれのヘイケボタルゲノムプロジェクトは順調に進んでいたある日のこと。私がインターネットで調べ物をしていたところ、アメリカMITのグループがクラウドファンディングでホタルゲノム解読の資金を募り始めていることを偶然知ってしまったのである。どうしよう！と思っている間に、ファンディングは目標額の1万ドルを達成し、募金は2016年6月に終了した。

　2017年4月、台湾で国際ホタル学会が開催され、そこで私はアメリカのホタルゲノムプロジェクトの中心となっていた大学院生ティム・ファーロン（Timothy R. Fallon）（論文の主著者）と顔を合わせることになった。もちろん、われわれがヘイケボタルでゲノムプロジェクトを進めていることは内緒である。ティムらのホタルゲノムに関する講演を聞いて、彼らのプロジェクトが想像以上に進んでいることがわかった。帰国後、われわれの計画を急遽変更し、現在あるデータで論文をすぐさま投稿する方針に変えたのは言うまでもない。

それから間もなくのこと。ティムから「現在作成中のホタルゲノムの論文について サジェスチョンをいただきたい、その上で大場博士には著者に入ってほしい」というメールが届いた。こうなっては、われわれの手の内を明かさないわけにはいかない。「実はわれわれもホタルゲノムの解読を行っている。共同研究という形にしたい」という意向を伝えた。

　共同研究の申し出がMITに認められた後のティムによる論文準備のスピードは凄まじく、われわれ日本側も彼の勢いに押されながらデータ整理と原稿執筆に追われた。その結果、サプルメントデータ（論文の補足）だけでも100ページを超える大論文がほどなく完成した。日本チームだけで論文を出せなかったのは少し残念だったが、共同研究にしたおかげで離れた2種のホタル（ヘイケボタルはホタル亜科、P. pyralis はマドボタル亜科で、ホタル科の中でも系統的に遠い関係にある）のゲノム比較ができたのだから、ホタルの進化を理解する上でこの共同研究の意義は大きかったと思う。こうして、ホタルゲノムプロジェクトは完成し、ここからのホタルの研究はポストゲノムの時代に入ったのである（Fallon et al. 2018）。

謎のワンポットルシフェリン合成反応

　上記のとおり、〈広義のホタル類〉とコメツキムシ科は、発光の起源が独立であることがわかった。そこで次に涌いてくる疑問は「ホタルルシフェリンの由来」である。すでに述べたとおり、〈広義のホタル類〉とヒカリコメツキは同一のルシフェリン分子を使って発光している。しかし、ホタルルシフェリンのような複雑な化学構造を持つ低分子有機化合物は、たいてい複数の酵素の関与によって段階的に生合成されるので、その生合成プロセスが独立に2回も進化するとは考えにくい[13]。ホタルルシフェリンが発光しない甲虫にも含まれる普遍的な物質である可能性もあったが、実験の結果それは否定された（Oba et al. 2008b）。やはり〈広義のホタル類〉とヒカリコメツキ類はそれぞれ独立にホタルルシフェリンを手に入れたようである。ではどうやって？

　この謎を解くためには、ホタルルシフェリンの生合成経路を明らかにする必要がある。しかし、その生合成に関わる遺伝子は未だ特定されていない。

　最近われわれは、この謎を解く鍵になるかもしれない不思議な現象を発見し

た。ホタルルシフェリンは 1,4- ヒドロキノン 1 分子とシステイン 2 分子から生合成されていることが実験的に確かめられていたが（Oba et al. 2013）、なんと 1,4- ヒドロキノンの酸化体であるパラベンゾキノンとシステインを中性のバッファー（pH が安定になるようにした緩衝液）に溶かしてひとつの容器内で混ぜるだけで、低収率ながらルシフェリン分子が合成されることを発見したのだ（図 16 参照）（Kanie et al. 2016）。この反応にはもちろん、酵素や触媒などは必要ない。ホタルルシフェリンという複雑な天然有機化合物がどうしてこんなシンプルな反応系で生じてしまうのか、有機化学的にも不思議である。しかし、たまたま見つけたこの奇妙な化学反応は、ひょっとするとホタルルシフェリンの由来に関する手掛かりを与えているのかもしれないと考えているので、そのわけを次に説明したい。

　なお、「1 つの容器」の中で行う多段階の化学反応のことを「ワンポット反応」というので、以降このルシフェリン合成反応のことを「ワンポットルシフェリン合成反応」と呼ぼう。

ホタルルシフェリンの由来

　ワンポットルシフェリン合成反応を見つけたことで、次のようなシナリオを想定できる——おそらく、ホタルの祖先における発光形質の進化の初期段階においては、このように穏和で非酵素的な反応によりパラベンゾキノンとシステインからルシフェリンが微量に生成し、それが祖先的なルシフェラーゼ（＝脂肪酸 CoA 合成酵素）と反応することで微弱な可視光が放出されたのではないだろうか。ルシフェリンをより効率よく合成する生合成酵素は、微弱な光が適応的に有利に働いたあとから進化してきたのだろう。

　しかし、パラベンゾキノンは非常に毒性が高いので、そもそもそんなものが天然に存在するのかと思われるかもしれない。実は私もそう思っていたのだが、調べてみるとそうでもなかった。最も有名なところではホソクビゴミムシ科 Brachinidae（いわゆるヘッピリムシ）の噴出するガスに含まれていることがわかっているし（Schildknecht 1957）、ゴミムシダマシ科 Tenebrionidae が出す防御物質や（Chadha et al. 1961; Tschinkel 1969）、ゴキブリの匂い物質（Roth &

Stay 1958)、シロアリの分泌物（フェロモンの成分のひとつ；Reinhard et al. 2002）にも含まれていて、どうやら昆虫は広くパラベンゾキノンを持っているようである（Pavan 1959）[14]。

　なお、パラベンゾキノンは毒性が強いのでそのまま生体内に保持することはできない。そこでゴミムシダマシやシロアリ（および梨）は、アルブチンという弱毒性の配糖体（パラベンゾキノンの還元体である 1,4- ヒドロキノンにグルコースが 1 つ結合したもの）としてこれを蓄えて、防御物質として分泌するときには 1,4- ヒドロキノンを経てパラベンゾキノンへと変換していることがわかっている（Happ 1969; Reinhard et al. 2002; Jin & Sato 2003）。

　そこで、ヘイケボタルの抽出物を分析してみたところ、1,4- ヒドロキノンは検出されなかったが、果たしてアルブチンを検出することができた（Oba et al. 2013）。もちろん、ワンポットルシフェリン合成反応のもう一方の物質であるシステインは一般的なアミノ酸のひとつなので、あらゆる生物が持っている。つまり、われわれの見つけたワンポットルシフェリン合成反応は、ホタルに限らずパラベンゾキノン（あるいはその前駆体であるアルブチン）を持つ生物の体の中で十分に起こりうる反応であると言える。

　ただし、ホタルルシフェリンの立体化学は D-システインに一致しているので、通常の L-システインによるワンポットルシフェリン合成反応では天然型の立体化学を持つホタルルシフェリンは合成されない。一方、ホタルには D-システインは基本的に検出されていない（Niwa et al. 2006）[15]。したがって、丹羽ら（Niwa et al. 2006）が主張しているように、ホタルにおけるルシフェリンの生合成過程においては、

> **用語解説｜D 体・L 体**
>
> 　有機化学物質は、炭素、酸素、水素などの原子が 3 次元的につながってできている。そのため、平面で書くと同じだが立体的には鏡写しの関係になる「同じ名前の」別な化学物質が存在することになる。このような関係にある物質同士のことを鏡像異性体というが、その代表的なものがアミノ酸の D 体と L 体である。
>
> 　アミノ酸の多くには D 体・L 体と呼んで区別される鏡像異性体が存在する。ただし、天然にはなぜかほとんど L 体のアミノ酸しか存在しない。基質となる物質の鏡像異性体は、沸点や溶解度など物理化学的な性質は同じだが、酵素や受容体からは区別され、通常一方の異性体だけが基質として認識される。これはタンパク質を構成するアミノ酸が L 体のアミノ酸からなることと関係している。例えば、トリプトファンというアミノ酸は、L 体は苦いが D 体は甘い味がする。味覚受容体のタンパク質が立体化学のちがいを認識しているのである。

まずL体が作られたあとでD体に変換されるプロセスがあるのだろう。

　もっとも、甲虫における発光形質の進化の初期段階では、ルシフェリンはL体でもよかったのかもしれない。脂肪酸CoA合成酵素によるCoA化反応もルシフェラーゼによる発光反応も、反応の第1段階は基質中のカルボキシル基のアデニリル化である。ホタルルシフェリンはアデニリル化されると発光しやすくなり、牛アルブミン（BSA）のようなルシフェラーゼとは無関係なタンパク質と混ぜるだけでも発光することが知られている（Viviani & Ohmiya 2006）。また、ホタルルシフェラーゼの基質となるのは基本的にD体のルシフェリンのみであるが（McElroy & Seliger 1962b）、L体でもごくわずかに発光するという報告もある（Lembert, 1996）。だから、もともと基質選択性の緩い脂肪酸CoA合成酵素にL体のルシフェリンが基質として働いてアデニリル化が起これば、微弱な発光が起こった可能性は十分にある。

　だとすると、コメツキムシ科の系統においても、このワンポットルシフェリン合成反応からルシフェリン生合成能が独立に進化したとしても不思議はない。このように現在私は、〈広義のホタル類〉とヒカリコメツキ類が独立に同じルシフェリン分子を手に入れられた理由は、「ワンポットルシフェリン合成反応の存在」と「脂肪酸CoA合成酵素の基質選択性の緩さ」にあるだろうと考えている[16]。

FACS起源仮説は拡張可能な仮説なのか

　私が甲虫のルシフェラーゼの進化プロセスとして提案したFACS起源仮説が、実は他の発光生物にも拡張できる可能性が示唆され始めている。最近、ヒカリキノコバエとホタルイカのルシフェラーゼが脂肪酸CoA合成酵素のホモログであることを示唆する論文が報告されたのだ（Sharpe et al. 2015; Trowell et al. 2016; Watkins et al. 2018; Gimenez et al. 2016）。また、ヒメミミズのルシフェラーゼは未だ正体が不明であるが、発光反応にATPが必要であることから、やはりアシルCoA合成酵素との関連が示唆されている（Shimomura & Yampolsky 2019）。

　もちろん、これらの発光生物が使っているルシフェリンはホタルルシフェリ

ンではない[17]。ということはつまり、ルシフェリンの化学構造がちがっていても、FACS起源仮説は思いがけずいろいろな発光生物にも拡張可能な進化仮説なのかもしれないのだ。

ちなみに、ホタルのルシフェラーゼの起源が脂肪酸CoA合成酵素だからといって、甲虫以外の発光生物のルシフェラーゼも脂肪酸CoA合成酵素ホ

モログだろうと根拠なく考えるのは短絡である。実際、例えば発光生物のRNAシーケンス（発現しているRNAを網羅的に解析する手法）からホタルルシフェラーゼのホモログを探してきて、これがこの発光生物のルシフェラーゼだろうというようなことを書いている論文は少なくないが、生物発光の進化の本質をまったく理解していないとしか言いようがない[18]。

平行進化の遺伝的素因

難しげな見出しを付けてみたが、そんなに面倒な話ではない。ここで考えたいのは、同じ発光メカニズムを独立に平行進化させた〈広義のホタル類〉とコメツキムシ科が姉妹群だったことの意味である。言い方を変えると、発光形質をそれぞれ独立に同じ解決法で平行進化させた2グループが近縁だったことに偶然以上の意味があるのかどうかを、考えてみたい。

用語解説にも書いたように、平行進化は近縁な生物同士の方が起こりやすいことがわかっている。その理由は、もともと遺伝的な共通点が多いから自然淘汰が同じ遺伝子に対して働きやすいからだと説明される（ロソス（2019）に詳しい）。では、〈広義のホタル類〉とコメツキムシ科がもともと持っていて、それがために平行的な発光形質の進化に結び付いた「遺伝的共通点」とは何だったのか？

私は、その共通点のひとつが「ペルオキシソーム局在型の脂肪酸CoA合成酵素が何度も遺伝子重複していたこと」だと考えている。甲虫のルシフェラー

ゼは、ペルオキシソームという細胞内小器官に局在しているだけでなく（ペルオキシソームについては、トピックス「ホタルの点滅」を参照）アミノ酸配列の点から見ても、ペルオキシソーム局在型の脂肪酸 CoA 合成酵素から進化してきたことはまちがいない。ところで、ホタルとヒカリコメツキは（ゲノム解析の結果わかったことであるが）、このペルオキシソーム局在型脂肪酸 CoA 合成酵素の遺伝子をなぜかたくさん持っているのである（Fallon et al. 2018）[19]。つまり、発光性甲虫の祖先は、理由はともかくルシフェラーゼ遺伝子が進化する「素材」となる遺伝子をもともとたくさん持っていた――これこそが、〈広義のホタル類〉とコメツキムシ科の共通祖先で「前適応的に」起こっていた「発光形質が進化しやすかった進化的素因」だったのではなかろうか[20]。

もうひとつ考えられる共通した進化的素因は、ルシフェリンの材料かもしれない。〈広義のホタル類〉はみな防御物質を持っている（変な匂いを出す）。一方、コメツキムシ科がみな防御物質を持っているかはわからないが、少なくともサビキコリのなかまのコメツキムシは手でつまむとお尻の辺りから不

用語解説｜**前適応・外適応**

　ある適応的形質が新しく進化するとき、何か別の用途としてもともと持っていた形質がその新しい形質の進化のきっかけに結び付いたと考えられる場合がある。その場合、そのもとからあった形質を持っていたことは、「新しい形質が進化するために適応的だった」という意味で、前適応 preadaptation と呼ばれる。形態形質に使う場合が多いが（例えば、羽毛恐竜の羽毛はもともと保温のためだったかもしれないが、のちに翼となり鳥は空中に進出したと考えられるが、その場合の羽毛恐竜の羽毛は、未来の飛翔のための前適応であったと考えることができる）、もちろん遺伝子やタンパク質の議論にも使える。

　なお、スティーヴン・ジェイ・グールド (Stephen Jay Gould, 1941-2002) は、この前適応という言葉に「将来を予見して進化が起こるような目的論的な匂い」を嗅ぎ取ってそれを避け、新たに外適応 exaptation という言葉を考案した。この言葉はあまり広く普及しなかったが、グールドによるその説明は的確で、遺伝子重複のこととも関わっているので、彼の外適応についての説明をここに引いておこう。

　「ふつうに説明されている以外の理由によって生じたか、当初はたまたま他の利用のしかたがあった構造で、現在は他の用途にあてられているものについては、外適応（exaptation）と呼ぶことにしたい。祖先の遺伝子の反復コピーから進化した重要な新遺伝子は、中途半端な外適応である。なぜならその新しい使いみちは、最初に重複させられたほんらいの理由ではないからだ。」
　（グールド『ニワトリの歯』早川書房、1988年に収められているエッセイ「遺伝子が利己的にふるまったら体はどうなるか」より）

快な匂いを放つ一対の臭腺を出す（サビキコリもヒカリコメツキも、同じサビキ

コリ亜科である）。昆虫が出す嫌な匂いと言えば、定番はパラベンゾキノンである。つまり、〈広義のホタル類〉とヒカリコメツキの祖先はどちらももともとパラベンゾキノンを持っているという共通点があったのかもしれない[21]。

　いや、最後のあたりはちょっと想像が飛躍しすぎたようだ。ともかく、私が「どのように進化したのか（how）」の次に知りたいのは「どうしてそれは進化し得たのか（why）」なのだ。ホタルとヒカリコメツキの全ゲノム情報を手にしている今、私としてはここが〈もっともホットな発光生物学〉だと思っている。

発光生物こぼれ話 | ホタルの光で文字は読めるか

　講演会などで、ホタルに関して不思議とよく聞かれる質問が3つある。

「ホタルの光で文字は読めますか？」
「ホタルの光で照明を作ることはできますか」
「人間はホタルのように光ることができますか？」

　どの質問も、せっかくのホタルの光を何か自分たちが利用できないものかという単純な目先の関心がその根底にはあるが、答えから言うと基本的にはどれもノー。

　蛍光窓雪。4世紀中国の政治家である車胤は、貧しかった子供の頃にホタルを集めてその光で勉強してのちに出世したとされる。誰でも知っている有名な故事である。ところが、清朝の名君とされる康熙帝は、数百匹のホタルで袋をいっぱいにして本当にホタルの光で書が読めるかを確かめてみたところ、まったく見えなかったので「このとおり、書物には嘘もあるから、全てを信じてはいけない」と大学士たちを諭したという（上谷2007）。尚古主義の根強い中国において、なんとも実証的な類まれなる武将がいたものだ。

　南米では、ホタルを入れた袋を手足に付けて夜道を歩いたという。また、キューバでは停電の時にホタル（ヒカリコメツキか？）を集めて緊急手術が行われたことがあるとか。もっとも、このエピソードが紹介されている本には「日本ではホタルを入れた提灯で夜の庭園を照らします」などとわれわれ日本人の

知らないことが書かれており（Hawes 1991）、やや情報の信憑性に欠ける。

　発光生物をそのまま照明に利用しようというアイデアは昔から他にもあった。18世紀のアメリカの発明家デヴィッド・ブッシュネル（David Bushnell, 1742-1824）は、最も初期の潜水艦タートル号にフォックスファイヤー fox fire（発光する菌糸が蔓延した木の枝）を持ち込んで、潜水時に計器を読むのに使ったという（Cross 1959）。ロウソクでは酸素消費量が多すぎるというのが、理由である。また、戦時中には、日本軍により乾燥ウミホタルやアンプルに封じた発光バクテリアを緊急の照明に使おうというアイデアがあった。夜間行軍中の目印にしようとしたとか、地図を確認する時に使おうとしたとか言われているが、乾燥ウミホタルの強い光ならば地図くらいなら少しは見ることができたかもしれない。ただし、この発光生物作戦は実際に使われる前に敗戦を迎えた（羽根田1985）。生物発光の光があやうく軍事利用されずに済んだのは幸いであった。

　日本でも発光生物を照明に使った興味深い例をひとつ見つけた。大戦中、灯火管制で慶應大学の病院が真っ暗になったとき、「細菌学教室が病院廊下に発光バクテリアの培養試験管をぶら下げていた」ので、その下では新聞が読めるくらい明るかったそうである（上田2006）。

　光る生物をそのまま照明として使うというシンプルなアイデアは、その後ほぼ忘れ去られたが、ごく最近になってまた復活の兆しがある。例えば、遺伝子組み換え技術を使って発光生物の発光システムを導入した植物を作出し、それをエネルギーの要らない光る街路樹として使う計画が検討され始めている（Reeve et al. 2014）。とくに、最近明らかになったばかりの発光キノコの発光関連遺伝子を使うと、人間の目でもはっきりと見えるほど強く光る植物を作ることができる（Khakhar et al. 2020; Mitiouchkina et al. 2020）。

　ヒトがそのうち光るように進化することは永遠にないと思うが（それがヒトにとって適応的だとは考えられないし、そもそもそんな進化が起こる時間はヒトの未来には残されていないだろう）、光るヒトを遺伝子操作で作る技術はもう目の前なのかもしれない。もちろん、そんなことをしたいヒトがいるとは思えないが。

発光生物トピックス｜ホタルの祖先は何色に光っていたのか

　ホタルには、深い緑色からオレンジ色がかった黄色まで、種によって発光色にバリエーションがある。では、約1億年前に現れたとされるホタルの最初の

祖先は何色に発光していたのだろう？　その太古の光を現代に甦らせる研究が、最近報告された。復元された白亜紀に生きていたホタルの光は「緑色」——現生ホタルの発光スペクトル中で最も短波長の光とほぼ等しいディープグリーンだった。他でもない、著者らによる最新の論文である（Oba et al. 2020）。

　ホタルの発光は、ホタルルシフェラーゼによるホタルルシフェリンの酸化反応であることはすでに述べた。このとき、ルシフェリンはホタルすべての種に共通の化学物質なので、色のバリエーションを生み出しているのはルシフェラーゼのアミノ酸配列の違いということになる。アミノ酸配列は、進化の過程で種分化しながら少しずつ変化してゆく。これにより、それぞれの種は少しずつ異なるアミノ酸配列のルシフェラーゼを持ち、その結果、ホタルは種によって異なる色の光を放出することができる。

　われわれは、現生のいろいろなホタルが持っているルシフェラーゼの配列情報を使って進化の時計を巻き戻し、失われた1億年前の古代タンパク質を実験室で復元することを試みた。配列復元には、最尤法という計算アルゴリズムを使った。簡単に説明すると、現生ホタルでわかっているルシフェラーゼのアミノ酸配列のバリエーションを生じさせる確率的にもっとも「尤もらしい」祖先のアミノ酸配列を計算予測したのである。なお「尤もらしい」というと頼りなさそうに感じるかもしれないが、この方法は祖先配列推定 ancestral sequence reconstruction（略して ASR）と呼ばれ、今では進化生物学のれっきとした一分野である。これまでにもいろいろな ASR が行われて、過去に存在したタンパク質の働きを実際に知る重要な研究手法のひとつとなっている（例えば David A. Liberles 編の本 *Ancestral Sequence Reconstruction*, 2007 に詳しい）。

　では、地球上で最初に誕生したホタルが緑色に光っていたのはなぜだろう。本書でもすでに書いたように、ホタルのもともとの発光の意義は毒を持っていることを敵に知らせる警告だったと考えられる。このとき、夜行性動物の多くが緑色にもっとも高い視覚感度を持っていることが鍵となる。つまり、敵はみな緑色がもっともよく見えているのだから、敵に見てもらうには緑色に光るのがもっとも効率がよい。緑色以外の発光色は、あとから発光を雌雄コミュニケーションに使うホタルが現れて、主な発光の意義がそちらにシフトした時に進化したと考えられる（第4章「なぜ陸の発光生物の光はみな緑色なのか」を参照）。

　実は、上記の進化シナリオはわれわれが ASR の実験をする前からできあがっていた（例えば、大場の本（2006, p. 67）で既に「初期のホタルは緑色に光ってい

たはずである」と書いている）。つまりある意味、復元したホタルの祖先ルシフェラーゼが緑色に光ったことは予想どおりの結果だったともいえる。しかし、それを実際に再現して自分の目で見た人はいなかった。われわれはその光を現実に作り出したのだ。

　あらためて、最初のホタルの光を復元した意義とはなんだろう。理由づけは他にもいろいろできるけれども、私としては「太古の風景を蘇らせることができた」ということに尽きると考えている。これまでの祖先配列推定の研究はホルモン受容体やヘモグロビンなどが対象であり、もちろんそれは古代の生物のライフスタイルを知る重要な研究であった。しかし、それにより過去が目の前に再現されたわけではない。だが、ホタルのルシフェラーゼならば目に見える形でそれができる。いやそれができるのはホタルルシフェラーゼだけだと確信したから、やってみたのだ。

　タイムマシンは人類の永遠の夢である。われわれのこの研究は、ホタルの光という非常にささやかな過去の一場面に過ぎないけれど、失われた過去を自分の目で見るという真のタイムトラベルを確かに実現しえたのではないかと思う。白亜紀の森で光っていたホタルの光そのものの色――そういえば、タイムマシンで白亜紀に行ったドラえもんたちが森の中で見たホタルも、みな緑色に光っていた（2020 年映画『のび太の新恐竜』）。

註
1 ）遺伝子や酵素の働きが「進化する」という言い方をすると、「進化するのは生物であり、形質や遺伝子が進化するわけではない」という批判を受けることがある。しかし、生物における進化とは、「個体群における遺伝子頻度の変化」（簡単にいうと、次の世代に伝わるような遺伝子に変化が生じること）であり、それは生物の見た目（形態や行動）の形質にはっきり現れる場合もあれば、特定の酵素の温度感受性などのように形質としてはっきりとはわかりにくい場合もある。さらには、同義置換（遺伝子の塩基配列が変わってもアミノ酸に変化が生じないような遺伝子変異）のように、生物の形質にはほとんどまったく（まったくないとは言えない）影響を与えないような変異が集団内に広まった場合にも、進化とみなされる。つまり、「遺伝子の進化」「タンパク質の進化」という言い方は、「そういう遺伝子を持った個体群の進化」「そういうタンパク質を持った個体群の進化」という意味にとらえれば、まちがってはいないことになる。
2 ）どちらも反応に ATP が関与することに加えて、ホタルルシフェリンの類縁体であるデヒドロルシフェリンとルシフェラーゼを反応させるとデヒドロルシフェリンの CoA 化体ができることから（Airth et al. 1958; Fontes et al. 1998）、アシル CoA 合成酵素との類似性が示唆された

されたのである。

3) 例えば、多くの生物が持っている植物油脂に代表される α-リノレン酸（C18:3）を ATP、マグネシウムイオン、CoA 存在下でホタルルシフェラーゼと反応させると、リノレノイル CoA が生成した（Oba et al. 2003）。他にもさまざまな脂肪酸がホタルルシフェラーゼの基質となるが、中でも中鎖脂肪酸とくにラウリン酸（C12:0）がおそらく最もよい基質となることがわかった（Oba et al. 2005）。一方、短鎖脂肪酸や芳香属性カルボン酸、アミノ酸など、天然に存在するいろいろなカルボン酸類も試したが、それらはいずれもよい基質にはならなかった。

4) 生物学を専門としない読者に対しては、おそらく相同性 41％を「非常に高い」と表現した理由を説明する必要があるだろう。甲虫のルシフェラーゼは、およそ 550 個のアミノ酸が繋がったタンパク質である。タンパク質を構成するアミノ酸は 20 種類あるので、1 つのアミノ酸座位には 20 通りの可能性があることになる。つまり、550 個のアミノ酸からなる 2 つのタンパク質においてアミノ酸の並びが 41％も一致しているということは、それらが他人の空似であることは考えられないほど非常によく似ていることを意味し、進化的起源を同じくする「相同タンパク質」と考えてまちがいないのである。なお、タンパク質全体の 3 次元構造は、相同性が 25％以上あればほぼ同じとみなすことができる（例えば、Gan et al. 2002）。すなわち、アミノ酸相同性が 25％以上ある 2 つのタンパク質は、進化的起源が同じで、タンパク質全体の形もほぼ一緒だと考えてよい。

5) その後、さらに非発光性の甲虫 2 種（チャイロコメノゴミムシダマシ Tenebrio molitor とサビキコリ Agrypnus binodulus）と発光性ホタル 1 種（ゲンジボタル）、発光性コメツキムシ 1 種（パナマ産ヒカリコメツキ Pyrophorus angustus）からもルシフェラーゼとよく似たホモログ遺伝子（ルシフェラーゼではない）を単離し、これらの遺伝子産物が脂肪酸 CoA 合成酵素活性を持つが有意な発光活性を示さないことを確かめている（Oba et al. 2006a; 2006b; 2008a; 2010）。なお、チャイロコメノゴミムシダマシは、通称ミルワームの名前でペットショップで鳥や爬虫類用の餌として売られている幼虫を買ってきて研究に使った。

6) その後、CG6178 は、CycLuc2 と名付けられた人工ホタルルシフェリン誘導体を基質としたとき、天然型ホタルルシフェリンを基質とした場合の 1000 倍以上の強い発光活性を示すことが報告された（Mofford et al. 2014）。この結果は、昆虫の脂肪酸 CoA 合成酵素が潜在的にルシフェラーゼとなる素質（論文の著者らはそれを「秘めた可能性 latent」と表現している）があることを示しており、脂肪酸 CoA 合成酵素がルシフェラーゼの祖先遺伝子であるというわれわれの仮説を強く支持する結果だと言えるだろう（Adams & Miller 2020）。

7) 南米にしかいないヒカリコメツキを研究材料に使えたのは、2007 年の当時、多摩動物公園の昆虫館が展示のために輸入した生体を一部譲ってもらえたためである。ヒカリコメツキの生体が正規に日本に持ち込まれたのは後にも先にもこの時だけ。このまたとないチャンスに巡り会えたわれわれはラッキーであった。

8) 中国で見つかった発光性コメツキムシ Sinopyrophorus が、ホタル科、フェンゴデス科、オオメボタル科と単系統群になることが最近報告された（Kusy et al. 2020）。この驚くべき結果は、論文の系統樹を見る限り信頼できそうであるが、まだ Sinopyrophorus の発光メカニズムが特定されていないことと、この種が最初に記載された論文（Bi et al. 2019）で近縁性が示唆されていたコメツキムシ科のクビマルコメツキ亜科 Oestodinae や Hemiopinae の種が彼らの論文

の系統樹に含まれていないことから、*Sinopyrophorus* の発光の起源がホタル科、フェンゴデス科、オオメボタル科と共通であるという彼らの議論をそのまま受け入れることは今のところできない（ただし、彼らの議論が正しい可能性は高いように思う）。もっとも、彼らの主張が事実であったとしても、ヒカリコメツキ類の発光が他の発光性甲虫と独立起源らしいという本書中の議論には影響がないので、本書では *Sinopyrophorus* を含めた発光形質の起源についてのこれ以上の考察は保留する。

9）「最節約的復元」という考え方に違和感を持つ読者がいると思うので、少し長めの説明をしておこう。われわれが作成したコメツキムシ全体の系統樹は複雑に分岐していたが、ヒカリコメツキ類はその樹形の末端に集まっていた。このとき、コメツキムシ科における発光形質はヒカリコメツキ類の共通祖先で獲得されたのだと仮定すると、発光形質の獲得や消失という「出来事」はコメツキムシ科のなかでたった1回起こったこととして説明がつく。一方、もしコメツキムシ科全体の共通祖先が発光していたとすると、ヒカリコメツキ類以外のコメツキムシのグループは独立に何度も発光形質を消失したと仮定しなくてはいけない、つまり進化上の「出来事」が何回も起こったと想定しなければならなくなる。進化上の出来事が何度も起きたと想定するより、1回だけ起きたと考える方が「もっともらしい」。この「もっともらしい」というのが、最節約的形質復元の骨子である。なんだか頼りないロジックのように思われるかもしれないが、進化生物学における基本的な考え方である。もっとも、系統樹に基づく最節約的な形質復元が必ずしも正解を導くと限らない。とくに、このヒカリコメツキ問題の場合、「発光形質を獲得するより消失する方がずっと簡単そうである」という十分に考えられる（けれども量的に扱うのが困難な）要因が考慮されていない。

10）ここで「意外」と書いたのは、これまではホタル科に最も近い仲間は鞘翅が柔らかいことで「軟鞘類」と呼ばれまとめられてきたベニボタル科やジョウカイボン科だと考えられているからである。だから、発光種を含む4科同士が姉妹群で、発光しないベニボタル科やジョウカイボン科がその外側に位置していたのは予想外であった。これまではっきりしなかったこれらの甲虫の系統関係をクリアに解決した Kusy らの論文（Kusy et al. 2018）の意義は大きい。

11）サビキコリとは妙な名前だが、日本ではごく普通種で、見た目は地味なサビ色のコメツキムシ。ヒカリコメツキ類と同じサビキコリ亜科に属するが、もちろん発光しない。たまたま学生が「下宿の窓から飛び込んできた」と言って1個体を大学に持ってきたので、それを実験に使ったものである。

12）その後、ブラジルのグループが、ゴミムシダマシ科の非発光性甲虫 *Zophobas morio*（通称ジャイアントミルワーム）から単離したルシフェラーゼ様遺伝子に対し、同様のアミノ酸変異を導入する実験結果を報告した（Prado et al. 2011）。その結果によると、この遺伝子産物はルシフェリンに対してもともと有意な発光活性を持っていたが、1箇所のアミノ酸突然変異を加えるとその発光活性がもともとの 1.3 倍から 2.3 倍に増強したという（Prado et al. 2011）。なお、彼らが変異を加えて発光活性が上昇したアミノ酸部位は、われわれが変異を加えたアミノ酸部位と近いけれども同一の場所ではなかった。それでも、ルシフェラーゼではない遺伝子にわずかなアミノ酸変異を加えることで発光活性を付与できたという意味では、われわれと同じ結果であり、ルシフェラーゼが容易に進化しうるというわれわれの考え方をさらに支持するものであると言えるだろう。ただし、このジャイアントミルワームの遺伝子は、ホタルルシフェラー

ぜとの相同性が「ショウジョウバエ CG6178 とホタルルシフェラーゼ同士」よりも低いので、ホタルルシフェラーゼの進化につながった「直系の」アシル CoA 合成酵素ではないと考えられる。実際、この遺伝子産物のアシル CoA 合成酵素活性で最もよい基質となったのは脂肪酸ではなく酢酸であったという（Prado et al. 2016）。もっとも、だからといって「この結果はホタルルシフェラーゼの進化を理解する上で重要ではない」と言いたいわけではない。むしろこの結果は、実際に起こったホタルルシフェラーゼの進化の道筋を再現したというよりは、どんなアシル CoA 合成酵素からでもルシフェラーゼが容易に進化しうる「可能世界」を示した結果であり、その意味で重要な成果であると考えている。

13) 複雑な化学構造を持つ同一の低分子有機化合物の生合成が進化の過程で独立に複数回獲得された例は、ないわけではない。カフェインの生合成は、コーヒー、チャ、カカオ、ガラナなどの植物においてすべて独立に進化したことがわかっている（Huang et al. 2016）。また、植物ホルモンであるジベレリンとアブシジン酸は、高等植物のみならずバクテリアや菌類の一部でも生合成され、その生合成経路はわかっているかぎり独立に獲得されたものとされる（Hauser et al., 2011; Nett et al. 2017）。なお、ジベレリンやアブシジン酸を生合成するバクテリアや菌類はいずれも植物と共生・寄生する種であり、植物に合わせて同じ化合物の生合成能を進化させたと考えられる（Nett et al. 2017）。

14) 昆虫に限らず、梨の新芽（抗菌効果がその役割だと考えられている；Jin & Sato 2003）や、ヤスデの分泌物（Roth & Stay 1958）からもパラベンゾキノンが見つかっている。

15) もう少し正確に言うと、液体クロマトグラフィー分析の結果、ホタルの成虫に存在するシステインは「ほとんどすべて（extreme dominance）が L 体であった」（Niwa et al. 2006）。

16) ヒカリコメツキ類の幼虫は捕食性で他の昆虫を食べるが、ホタル類を食べるという話は聞いたことがない。したがって、ホタルからルシフェリンを手に入れているというような筋書きは考えにくい。なお、かつてヒカリコメツキの飼育を試みた多摩動物公園昆虫館によると、卵からミルワームのみを餌にして育てた成虫は正常な発光能を持っていたそうである（小倉勘二郎氏、私信）（大場＆井上 2007）。

17) ヒカリキノコバエのルシフェリンはキサンツレン酸とチロシンを構造中に含む未知の物質（Watkins et al. 2018）、ホタルイカのルシフェリンは硫酸化セレンテラジン（Inoue et al. 1976）、ヒメミミズのルシフェリンはリシンや GABA がつながった特殊な構造を持つ分子量 500 くらいの物質である（Petushkov et al. 2014）。

18) 安易な「ルシフェラーゼを見つけました」論文の具体例をひとつ紹介しよう。この論文によると海綿の一種からホタルルシフェラーゼのホモログ遺伝子を見つけたので、そのリコンビナントタンパク質をホタルの（！）ルシフェリンと混ぜたところ発光が確認されたから、それをルシフェラーゼ遺伝子だとして報告している（Müller et al. 2009）。これまでの研究から、ホタルルシフェラーゼのホモログ（つまり脂肪酸 CoA 合成酵素）にホタルルシフェリンを加えるとアデニリル化が起こって弱いながらも発光が起こることがあり得ることは確かである。しかし、だからといって彼らが見つけた遺伝子が海綿のルシフェラーゼであり、ホタルルシフェリンが海綿においてもルシフェリンとして使われているということには全くならない。そもそもこの海綿が発光するという情報ははじめからない。海綿の仲間で発光するものは、ごく最近見つかった深海の肉食性エダネカイメン科 Cladorhizidae の一種が知られるのみである（Martini

et al. 2020）。

19) ホタルとヒカリコメツキは、ゲノムが解読されている他の昆虫と比べてもペルオキシソーム局在型の脂肪酸 CoA 合成酵素の数が明らかに多い。詳しくは、Fallon et al.（2018）の Appendix 4 Figure 6 を見てほしい。

20) なぜ発光性甲虫の祖先でペルオキシソーム局在型の脂肪酸 CoA 合成酵素に何度も遺伝子重複が起こらなければならなかったのかは不明であるが、私はこれらが肉食性であることと何か関係があるのではないかと思っている。〈広義のホタル類〉もヒカリコメツキを含むサビキコリ亜科もみな肉食性だが、他にゲノムが解読されている甲虫はみな植食性や糞食性なのだ。

21) ただし、これらの防御物質には化学構造が決定しているものもあるが、その構造にお互い共通性はない（Eisner et al. 1978; González et al. 1999; Vencl et al. 2016; Dettner & Beran 2000）。しかし、生物の持つ防御物質はたいてい複数の化学物質のカクテルになっているので、構造が特定されている物質が異なるからといって、共通する物質がないとは限らない。そして、その共通の物質があるとしたら、それはパラベンゾキノンなのではないだろうか。

第7章

ウミホタルが浅海発光魚を進化させた

　浅い海に棲む発光魚には、分類群を越えて不思議な共通点がある。発光する魚は多いが、自力発光する種がいない——つまり、「共生発光するタイプ」の種と、「ウミホタルルシフェリンを使って半自力発光するタイプ」の2つしか発光の様式が見つからないのである。これはどういうことだろう。

　この章では、ウミホタルこそが浅い海の世界に発光する魚の多様性を開いた鍵であった、という私の仮説を解説する。この仮説を、ここでは「ウミホタル由来仮説」と名付けよう（図17左）。

浅海発光魚の2つの発光様式　その1——共生発光

　まずは、浅海に暮らす発光魚の種類と、それらが使っている発光様式を整理しておこう。

　発光する魚類のすべての種は海産であるが、それらの多くは深海域にいる（Martini & Haddock 2017）。しかし、第5章にも見たとおり、浅海にもそれほど多くないが、分類群を超えたいくつかの発光魚が知られている。具体的には、ヒイラギ科 Leiognathidae、テンジクダイ科 Apogonidae、ハタンポ科 Pempheridae、ガマアンコウ科 Batrachoididae、ホタルジャコ科 Acropomatidae、ヒカリキンメダイ科 Anomalopidae に浅海発光魚が含まれる。このうち、ヒイラギ科とガマアンコウ科とヒカリキンメダイ科に含まれる種はすべて発光種である（Paitio et al. 2016）[1]。

　これらの浅海発光魚のうち、ヒイラギ科、ホタルジャコ科、ヒカリキンメダ

セレンテラジン仮説

ウミホタル由来仮説

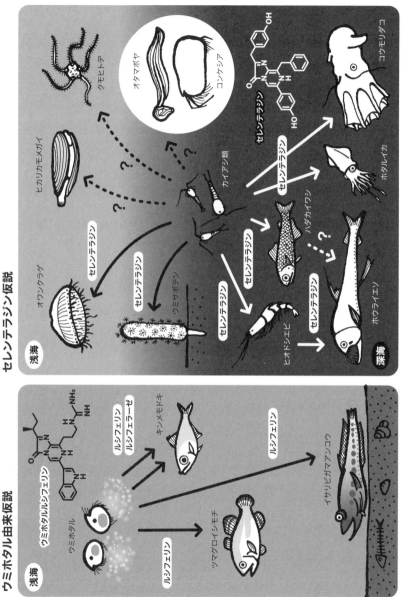

図17. ウミホタル由来仮説とセレンテラジン仮説

イ科の全ての種、それにテンジクダイ科ヒカリイシモチ属 *Siphamia* のヒカリイシモチ *S. tubifer*（Syn. *S. versicolor*）（羽根田 1985）、オーストラリア産の *S. cuneiceps* と *S. roseigaster*（Haneda et al. 1969）および *S. cephalotes*（Fishelson et al. 2005）は、発光バクテリアを使った共生発光により発光している[2]。

浅海発光魚の2つの発光様式　その2──ウミホタルルシフェリンによる半自力発光

　一方、ハタンポ科のキンメモドキ *Parapriacanthus ransonneti*（おそらく同属の *Parapriacanthus dispar* も；羽根田 1985, p. 241）、テンジクダイ科ツマグロイシモチ属 *Jaydia* のツマグロイシモチ *J. truncate*[3]（Haneda et al. 1958）、*J. striata*（和名なし）、アトヒキテンジクダイ属 *Taeniamia* の *T. fucuta*（和名なし）、クロオビアトヒキテンジクダイ *T. zosterophora*、*T. lineolata*（和名なし）、クロスジスカシテンジクダイ属 *Verulux* のクロスジスカシテンジクダイ *V. cypselurus*、（以上5種は、Haneda et al. 1969）、ガマアンコウ科イサリビガマアンコウ属 *Porichthys* の *P. porosissimus* と *P. notatus*（Cormier et al. 1967; Tsuji et al. 1972）は、ウミホタルルシフェリンを基質として発光しているとされる。ヤセムツの一種 *Epigonus macrops* も「これまた摂取したウミボタルのルシフェリンに由来している」と羽根田の本には書かれているが（羽根田 1985, pp. 218-219）、その記述は他のどの原著論文にも見当たらない。オーストラリア産ハタンポ科の一種 *Pempheris ypsilychnus*[4]は「材料不足のため（中略）確め得なかった（ママ）」（Haneda et al. 1966）と記しているものの書籍には「ウミボタル *C. dentate*（ママ）, *C. serata*（ママ）などを摂取して、そのルンフェリンを光源としている」と書かれている（羽根田 1985, p241）。

　ちなみに、同じテンジクダイ科の中に共生発光する種と半自力発光する種がいるのは興味深い。しかも、発光器はどちらも基本的に同じ構造で、腸管と連絡がある（羽根田 1985）。これらの共生発光と半自力発光には進化的な関係がありそうだ。

　なお、これらウミホタルルシフェリンを使って発光する「ウミホタルルシフェリン・ユーザー」のうちルシフェラーゼの正体が明らかになっているものは、後述するキンメモドキだけである。

ウミホタルルシフェリンの由来

　以上で見てきたように、共生発光ではない浅海発光魚は、わかっている限り
みなウミホタルルシフェリンを基質に発光している。では、ウミホタルルシフ
ェリン・ユーザーたちは、ウミホタルルシフェリンをどこから手に入れている
のか？

　第1章にも書いたとおり、アメリカ西海岸のピュージェット湾のイサリビガ
マアンコウ *P. notatus* の集団は、発光器を有するにもかかわらず発光しない
(Tsuji et al. 1972)。しかし、この個体にウミホタルルシフェリンの入った餌を
与えると発光するようになる。すなわち、ウミホタルルシフェリンは餌から手
に入れていると考えられる。発光器が腸管と連絡していないが、ウミホタルを
食べさせると血中のウミホタルルシフェリン濃度が上がり、それが長期間持続
することから、血液を介した発光器までの物質輸送が関わっていると考えられ
る (Thompson et al. 1988a)。また、ウミホタルルシフェリンを少量与えると発
光するようになり、一度発光するようになると少なくとも2年は発光できるこ
と (Thompson et al. 1987)、さらに、放射性同位体標識したウミホタルルシフ
ェリンを与えて時間をおいても血中ルシフェリンの放射線量が減らないことか
ら、イサリビガマアンコウにはルシフェリンのリサイクル系路があると考えら
れている (Thompson et al. 1988b)。

　一方、キンメモドキの発光器は、イサリビガマアンコウと違って、幽門垂[5]
を介して消化管と連絡しているが、ウミホタルルシフェリンはこの幽門垂に蓄
えられている (Johnson et al., 1961; Haneda & Johnson 1962)。したがって、口か
ら食べたウミホタルのルシフェリンはいったん幽門垂に蓄えられ、発光時には
そこから発光器に輸送されていると考えられる。キンメモドキがウミホタルを
捕食しているのかについては、実際キンメモドキの胃内容物から少数のウミホ
タル類が見つかっている[6]。私も、高知の以布利漁港で得たキンメモドキ10
個体の胃内容物を調べたことがあるが、（その大部分がエビ類やカイアシ類だっ
たものの）ウミホタル類の殻を合計8個体確認し、そのうちの少なくともいく
つかは *Cypridina* 属の一種であった（蛭田眞一博士私信）。このわずかな数をも
って「キンメモドキはウミホタル類を選択的に食べている」とは決して言えな

いが、少なくとも *Cypridina* 属のウミホタル類を食べていることを自分の目で確めることはできた。

その他のウミホタルルシフェリン・ユーザーについては、ルシフェリンの供給源に関する情報はない。しかし、いずれの魚種も肉食性で浮遊性のウミホタル類を捕食できる環境に暮らしているので、食べたウミホタル類からルシフェリンを手に入れていると考えてまず間違いないだろう。

それにしても、共生発光魚を除く浅海性の発光魚はなぜ、分類群を超えてみんなウミホタルルシフェリンを使っているのだろう。いずれにしても、ウミホタルルシフェリンは浅海性の発光魚の多様性を考える鍵となる物質と考えてよさそうである。

ウミホタルルシフェリンはウミホタルが作っているのか

ウミホタルルシフェリンを使って発光している生物は、ウミホタル類（ウミホタル目 Myodocopida ウミホタル科 Cypridinidae の発光種）と上述の浅海発光魚類にしか今のところ見つかっていない。そこでまずひとつの疑問が生じる。そもそもウミホタルがウミホタルルシフェリンの生産者でまちがいないのか？もしそうでなければ、浅海発光魚がウミホタル類からルシフェリンを手に入れているという前提も成り立たなくなるかもしれない。そこでまず、本当にウミホタルがウミホタルルシフェリンの生産者なのかを確かめてみた。

ウミホタル *Vargula hilgendorfii* は日本近海に広く分布し（Ogoh & Ohmiya 2005）、採集が容易なので、ハーヴェイや神田の時代から生物発光の研究材料としてよく使われてきたことはすでに述べたとおりである。ルシフェリンの生合成を確かめる実験には生きたウミホタルが必要だったので、われわれは瀬戸内海にある向島（広島県尾道市）に行き、自分たちで採集を行った。豚の生レバーを餌にすると、ウミホタルは面白いほど採れた。ちなみに、ウミホタルルシフェリンの構造決定を行った下村を含めた名古屋大学グループも、同じ瀬戸内海の高根島でウミホタルを採集している（下村 2014）[7]。瀬戸内海は、今も昔もウミホタルが多い場所である。

われわれが行った実験はシンプルである。採ったばかりの生きのいいウミホ

タルに、ルシフェリン生合成の基質候補となる物質を安定同位体（重水素^{2}Hや^{13}C）で標識したものを投与して、しばらく飼育してからウミホタルルシフェリンを抽出する。これを質量分析し、安定同位体が取り込まれたかどうかを確認する。安定同位体が取り込まれてルシフェリンの質量に増加が認められれば、投与した物質がルシフェリンの生合成基質（生合成の材料）であることが証明されるとともに、ウミホタルが確かに自分でルシフェリンを生合成した証拠が得られたことになる。

生合成基質の候補については、実は、ウミホタルルシフェリンの化学構造が

用語解説｜**同位体**

同じ元素にも中性子の数が異なるために質量数の異なるものが存在し、これを「同位体」と呼ぶ――という話はおそらく高校で習っていると思うが、日常生活にほとんど関係しないので多くの人が忘れてしまっているだろう。実際、生物もそれをほとんど気にしていない。質量数が16の酸素も17の酸素も18の酸素も、生物は基本的に同じ酸素原子としてそれを使っている。逆にその性質を利用して、天然にはほとんど存在しない同位体で作った分子を生物に取り込ませると、生物は同位体標識されていない分子と同様にそれを使うので、（その同位体が放射線を出さない安定同位体であれば）質量分析器や（その同位体が放射性であれば）線量計によってその物質の行方を追う（トレースする）ことができる。このような同位体の性質を使った実験をトレーサー実験という。

決定された時点で、その構造から３つのアミノ酸（イソロイシン、アルギニン、トリプトファン）だろうということが予想されていた（Kishi et al. 1966）。そして、われわれの実験の結果まさにその通りであった（Oba et al. 2002; Kato et al. 2004）。当たり前の結果といえばそのとおりだが、その当たり前だと思われることを実験で確かめることは、研究を次に進める上で重要である。これにより、ウミホタルが自分自身の体内でウミホタルルシフェリンを生合成していることが初めて確かめられたのである。

同じ実験をトガリウミホタル *Cypridina noctiluca* でも行ってみた（Kato et al. 2007）。トガリウミホタルは、ウミホタルとちがって浮遊性なので採集の際にトラップが使えず、プランクトンネットを何度も投げてようやく実験に使える個体数を確保しなければならず、大変だった（ただし、採集したのは主に学生だったが）。さいしょにウミホタルでの実験が成功していなかったら、採集する根気が続かなかったであろう。

結果はウミホタルと同じ。トガリウミホタルも、ウミホタルルシフェリンをイソロイシン、アルギニン、トリプトファンの３アミノ酸から生合成している

ことがわかった。もちろんこれも十分予想される結果であったが、浅海性の発光魚が食べているのは底生のウミホタルよりもむしろトガリウミホタルなど浮遊性の種だと考えられるので、この実験はどうしても必要であった。

　浅海性の発光魚が使っているウミホタルルシフェリンは、ウミホタル類が作ったものであることはまちがいなさそうだ。

ウミホタルルシフェリンを使った半自力発光が多い理由

　では、なぜ浅海性の発光魚はどれもウミホタルのルシフェリンを使うのだろう。発光性のウミホタル科の種も基本的に浅海性であり、同じ場所に棲む魚類たちがこれを捕食しているからにはちがいないが、それだけでは説明は十分とは言えない。浅海には発光性渦鞭毛藻やオキアミなど、他にもたくさん餌になりそうな発光生物がいるというのに。

　私は、その答えの鍵が、「ウミホタルルシフェリンが非常に発光に適した物質である」という点にあると考えている。ウミホタルルシフェリンにはそれ自体に発光しやすい性質があり、ルシフェラーゼが存在しなくてもさまざまな脂質や界面活性剤と一緒にするだけでも弱いながら発光することが知られているのだ（なんと卵黄やマヨネーズと混ぜても発光する！）（Shimomura 2006, Appendix）。

　前章では、ホタルルシフェリンのアデニリル化体は非常に発光しやすい化学物質であり、ホタルルシフェラーゼと無関係な牛アルブミンと混ぜるだけでも光るということを紹介した。また次章では、セレンテラジンも非常に発光しやすい性質を持っているということを説明する。つまり、生物発光の進化において鍵となるのは、「いかに発光に都合のよい化学構造を持ったルシフェリンを手に入れるか」だと言えるのではないか。そして、浅海性の発光魚たちは、自分でそれを作るよりも、手近な餌から取り入れることを選んだ。それがウミホタルだったのだ。

硫酸化がルシフェリン安定化の鍵？

　ところで、ウミホタルルシフェリンはそれほど安定ではなく、置いておくとすぐに酸化して分解してしまう。それなのになぜキンメモドキやイサリビガマアンコウは長いあいだ体内でそれを保持していられるのだろう？　実は、ウミホタルルシフェリンはウミホタルをそのまま乾燥させたものの中ではなぜか非常に安定で、湿気さえ気をつけていれば何十年経った乾燥ウミホタルも、再び湿らせれば発光させることができる。すなわち、ウミホタルには何かウミホタルルシフェリンを安定に保っておける仕組みがあり、キンメモドキやイサリビガマアンコウはこの仕組み（あるいはこれと同様の仕組み）を使ってルシフェリンを体内に保持していると想像できる。

　この謎を解くには、最近ウミホタルから見つかったウミホタルルシフェリンの硫酸化体がヒントになるかもしれない（Nakamura et al. 2014）。ウミホタルは、ウミホタルルシフェリンの他に硫酸されたウミホタルルシフェリン[8]を持っていることでわかったのだ。ウミホタルルシフェリンの硫酸化体はウミホタルルシフェリンよりも安定であることから、ウミホタルは産生したルシフェリンを硫酸化することでより安定に蓄えている可能性がある。

　さらに言うならば、もしかするとルシフェリンの硫酸化は、ウミホタルに限らずルシフェリンを蓄えておく手段の一般則なのかもしれない。ウミシイタケ *Renilla reniformis* のルシフェリンはセレンテラジンであるが、ウミシイタケの生体内にはセレンテラジンそのものは単独ではほとんど含まれておらず、そのかわり硫酸化されたセレンテラジン[9]が抽出される（Cormier et al. 1970）。また、ハダカイワシ類の肝臓などからも同様に、ウミシイタケで見つかるのと同じセレンテラジンの硫酸化体が検出される（Duchatelet et al. 2019）。興味深いことに、ホタルでも、ホタルルシフェリンの量を上回るルシフェリン硫酸体[10]の存在が確認されており、この硫酸化されたルシフェリンは発光反応の基質にならないことから、すぐには使わないルシフェリンを貯めておくための「貯蔵形 storage form」だろうと考えられている（Fallon et al. 2016）。

　つまり、キンメモドキなどの浅海魚がウミホタルから手に入れているのは、ひょっとするとウミホタルルシフェリンそのものではなく、より安定に持って

いられる硫酸化体ルシフェリンのほうなのではないだろうか。

キンメモドキのルシフェラーゼを決定

　最近、われわれのグループはキンメモドキのルシフェラーゼの実体を明らか
にすることに成功した。ルシフェラーゼが特定されたのは魚類では初めてであ
ったが、その答えは意外なものであった。なんと、キンメモドキはウミホタル
ルシフェラーゼそのものを使って発光していたのである（Bessho-Uehara et al.
2020b）。

　これは、まったく予想もしなかった結果であった。実際、以前の著作で私は
「ルシフェラーゼを他の発光生物から取り入れて自分の発光に使っている生物
は知られていない。もっとも、摂取したタンパク質は基本的に胃の消化酵素に
より分解されてしまうので、今後そのような例が見つかる可能性は低いだろ
う」と書いていたくらいである（大場 2016）。人間の浅知恵（少なくとも私の浅
知恵）では思いもつかなかった事実が明らかになる、これこそが実験科学の醍
醐味と言えるだろう。

　第6章に示したとおり、私は、基本的に発光に適した物質＝ルシフェリンさ
え手に入ればルシフェラーゼの方はどうにでもなる（手持ちのタンパク質を
ちょっと変えるだけでルシフェラーゼになる）と考えている。だから、キンメモ
ドキがルシフェラーゼまで盗んでこなければ「ならなかった」ことが意外だっ
たというか、発光生物の進化様式についての私の安易な定式化はここで見事に
裏切られたのである。

　さらに、この発見は発光生物学を超え、生物が「食べたものから得た酵素タ
ンパク質をそのまま酵素として自分で使う」最初の例となった。これまでの常
識では、食物中のタンパク質はアミノ酸レベルまで消化されてから栄養素とし
て腸から吸収され、決して食べたタンパク質がそのまま利用されることはない
と考えられてきた。しかし、その常識が、少なくともキンメモドキではちがっ
ていた。

　われわれはこの新しい現象を「盗タンパク質発光 kleptoprotein biolumines-
cence」と呼ぶことにした[11]。盗タンパク質発光が明らかになったのは、今の

ところキンメモドキだけであるが、もしかするとウミホタルルシフェリンで発光する他の浅海発光魚たちも同じようにウミホタルルシフェラーゼを盗んで発光している可能性もある。さらに想像を膨らませると、次章に紹介するセレンテラジンで発光する生物の中にも、もしかすると盗タンパク質により餌からルシフェラーゼを手に入れているものがいるのかもしれない。

註

1）腹側に発光器らしき構造を持つ浅海性のカタクチイワシ科 Engraulidae のエツの一種 *Coilia dussumieri* とニベ科 Sciaenidae のカンダリ *Collichthys lucidus* を「発光種」としていた羽根田は（羽根田 1961）、のちの書籍の中で発光種ではないだろう（特殊な反射組織だろう）と前言を撤回している（羽根田 1985, pp. 260-263）。したがって本書では、この2種および、羽根田（1961）に基づいて同様に発光種とされたニベ科のメブトカンダリ *Collichthys niveatus* と *Sonorolux fluminis*（和名なし）（Trawavas 1977）を発光種とはみなさずにおく。

2）なお、共生発光バクテリアの種類については、ヒイラギ科からは *Photobacterium leiognathi* と *Photobacterium mandapamensis* が、ホタルジャコ科からは *P. leiognathi*、*P. mandapamensis* の他に *Photobacterium kishitanii* が、テンジクダイ科からは *P. mandapamensis* が検出されている（Dunlap & Urbanczyk 2013）。

3）長いあいだ *Apogon ellioti* の名で知られていた種だが、日本産は現在 *Jaydia ellioti* ではなく *J. truncata* であるとされる（馬渕ら 2015）。羽根田は「日本のツマグロイシモチ」を実験に使ったと書いているので（羽根田 1972, p181）、ここではツマグロイシモチ *J. truncata* を挙げる。

4）Mooi & Jubb（1996）によると、羽根田が *P. klunzingeri* としたものは本種のことである。

5）魚類に特有の、胃と腸の境目から出ている枝分かれした袋状の器官。消化器官の一部として機能し、さまざまな消化酵素が分泌されている。

6）キンメモドキの胃から見つかったウミホタル類の種について、ジョンソンは「*Cypridina*」と記している（Johnson et al. 1961）。一方、羽根田は「*Cypridina hilgendorfii*」（Haneda et al. 1966）と種を特定し、しかもその一部は死んでいるがまだ発光していたと記述している（当時ウミホタル *Vargula hilgendorfii* はまだ *Cypridina* 属に入っていた）。一方、富永義昭（1936-1994）の観察では、胃内容物の主なもの（"dominant"）は「*Cypridina*」と属名だけを示している（Tominaga 1963）。また羽根田は、*Parapriacanthus dispar* の胃内容物には「ウミボタル C. dentata と C. innermis などが見られた」（羽根田 1985, p. 241）と書いている。私としては、どちらも沿岸性とはいえ深さのある岩礁などに群れるキンメモドキが内湾の静かな砂底の浅い海を好むウミホタル *V. hilgendorfii* を食べているとは考えにくく、また、キンメモドキの発光器から浮遊性のトガリウミホタル *C. noctiluca* のルシフェラーゼが検出されたことからも、キンメモドキは *V. hilgendorfii* ではなくトガリウミホタルなど *Cypridina* 属の浮遊性種からルシフェリンを入手しているにちがいないと考えている。

7）高根島には現在、下村らが訪れてウミホタルの研究をした歴史を記念する「ウミホタルの島 高根島」という石碑が立っている。

8）ウミホタルルシフェリンの化学構造の中核となるイミダゾピラジノン骨格における3位のカルボニル基が硫酸化されたもの。図14を参照。

9）このときも、硫酸化されているのはイミダゾピラジノン骨格の3位カルボニル基である。図14を参照。

10）この場合は6'位のヒドロキシル基が硫酸化されている。図14を参照。

11）klepto-とは「盗む」を意味する接頭語。英語でよく使われている単語としては窃盗癖kleptomania くらいしかないが、生物の世界では先行使用例が3つある。ひとつは、コノハミドリガイ *Elysia ornata* などのウミウシや渦鞭毛藻の一部の種が食物から得た葉緑体をそのまま取り込んでその光合成能を盗用する「盗葉緑体 kleptoplasty」。もうひとつは、アオミノウミウシ *Glaucus atlanticus* やフウセンクラゲモドキ *Haeckelia rubra*（有櫛動物）、ウズムシのなかま（扁形動物）の一部の種などが、食べた刺胞動物の刺胞細胞（毒針の細胞）をそのまま取り込んで盗用する「盗刺胞 kleptocnidae」である。3つ目は、グンカンドリ（グンカンドリ属 *Fregata*）のように他の生物が獲った餌を盗み取る「盗寄生 kleptoparasitism」（別名、労働寄生、盗み寄生）。kleptoprotein bioluminescence の klepto- は、これらの用法にならったものである。発光様式のカテゴリーとしては、ルシフェリンもルシフェラーゼもウミホタルからもらっているのだからもはや「他力」なのではないかという意見もあるが、共生発光のように別な発光生物を生きたそのまま使って光っているわけではないので、私としては kleptoprotein bioluminescence を半自力発光の一形態とみなしたい。

第8章

カイアシ類が深海発光生物の多様性をもたらした

「共生発光」が魚類とイカの仲間の一部のみ知られていることは、すでに述べたとおり。また前章では、ウミホタルルシフェリンを使って発光する生物はウミホタル類と一部の浅い海に棲む魚類に限られることを見た。

しかし、セレンテラジンを使っている発光生物はちがう。魚類のみならず分類群を大きく越えて存在し、しかも浅い海から深海まであらゆる場所に見られる。つまり、セレンテラジンを使って発光する生物が多いことを説明する普遍的な説明が見つかれば、それは、海の発光生物の多様性を理解する上でもっとも重要な鍵を手に入れたことになるだろう。

これについて筆者は、海洋におけるカイアシ類を底辺とした食物連鎖にその鍵があると考え（Oba & Schultz 2014; The Quanta Newsletter 2016; 大場 2016; NHK 2017; NHK スペシャル「ディープオーシャン」制作班監修 2017）、それを「セレンテラジン仮説」と呼んで解明を進めている。そこで第8章では、第2部のトピックス3つ目として、私が「セレンテラジン仮説」と呼んでいるこのアイデアを紹介したい（図17右）。

セレンテラジン・ユーザー

まずは、セレンテラジンを使って発光しているユーザーについて確認しておこう。セレンテラジンもしくはセレンテラジン誘導体（セレンテラジンの一部が化学修飾されたもの）を使って発光していることがわかっている生物は、全て海産種であり、8門（放散虫門、海綿動物門、刺胞動物門、有櫛動物門、毛顎動

物門、軟体動物門、節足動物門、脊索動物門）に及んでいる（Haddock & Case 1994; Martini et al. 2020）[1]。クモヒトデ *Amphiura filiformis*（棘皮動物門）も、おそらくセレンテラジンを使って発光しているので（Shimomura 2006; Mallefet 2009; Mallefet et al. 2013）、これを追加すると9門になる[2]。このうち、刺胞動物と有櫛動物門における発光種は、すべてセレンテラジンを使っていると考えてよいだろう。一方、放散虫と毛顎類は調べられた例が少なすぎるので、これらの分類群に含まれる発光種全てがセレンテラジン・ユーザーだとはまだ言い切れない。

　節足動物門甲殻類のセレテラジン・ユーザーは多様で、カラヌス目のカイアシ類、ハロキプリス科の貝虫類、オオベニアミ類、ヒオドシエビ類、ミノエビ類、サクラエビ類がこれに該当する[3]。逆に、発光性甲殻類においてセレンテラジンを使っていないのは（わかっている限りにおいては）、ウミホタル目ウミホタル科（ウミホタルルシフェリン）とオキアミ目（オキアミルシフェリン）だけである。

　軟体動物のうち、ヒカリカモメガイでは、セレンテラジンかその誘導体がフォラシン（ヒカリカモメガイのフォトプロテイン）の中に入っている（Tanaka et al. 2009; 久世 2014; Inouye et al. 2020; Moriguchi et al. 2020）。頭足類では、トビイカ *Sthenoteuthis oualaniensis* とスジイカ *Eucleoteuthis luminosa* のフォトプロテインにはセレンテラジンかその類縁体がクロモフォアとして結合している（久世 2014）。また、ホタルイカでは硫酸化セレンテラジンがルシフェリンとして使われている（Shimomura 2006）（これら以外の発光イカのなかまは、発光バクテリアとの共生で発光している）。コウモリダコはセレンテラジンを基質とするルシフェリン－ルシフェラーゼ反応だと考えられている（Robison et al. 2003）。

　脊索動物門では、オタマボヤ類が（詳細は未発表ながら）セレンテラジンを使って発光していることが示唆されている（Galt & Flood 1998）。硬骨魚類においては、ワニトカゲギス目とハダカイワシ目のいくつかの種で発光にセレンテラジンが使われていることが確かめられているが（Cormier 1978; Shimomura et al. 1980; Campbell & Herring 1990; Mallefet & Shimomura 1995; Thompson & Rees 1995）、この2つの目に見られる発光形質はそれぞれ単一起源だとされるので（Davis et al. 2016）、それが本当ならば、そこに含まれるワニトカゲギス目400

種以上とハダカイワシ目250種以上はおそらく全てセレンテラジン・ユーザーということになる。

　自力発光する魚類には、サメ、セキトリイワシのなかま、ハナメイワシのなかま、ハダカエソのなかま、スミクイウオのなかまなど、まだ発光基質が特定されていないグループもあるが、これらもみな肉食性で、しかも発光色が青色であることから、やはりセレンテラジンを使って発光している可能性はあるように思われる[4]。魚類以外では、発光メカニズムがわかっていないウマノクツワやヒカリボヤなどは、（ヒカリカモメガイとオタマボヤがセレンテラジン・ユーザーであることから類推して）セレンテラジンで発光している可能性はあるだろう（ヒカリボヤについては次節を参照）。海におけるセレンテラジン・ユーザーの普遍性がどこまで広がるのか、今後の研究が待たれる。

発光生物トピックス｜セレンテラジンにはご用心！

　発光生物がセレンテラジン・ユーザーかどうかを調べるときには、注意が必要だ。例えば、セレンテラジンは発光しない生物からも検出されることがあるので、その発光生物がセレンテラジンを持っているからといってセレンテラジンを基質として発光しているとは限らない（Shimomura 1987; Thomson et al. 1995; Shimomura 2006）。また逆に、セレンテラジンは酸化しやすいので、検出されないからといってその生物がセレンテラジンを使っていないとも言えない（Shimomura 2006）。さらに、セレンテラジンは酵素がなくても自発的に弱い発光を示し、アルブミンや界面活性剤（そして卵黄も！）があるとより強く発光する性質があるので、冷水抽出物がセレンテラジンに対して発光活性を示したからといってルシフェラーゼがあると決めつけることはできない。下村もこの点には注意を促しており、著書の中で「最大限の注意が必要（"utmost care must be taken": Shimomura 2006, p. 164）」だと強調している。

　したがって、本編に列挙したセレンテラジン・ユーザーの中にも、もしかすると誤りがあるかもしれない。なお下村の本には、ハナメイワシもセレンテラジンを使っているだろうと書いている一方で、ハダカイワシについては「セレンテラジンで光ると考えられているが、確証はない」と慎重な言い方をしている（下村 2014）。

セレンテラジンを基質とするルシフェラーゼ

　上記のとおりセレンテラジン・ユーザーは非常に多様であるが、その発光反応を触媒するルシフェラーゼ（もしくはフォトプロテイン）の方もバラエティーに富んでいる。

　第 1 部の第 5 章「フォトプロテイン」にも書いたとおり、有櫛動物（クシクラゲ）はカルシウムイオンでトリガーされるフォトプロテインを使っており、クロモフォアとしてセレンテラジンが使われている[5]。興味深いことに、これらクシクラゲ類のフォトプロテインは、後述する刺胞動物のフォトプロテインとアミノ酸の相同性を弱いながら有している（Powers et al. 2013）。しかし、このことが「両者の共通祖先ですでにフォトプロテイン型の発光をしていた」ことを意味するのかどうかはわからない（Schnitzler et al. 2012）（もしそうだとすると、有櫛動物と刺胞動物とは単系統群ではないので、海綿を除く全動物の共通祖先は発光性だったということになる！）。なお、クシクラゲ類からは、オワンクラゲに見られるような蛍光タンパク質は今のところ見つかっていない（Schnitzler et al. 2012; Haddock et al. 2015）。

　刺胞動物の発光種では、ヒドロ虫綱の全て（およびもしかすると鉢虫綱の一部）において、カルシウムイオンでトリガーされるフォトプロテインが使われており、そのクロモフォアはセテンラジンである[6]。一方、花虫綱の一部とおそらく鉢虫綱の一部は、セレンテラジンを基質とするルシフェリン‐ルシフェラーゼ反応により発光する[7]。

　ヒカリカモメガイのフォトプロテイン（フォラシン）は、有櫛動物や刺胞動物のフォトプロテインとは相同性を持たない（既知のどのタンパク質とも相同性が見つからない）糖タンパク質である。活性酸素種によって発光反応がトリガーされる点も、有櫛動物や刺胞動物のフォトプロテインとは異なる。

　放散虫の発光は、セレンテラジンをクロモフォアとして持つフォトプロテインによるもので、不思議なことにそのトリガーは有櫛動物や刺胞動物と同じカルシウムイオンだという（Campbell & Herring 1990）。もちろん、放散虫と有櫛動物と刺胞動物はいずれも系統的にとても遠い関係にある。放散虫のフォトプロテイン遺伝子は同定されていないので、これが他人の空似なのか、進化的

に関わりがあるのかはまだわからない。

　ホタルイカのルシフェラーゼは上述のとおり脂肪酸 CoA 合成酵素に似たものだという主張もあるが（Gimenez et al. 2016）、本当かどうかわからない。トビイカの発光には、トビイカの旧属名 *Symplectoteuthis* にちなんでシンプレクチン symplectin と名付けられたフォトプロテインが関与している。シンプレクチンは、分子酸素存在下、ナトリウムイオンやカリウムイオンなどの一価の金属イオンをトリガーとして発光することが報告されている。シンプレクチンの遺伝子も決定され、哺乳類のパンテテイナーゼやビオチニダーゼ（それぞれ、パンテテインとビオチンをビタミン B 群として知られるパントテン酸とビオチンに変える酵素）と有意な相同性がある（Fujii et al. 2002）。最近、アメリカオオアカイカ *Dosidicus gigas* の発光も、シンプレクチンに相同なフォトプロテインによるものであると報告された（Galeazzo et al. 2019）。コウモリダコのルシフェラーゼの実体は、セレンテラジンを基質とすること以外まったく不明である（Robison et al. 2003）。

　カイアシ類（橈脚綱 Copepoda）については、カラヌス目 Calanoida の Metridinidae と Heterorhabdidae の 2 科からセレンテラジンを基質とするルシフェラーゼ遺伝子がいくつか決定されている。これらの遺伝子は、分子量（タンパク質の大きさ）20 kDa 程度の小さなタンパク質をコードし、お互いは高い相同性を有している（竹中ら 2015）。ソコミジンコ目 Harpacticoida の *Aegisthus mucronatus* とケンミジンコ目 Cyclopoida の *Triconia conifer* と *Oncaea* sp. にも発光種が見つかっている（Herring 1988）が、これらついては発光メカニズムに関する知見はない。ハロキプリス科とオオベニアミ科の甲殻類については、セレンテラジンで発光すること以外ルシフェラーゼに関する情報はない。十脚目の発光種の中でルシフェラーゼが特定されているのはヒオドシエビのなかまだけである（Inouye et al. 2000）。ルシフェラーゼの分子量が比較的小さい（19 kDa）というメリットがあることから、レポーター遺伝子として遺伝子改変されたものが「NanoLuc」の名前で商品化されて（Hall et al. 2012）世界中の研究室で使われている。

　クモヒトデの発光メカニズムはあまりわかっていない。北米東海岸の浅い海に産するクモヒトデ *Ophiopsila californica* の発光は、過酸化水素によってト

リガーされるフォトプロテイン型であると報告されているが（Shimomura 1986）、そのクロモフォアは特定されていないのでセレンテラジン・ユーザーかどうかはわからない。一方、ヨーロッパ大西洋の浅海性クモヒトデ *Amphiura filiformis* の発光はルシフェリン−ルシフェラーゼ型であり、ルシフェリンは上述のとおりセレンテラジンだと考えられている（Shimomura 2006; Mallefet et al. 2013）。同じクモヒトデなのに、発光システムが異なっているように見えるのは興味深い。最近、*A. filiformis* のルシフェラーゼ遺伝子はウミシイタケルシフェラーゼと有意なホモロジーを有する遺伝子ではないかという報告がなされた（Delroisse et al. 2017）。さらにごく最近、これとまったく同様のことがヒカリボヤでも報告された。ヒカリボヤ *Pyrosoma atlanticum* のトランスクリプトーム解析（発現している遺伝子群の網羅的な解析）の結果ウミシイタケルシフェラーゼに相同な遺伝子が見つかったので、リコンビナントタンパク質（遺伝子情報に基づいて人工的に作ったタンパク質）を作ってセレンテラジンを加えたところ発光したというのである（Tessler et al. 2020）[8]。

　そもそもウミシイタケルシフェラーゼはバクテリアのハロアルカンデハロゲナーゼ（有機ハロゲン化合物を脱ハロゲン化する酵素）とホモロジーがあることから、クモヒトデ論文の著者らは「ウミシイタケとクモヒトデで独立にバクテリアからの遺伝子水平伝播が起こった結果ではないか」と推測している（Delroisse et al. 2017）。遺伝子水平伝播による発光形質の進化は、発光バクテリア同士では起こったと考えられているが（Dunlap & Urbanczyk 2013）、バクテリアから動物にルシフェラーゼ遺伝子が転移したという例は他には知られていない。一方、ヒカリボヤ論文の著者らは「ヒカリボヤのルシフェラーゼとウミシイタケルシフェラーゼの類似は収斂進化によるものだろう」と考察している（Tessler 2020）。

　発光性海綿、ヤムシ類、オタマボヤ類、そして多数のセレンテラジン・ユーザーを含む魚類においても、ルシフェラーゼの正体はわかっていない。

　以上、セレンテラジン・ユーザーたちの使っているルシフェラーゼ／フォトプロテインについて、わかっていることをやや詳しく紹介した。ここで私は長々と何を説明したかったかというと、（有櫛動物と刺胞動物との不思議な類似性と、もしかするとウミシイタケルシフェラーゼとヒカリボヤのルシフェラーゼと

クモヒトデルシフェラーゼが似ているかもしれないことの2つ以外）それらがみな「分類群ごとにまったく関連性がないタンパク質だった」ということである。つまり、セレンテラジン・ユーザーたちは、それぞれのグループでみな独自にルシフェラーゼ／フォトプロテインを進化させたと考えられる。このことは、第6章にも書いた「発光するのに都合のよい基質さえ手に入れば、ルシフェラーゼのほうは手持ちのタンパク質の流用でなんとかなる」という私のセオリーがフォトプロテインの進化によく当てはまることを意味する。

セレンテラジン・プロデューサーは誰か

下村は1980年の論文の中でこう書いている——「セレンテラジンが食物に由来するのなら、食物連鎖の究極の生産者が誰であるのか、これは実に興味深い謎である」（Shimomura et al. 1980）。では、上でリストアップしたセレンテラジン・ユーザーの中に、真のセレンテラジン・プロデューサー（セレンテラジンを自分で生産できる生物）はいるのだろうか？　もちろん理屈としては真のセレンテラジン生産者が発光生物である必要はない。

少なくとも、自分が発光に使っているセレンテラジンを自分自身で生合成できない発光生物がいることはわかっていた。オオベニアミ *Neognathophausia ingens*（Frank et al. 1984）、オワンクラゲ *Aequorea victoria*、シロクラゲ *Eutonina indicans*（Haddock et al. 2001）、クモヒトデ *Amphiura filiformis*（Mallefet et al. 2020）においては、セレンテラジンを含まない生物を餌として与えると発光しなくなるが、セレンテラジンを持つ生物を食べさせたりセレンテラジンを注射すると発光が回復することから、セレンテラジンは外から手に入れていることは確かである。オワンクラゲと同じヒドロ虫綱のホヤノヤドリヒドラ属 *Bythotiara* やヤドリクラゲ属 *Cunina* のクラゲも、セレンテラジンのない餌を与え続けると発光しなくなるという（Herring & Widder 2004）から、これらのクラゲもセレンテラジンを自分自身で作ることができないと思われる。

セレンテラジンを生合成している生物に関する初期の研究としては、十脚目のマルトゲヒオドシエビ *Systellaspis debilis* の実験例がある（Thomson et al. 1995）。マルトゲヒオドシエビの卵の発生が進んで胚発生後期になるまでの間

のセレンテラジン量の変化を調べたところ、発生が進むあいだに 100 倍近くにまで増加したことから、論文の著者らは、マルトゲヒオドシエビはセレンテラジンを生合成できると考えた[9]。

　セレンテラジンを自身で合成している可能性が最も高い生物は、カイアシ類である（Shimomura 2006）。例えば、発光性カイアシ類 *Metridia longa* を使った実験によると、3 週間飢餓状態にしても発光能が減衰することはなく、また刺激により分泌発光させた後も 10 時間でまた発光能が回復したという（Buskey & Stearns 1991）。

　カイアシ類がセレンテラジンを確かに体内で合成していることは、われわれの実験により初めて明らかになった。生きたこのカイアシ類メトリディア・パシフィカ *Metridia pacifica*（日本近海に大量にいるのに、未だ和名がない）に安定同位体で標識したセレンテラジンの生合成基質候補物質（チロシンとフェニルアラニン）をそれぞれ海水に混ぜて与え、質量分析によりセレンテラジンに同位体の取り込みがあることを確かめたのである（Oba et al. 2009b）[10]。もちろん、この実験は先のウミホタルルシフェリンの生合成を確かめた実験をそのまま適用したものである。もしウミホタルでの成功体験がなければ、わざわざ深海プランクトンを使ってこのような面倒な実験をやってみようとは、決して思わなかっただろう。

　なお、本書執筆中のごく最近、クシクラゲがセレンテラジンを自ら産生していることを示す強い証拠が示された（Bessho-Uehara et al. 2020c）。これについては後述する。

発光生物トピックス｜イミダゾピラジノンという共通構造の謎

　ウミホタルルシフェリンとセレンテラジンは、どちらも発光生物の発光反応に使われる化学構造式的には別な物質である。しかし、3 つのアミノ酸から構成され、構造の中心にイミダゾピラジノンという共通の骨格を持っている（図 14 を参照）。ウミホタルルシフェリンとセレンテラジンには、なぜこのような化学構造上の類似性があるのだろう。

　その理由は、イミダゾピラジノン骨格が、発光反応の際に必要な酸素分子の

結合とそれに続くジオキセタノン環の形成にとって非常に都合のよい化学構造であるからだ、と説明される（詳しくは、松本（2019））。これは、生物発光の進化を考える上で、かなり重要なヒントである。化学発光を専門とする松本は、著書の中にこう記している－（イミダゾピラジノンは）「まさに『発光するために自然が作り上げた』きわめて効率的な構造をしている」（松本 2019）。それゆえに、さまざまな条件化で非酵素的な化学発光を起こし、例えば、上述のとおりウミホタルルシフェリンは卵黄やマヨネーズでも（Shimomura 2006）、セレンテラジンは卵黄やアルブミンのようなルシフェラーゼとは無関係なタンパク質の存在下でも弱いながら発光反応が起こるのだ（Shimomura 2006; Vassel et al. 2012）。

　化学分子における構造の収斂現象は極めて稀なことであるから、それがウミホタルルシフェリンとセレンテラジンに起こったというのは、よっぽどイミダゾピラジノン構造が発光に最適であるか、イミダゾピラジノン構造が３つのアミノ酸から作られやすいといった理由があるに違いない。その答えは、それぞれの生合成経路が明らかになればわかるかもしれないが、未だどちらの生合成酵素も生合成中間体も明らかにはなっていない。

セレンテラジン仮説

　さて、いよいよ「セレンテラジン仮説」について説明をしよう。私の「セレンテラジン仮説」では、セレンテラジンを作っている（生合成している）究極の生物はカラヌス目のカイアシ類であり[11]、それ以外のセレンテラジン・ユーザーは基本的に、カイアシ類、もしくはカイアシ類を食べた（つまり、食物連鎖のより上位の）セレンテラジン・ユーザーを捕食することでセレンテラジンを手に入れて発光していると考える[12]。

　私がセレンテラジンの究極の由来をカイアシ類に定めている理由は、何といっても海洋におけるカイアシ類の著しい豊富さにある。浮遊性カイアシ類は「海の米」とも呼ばれるほど海の中に豊富に存在し（例えば、上 2010）、小型で油分が多いので、多くの肉食動物の餌資源を支える食物ピラミッドの重要な底辺を担っている（大塚 2006）。もちろんカイアシ類には非発光種も多いが、例えば富山湾では発光種のメトリディア・パシフィカが全カイアシ類の36.5％を

占める最優先種として「浮遊性食物連鎖の中で鍵種の一つとして位置付けられる」という（角南＆平川 2000）から、海洋のほとんどの肉食性動物は発光性カイアシ類を食べて、あるいはそれを食べた動物を食べて成長していると言ってよいのである。

　実際、セレンテラジン・ユーザーであるホタルイカの胃内容物からもメトリディア・パシフィカが見つかっているし（林＆平川 1997）、胃内容物の遺伝子解析によりハダカイワシ類がメトリディア属のカイアシ類を食べているという証拠もある（Clarke et al. 2018）。オワンクラゲは主にクラゲ食なので、別な発光クラゲからセレンテラジンを入手している可能性はあるが、カイアシ類も（種は特定されていないが）胃内容物から見つかっている（Purcell 1991）。

　なお、海洋生物を熟知するヘリングは、「深海の他の発光生物が餌からセレンテラジンを取り入れているとしたら、それはカイアシ類ではないだろうか」と書いているが（Herring 1988）、これは私の仮説にとっては実に頼もしい言葉だ。しかも、セレンテラジンはなぜか体に蓄積しやすい性質があるようで、非発光性の生物の体内からも検出されているが（Shimomura 1987; Thompson et al. 1995）、どうして蓄積しやすいのかはわからないものの、この事実は「食物連鎖によってセレンテラジンがいろいろな生物に行き渡る」という私の仮説を補強している[13]。

　ちなみに NHK スペシャル「ディープオーシャン」（2017 年）の中で、私のセレンテラジン仮説が紹介されたとき、番組の中で私はカイアシ類がセレンテラジンを生合成するようになったことを「革命的出来事だった」と表現した。この言葉は多少テレビ向けの誇張表現だったかもしれないが、もしカイアシ類が発光能を進化させなかったとしたら、海はこれほど発光生物に溢れてはいなかったのではないかと私は思う。

　ただし、実は私が自信を持ってこの説を主張できない「仮説の難点」がいくつかある。それを次に紹介する。

発光生物こぼれ話 | 深層水のゴミは宝の山か？

　われわれがカイアシ類を使ってセレンテラジンの生合成基質を明らかにした際に、どうやって生きた深海性カイアシ類を手に入れたのか。それにはちょっと自慢できる工夫があったので紹介しよう。

　通常、深海の生物を生きたまま手に入れるのは難しい。幸い、日本では深海に網を入れて漁獲する場所もあるのでそういった漁港に行けばいろいろな深海魚を手に入れることができるが、漁に使う網では目が荒すぎてカイアシ類のような小型プランクトンは獲ることができない。深海調査船や調査船をチャーターして目の細かいプランクトンネットを使えば小型プランクトンだけを集めることもできなくないが、それでは予算的にかかりすぎて現実的ではない。

　そこでわれわれが目をつけたのが、海洋深層水の汲み上げ施設である。海洋深層水の汲み上げは、その国内での商品価値や地理的環境などの制約から、世界でも日本、韓国、台湾、アメリカ、ノルウェーなど限られた国でしか行われていないそうだが、われわれが興味を持ったのは、深層水そのものではなく汲み上げた水を濾してゴミを取るためのフィルターの中身である。

　深層水の汲み上げ施設では、深海から海水を汲み上げるとまず、混獲された大型のナマコやエビ・カニや魚類などをトラップで分けてから、細かいメッシュを通して小さなゴミを取り除く。富山県入善町の施設で、初めてこのメッシュの中を見せてもらったときは、本当に驚いた。そこには深海の甲殻類プランクトンが大量に、しかもほとんどすべて生きたまま入っていたのである。パイプからものすごい勢いで汲み上げられてくる深層水（1秒間に25リットルくらい！）に取り付けられたメッシュの袋の中で押しつぶされているプランクトンたちを見て、これでよく生きてるなあと思ったが、よく考えてみると深海の生物はそもそもプレッシャーには強いのかもしれない。

　メッシュの中の「ゴミ」をもらって顕微鏡でよく調べてみると、非発光性のカイアシ類とヤムシ類が大部分だが、その中に発光性のカイアシ類メトリディア・パシフィカと、これもまた発光種である貝虫類 *Discoconchoecia pseudodiscophora*（和名なし）が大量に入っていた。汲み上げ施設側としては、フィルターの中身は単なるゴミであるから、ただで分けてもらうことができる。こうしてわれわれは、思いがけず簡便で安価に生きた深海発光生物を手に入れることができたのである（Oba et al. 2004b）。

最近、この「ゴミ」の中に *Tharyx* 属（ミズヒキゴカイ科）の発光種が入って
いるのを見つけた（Kin et al. 2021）。そもそも *Tharyx* 属に発光種がいるのかど
うかも今まではっきりしていなかったので、当然ながら発光メカニズムの詳細
もまったく研究されていない。これが深層水のフィルターの中から安定して採
れるのであれば、今後のよい研究材料となるかもしれない。また、私はまだ見
ていないが、深層水の中の大きなゴミを取りのぞくトラップ（ストレーナーと
いうらしい）にユメナマコ *Enypniastes eximia* が多く入ったという報告がある
（須藤ら 2006）。ユメナマコも発光種だが、深海性なので普通はそう簡単に手に
入るものではない。もちろん発光の仕組みはわかっていないので、これも将来
的には生物発光の研究に使えそうである。
　深層水の「ゴミ」は、発光生物学者にとっては宝の山といえるかもしれない。

セレンテラジン仮説の難点 1

　今しがた書いたように、私の「セレンテラジン仮説」には難点がある。それ
は、生きたカイアシ類を直接食べるチャンスがないと思われるヒカリカモメガ
イやオタマボヤ、クモヒトデ、コウモリダコのようなデトリタス食者（detritus
feeder, 海を漂ったり底に堆積したりした生物の死骸や排泄物、あるいはそこに増殖
したバクテリアなどの有機物を濾し取って食べている生物で、生きている餌を襲っ
て食べる「捕食者」と区別される）がどのようにセレンテラジンを入手している
のか、説明がつかないのだ。カイアシ類の死骸やオタマボヤの脱ぎ捨てたハウ
スにセレンテラジンが残留しているならば、デトリタス食者の口にそれが入る
可能性はある。しかし、セレンテラジンはとても不安定な物質なので、それは
ちょっと考えにくい。これは、私のセレンテラジン仮説の明らかな難点である。
　ただし最近、深さ 30 ～ 40 メートルの砂泥で採集されたクモヒトデ *Amphi-
ura filiformis* においてセレンテラジンが餌由来であることが実験的に証明さ
れた（Mallefet et al. 2020）。この結果は、こうした浅場のデトリタス食者にも
セレンテラジンを手に入れる何かしらの方法があることを示唆するきわめて重
要な知見だといえる。

セレンテラジン仮説の難点 2

　私のセレンテラジン仮説は、カイアシ類が生合成するセレンテラジンを中心としたアイデアである。しかし、少なくとも発光クラゲについては、カイアシ類が関係しない進化シナリオが考えられるかもしれない。

　最近、クシクラゲからセレンテラジンの生合成に関わるかもしれない遺伝子が発見された（Francis et al. 2015）。クシクラゲのトランスクリプトーム解析を行ったところ、C 末端（並んでいるアミノ酸の一番端）に FYY（フェニルアラニン - チロシン - チロシン）のアミノ酸を持つタンパク質遺伝子が見つかったのである。FYY はセレンテラジンを構成する 3 つのアミノ酸であり、その並び順もセレンテラジンと一致している。さらに、この遺伝子はカビの持つペニシリン合成酵素のひとつイソペニシリン *N* シンターゼ isopenicillin-*N* syntase と有意な相同性があり、セレンテラジン生合成への関与が強く示唆される（イソペニシリン *N* シンターゼは 3 つのアミノ酸を環化してペニシリンに変換する酵素であり、セレンテラジンの生合成との類似が示唆されるのだ）。しかも、この遺伝子は発光しないクシクラゲには見つからないという。ただし、状況証拠的にこれがセレンテラジンの生合成酵素である可能性が強く示唆されるものの、今のところその証拠は示されていない。ところがごく最近、クシクラゲの一種 *Mnemiopsis leidyi* とキタカブトクラゲ *Bolinopsis infundibulum* がセレンテラジンを自ら産生していることを示す強い証拠が報告された（Bessho-Uehara et al. 2020c）。セレンテラジンを含まない餌で長期継代飼育した個体がセレンテラジンを保有していたのである。

　もっとも、クシクラゲ類がセレンテラジン・プロデューサーだとしても、クシクラゲ類が多様なセレンテラジン・ユーザーたちにとってのセレンテラジン摂取源になるとは考えにくいので、このことがセレンテラジン仮説に対する大きな変更になることはないだろう。クシクラゲはあまりよい餌資源とは考えられておらず、他のクシクラゲやクラゲ類（オワンクラゲを含む；Purcell 1991）やウミガメなどがこれをよく食べていることはわかっているが、それ以外はペンギンや魚類などの大型動物でクシクラゲを食べた例がいくつか報告されている程度にすぎない。

一方、クシクラゲ食のクラゲにおける発光形質の進化だけは、話は別かもしれない。クシクラゲもクラゲも、その起源は非常に古い。したがって、発光性カイアシ類が登場するよりずっと昔に「クシクラゲを捕食したクラゲ類がセレンテラジンを手に入れ、その結果クラゲに発光能が進化した」というシナリオは十分考えられる。もしかすると、カイアシ類を軸にしたセレンテラジン仮説よりも以前に、クシクラゲとクラゲの間にしか広まらなかった別なセレンテラジン仮説の「アナザーヒストリー」があったのかもしれない。

註

1）ただし、Shimomura（2006）では、おそらく確実性の観点から放散虫門と毛顎動物門を除いた「少なくとも5門」と書いている。なお、この当時はまだ海綿の発光は知られていない。

2）下村（2014）には、クモヒトデがセレンテラジン・ユーザーとしてリストアップされている。

3）より詳しく説明すると、カラヌス目 Calanoida の4科（Augaptilidae、Lucicutiidae、Heterorhabdidae、Metridinidae）の種（Takenaka et al. 2012）、ハロキプリダ目 Halocyprida ハロキプリス科 Halocyprididae に含まれる複数の属（旧 Conchoecia 属）の種（Campbell & Herring 1990）、ロフォガスター目 Lophogastrida オオベニアミ科 Gnathophausiidae の種（ハリナガオオベニアミ Gnathophausia longispina とオオベニアミ Neognathophausia ingens）（Cormier 1978; Shimomura et al. 1980）、十脚目 Decapoda のヒオドシエビ科 Oplophoridae ヒオドシエビ属 Acanthephyra、オキヒオドシエビ属 Oplophorus、マルトゲヒオドシエビ属 Systellaspis の種（Inoue & Kakoi 1976; Cormier 1978; Shimomura et al. 1980; Thomson et al. 1995）、タラバエビ科 Pandalidae ミノエビ属 Heterocarpus の種（Cormier 1978; Inoue & Kakoi 1976; Shimomura et al. 1980）、サクラエビ科 Sergestidae のサクラエビ Lucensosergia lucens とベニサクラエビ Prehensilosergia prehensilis（Shimomura et al. 1980）。以上これらの甲殻類が、セレンテラジンを基質に発光していることがわかっている。

4）セレンテラジンによる発光はたいてい青色である。ただし、そもそも海の発光生物の発光はほとんど青色なので、発光色が青色であることはセレンテラジンを使って発光していることの大した証拠にはならない。

5）クシクラゲのフォトプロテイン遺伝子としては、Mnemiopsis leidyi（Aghamaali et al. 2011）とシンカイウリクラゲ Beroe abyssicola（Markova et al. 2012）とキタカブトクラゲ Bolinopsis infundibulum（Burakova et al. 2006）で決定されており、（イクオリン aequorin のネーミング法に準じて）それぞれベロヴィン berovin、ネミオプシン mnemiopsin、bolinopsin と名付けられている（カタカナ名は下村（2014）に準じた）。その後、チョウクラゲモドキ Bathocyroe fosteri からもフォトプロテインが単離されたが、これは BfosPP と名付けられた（Powers et al. 2013）。

6）ヒドロ虫綱のフォトプロテインとして、オワンクラゲ科 Aequoreidae オワンクラゲ属のオワンクラゲ Aequorea victoria、A. aequorea、A. coerulescens とヒトモシクラゲ A. macrodactyla

からイクオリン aequorin（Inouye et al. 1985）、ウミサカヅキガヤ科 Campanulariidae ウミコップ属の一種 *Clytia gregaria* からクライチン clytin（Inouye & Tsuji 1993, = Phialidin）、同ウミサカヅキガヤ科オベリア属の一種 *Obelia longissima* からオベリン obelin（Illarionov et al. 1995; 2000）、クロメカキクラゲ科 Mitrocomidae の一種 *Mitrocoma cellularia* から mitrocomin（Fagan et al. 1993, = halistaurin; Shimomura & Shimomura 1985）の遺伝子が決定されている。鉢虫綱においては、外洋性のオキクラゲ科 Pelagiidae オキクラゲ *Pelagia noctiluca* の発光はカルシウムイオンによって発光がトリガーされるフォトプロテインだと考えられているが（Morin & Reynolds 1972）、ヒドロ虫綱のフォトプロテインと相同性のあるタンパク質なのかどうかはわかっていない。

7）花虫綱においては、八放サンゴ亜綱のウミシイタケとウミサボテンでは、セレンテラジンはセレンテラジン結合タンパク質に結合しているが、発光するときはカルシウムイオンによってセレンテラジンの放出がトリガーされて発光反応が起こる。興味深いことに、このセレンテラジン結合タンパク質にはクシクラゲやヒドロ虫綱のフォトプロテインとの有意なアミノ酸相同性が見られる（Kumar et al. 1990; Inouye 2007）。また、六放サンゴ亜綱においては、未知の別なタイプのルシフェラーゼを使っていると思われる生物も見つかってきている（Bessho-Uehara et al. 2020a）。深海性鉢虫綱のクロカムリクラゲ科 Periphyllidae クロカムリクラゲ *Periphylla periphylla* の発光システムはセレンテラジンを基質とするルシフェリン‐ルシフェラーゼ反応であるとされるが（Shimomura 2006）、花虫綱のウミシイタケ *Renilla reniformis* やウミサボテンのルシフェラーゼと相同性のある酵素が使われているのかどうかは不明である。

8）ただしこの結果からただちにこれがヒカリボヤのルシフェラーゼであるとは言えない。論文のタイトルも「推定上の」（Aputative）となっていて、著者らも自信がなさそうである。実際、ヒカリボヤからセレンテラジンが検出されたわけでもないので、そもそもセレンテラジンを使って発光しているのかさえ証明されてはいない（その可能性はあるとは思うが）。

9）ナショナルジオグラフィックのインタビューの中でハドックは、「（ヒオドシエビは）、ルシフェラーゼは確かにエビ自身に由来し、ルシフェリンもおそらく同様だろう」と述べているが（National Geographic 2012）、これは Thomson らの論文を受けてのことであろう。一方、下村は著書の中で「卵の中ではセレンテラジンは不活性型になっていて、それが発生の進行とともにセレンテラジンに変換されている可能性があり、マルトゲヒオドシエビの卵の中でセレンテラジンの生合成が起こっているとは確実には言い切れない」と批判している（Shimomura 2006）。下村の言うとおり、Thomson の実験は証明としては不十分であるが、ヒオドシエビ科はみな発光液を放出するので（Wong et al. 2015）そこで消費するセレンテラジンをすべて餌から賄っているとは考えにくく、やはりヒオドシエビもセレンテラジンを本当に生合成できる可能性はあると私は思っている。

10）最近、別な発光性カイアシ類 *Metridia lucens* に対しても、安定同位体標識したチロシンとフェニルアラニンを与えるとセレンテラミドとセレンテラミン（セレンテラジンの酸化物とその分解物）に安定同位体の取り込みが見られたことから、*Metridia lucens* もセレンテラジンを生合成していることを示唆した論文が報告された（Tessler et al. 2018）。ただし、*M. lucens* はわれわれが実験に使ったメトリディア・パシフィカと同種だと考えられているほど近縁な種である。また、論文の著者らはセレンテラジンそのものへの安定同位体の取り込みを確認して

いないので、セレンテラジンのイミダゾピラジノン骨格2位に付いているパラヒドロキシベンジル基がチロシンに由来するのかどうかが確かめられていない。

11）もちろん、セレンテラジンを生合成しているのはメトリディア属だけだとは思っていない。少なくとも、他のカラヌス目の発光性カイアシ類もセレンテラジンを生合成できるにちがいない。

12）カイアシ類を食べた生物を食べてセレンテラジンを入手していると考えられる代表選手は、ワニトカゲギス科の魚食性魚類である。例えば、ホウライエソの胃内容物の8割以上がハダカイワシであったという報告がある（齊藤 2010）。

13）さらに言うと、私は「coelenterazine-driven evolution」とでも言えるようなアイデアも考えている。すなわち、海の生物はセレンテラジンに曝される機会が多いことにより、これを認識して発光するタンパク質（ルシフェラーゼあるいはフォトプロテイン）が進化するチャンスが必然的に増えてしまったというような…。もちろんこれは私の勝手な想像であって、まったくそれを支持する根拠はないのだが。

生物進化から見た発光生物

　生物は、生き残って子孫を残すことを至上命令としている。いや、話はむしろ逆であり、自分の遺伝子を持った子孫を残せるものが「生物」と呼ばれるのである。生き残るためには、捕食者からの攻撃を回避したり捕食者や寄生者から子孫を守ったりしなくてはいけない。また、「性」を持つ生物は、子孫を残すために同種の相手（異性）を見つけなければならず、その際には、同種のライバル（同性）と相手をめぐって争う場面もあるだろう。すなわち、生物個体は他の生物個体と何らかの関わりを持って生きている。

　このとき、視覚を持った生物がせめぎ合う地球上において、種間にせよ種内にせよ、「光」は非常に有効な遠隔交信手段となる。光は（屈折や反射を受けない限り）どこまでも遠く直線的に進む。匂い（刺激臭やフェロモン）と違って、風向きや水流の影響を受けない。また、音や振動（鳴き声やドラミング）と異なり媒体を問わない（水中でも空気中でも、真空中でさえ使うことができる）。こうしたメリットの一方で、交信手段としての光には、周囲が十分に暗くなくては使えない、水や水蒸気などにより散乱される、波長が短いため回り込みが少ないせいで（音とは違い）遮蔽物があると簡単に遮られる、視覚を持った生物ならば誰にでも見られてしまう、といったデメリットもある。

　このように、メリットとデメリットがある中で「光」による交信を生き残り戦略のひとつとして選択したのが、発光生物たちである。その数は、この本で見てきたように、生物全体のうちのごく一部にすぎない[1]。それでも本書を読んできた読者は、「あんな生き物にも光るやつがいるのか」「こんな場所にも光る生物がいるのか」と、発光生物の希少さよりも、思いのほか多いことの方に

驚かれたのではなかろうか。実際、陸上には 2000 種以上のホタルが知られ、また、生物が棲める体積空間としては圧倒的な割合を占める海は（水中における光の減衰は空気中よりもはるかに大きいにもかかわらず）まちがいなく発光生物たちの世界である。

　では、どうして地球は、今このように、発光生物であふれる星になったのだろう？　本書を通して、とくに第 2 部で詳しく見てきたように、私は今、発光生物が地球上に多く見られる原因には外的要因が 2 つ、歴史的イベントが 4 つ、適応的要因が 2 つあったと考えている。終章では、これらをもう一度おさらいしてみよう。

2 つの外的要因と 4 つの歴史的イベント

　まずは「2 つの外的要因」。これは、暗さに関するものである。つまり、生物が視覚を持つようになった時、①陸上の時間の半分が夜であったことと、②海洋の体積の膨大な割合を占める中深層はごく弱い光の届くトワイライトゾーンであったこと、この 2 つの外的要因が発光生物の進化を決定づけたと考えている。光がなければ眼は進化しないが、十分に暗くならなければ発光は使えない——地球上の生物圏には、陸にも海にもうまい具合に光と闇があったから、発光生物が進化することができたのである。

　しかし、外的要因が揃っていても、進化にはきっかけとなる歴史イベントがたいてい必要である。発光生物が急速に数を増やした理由として、私がもっとも重要と考える歴史的なイベントが次の 4 つである。

1. **共生発光の出現**：発光バクテリアの進化により、それと共生関係を結ぶ生物（魚類とイカ類）が進化したこと。
2. **ホタルの出現**：アシル CoA 合成酵素からルシフェラーゼが進化して、パラベンゾキノンとシステインからルシフェリンが生じ、その結果、甲虫の一部（ホタル科、フェンゴデス科、イリオモテボタル科、コメツキムシ科）が発光能を獲得したこと。【FACS 起源仮説】
3. **ウミホタルの出現**：ウミホタル類がウミホタルルシフェリンを生合成す

るようになり、発光能が進化。これにより、ウミホタルを食べてウミホタルルシフェリンで光る半自力発光魚類が浅海に何度も進化したこと。【ウミホタル由来仮説】

4. 発光性カイアシ類の出現：カイアシ類がセレンテラジンを生合成するようになり、発光能が進化。これにより、発光性カイアシ類を食べてセレンテラジンを手に入れ、半自力発光で光る生物がさまざまな分類群（放散虫門、刺胞動物門、有櫛動物門、毛顎動物門、軟体動物門、節足動物門、棘皮動物門、脊索動物門）に進化したこと。【セレンテラジン仮説】

２つの適応的要因

発光形質が進化しても、それが生き残りに有利に働かなければ、意味はない。では、発光のどんな使いみち（適応）が現在の発光生物の繁栄をもたらしたのだろう。

発光のもっとも原初的な役割は、敵を驚かせたり混乱させたりすることだったにちがいない。ところが、この発光をより洗練された２つの役割に使う生物が現れたことで種分化が著しく加速され、発光生物の数が一気に増えた。その２つの役割とは、「カウンターイルミネーション」と「雌雄コミュニケーション」である。

中深層は広い海の真っただ中で、そこには敵から身を隠す場所はどこにもない。そこで役立つのが、下から見上げられた時のシルエットを消す「カウンターイルミネーション」であった。これはよほど効果的だったようで、多くの発光生物が採用し、中深層という広大なスペースに生物が進出することが可能になった。

また、発光形質を雌雄コミュニケーションに使うものが現れたことも、爆発的な種数の増加につながった。同種を識別する戦略の進化が種の多様性をもたらすのは進化全般に言えることであるが、発光もその例外ではなかったということである。

以上、これが私が考えている「発光生物が、今、地球上にこうある理由」の

現在のところの結論である。では最後に、遠い過去と未来の発光生物に目を向けてみよう。

化石記録と生物発光の可能世界

　生物が視覚を持ち、夜と深海という暗闇があったならば、地球に限らずその星には、必然的に発光生物が進化するにちがいない。しかし、歴史的イベントが起こるかどうかは必然ではない。もし発光バクテリアが出現していなかったら、ウミホタルが現れていなかったら、そして〈海のお米〉カイアシ類がセレンテラジンを作らなかったら、地球上はこれほど発光生物に溢れる星になっていただろうか？　いや、もしかすると私の上げた4つの歴史的イベントがたとえ起こらなかったとしても、何らかの別な歴史的イベントが起こって、やはりその星は発光生物で満ちあふれることになるのかもしれない。

　そんな可能世界の空想をしても「検証のしようがない」、と思うかもしれない。しかし、ひとつそれを検証する方法がある。古代の化石記録である。

　実は、現生（現在生きている）の発光生物の多くは、せいぜい中生代くらいまでしか起源をたどることができない[2)]。つまり、中生代よりも前の時代に、現在と同じような構成員による発光生物の世界は存在しなかった。では、古生代の世界には発光生物はいなかったのだろうか？　それとも、やはり海には発光生物が溢れていたのだろうか？　古生代にはすでに陸上に昆虫や多足類やクモガタ類が進出している。では、今と同じように陸上にも発光する生物がいたのだろうか？　もしかすると発光する植物だっていたかもしれない。

　これを検証するには、化石記録に頼るしかない。意外に思うかもしれないが、化石には、ときに発光器の痕跡が残っていることがある。例えば、新生代のハダカイワシ科やムネエソ科の化石には、発光器がくっきりとわかるものがたくさん見つかっている。また、琥珀に閉じ込められた白亜紀のホタル科の化石には、腹部の末端に明らかな発光器が見られる（Kazantsev 2015）（図18）[3)]。同じような発光器の痕跡が、すでに絶滅した中生代や古生代の生物たちの化石に見つからないだろうか。もしかすると、（ヒカリヒモムシやヤスデやカタツムリのように）なぜか今はぽつんと数種だけが発光性を持っている分類群が、実は大絶

図18. プロトルキオラ・アルバータレニ *Protoluciola albertalleni* の
琥珀化石。オス成虫で、約1億年前ものと推定される。
出典：カザンチェフ博士の厚意により許可を得て掲載

図19. オルドビス紀中期のプリサイクロピゲ属の一種 *Pricyclopyge
longicephala* の化石。1対の「発光器」がくっきりと見える。この個
体は脱皮で脱ぎ捨てられた殻がそのまま石化したものであることを、
三葉虫の専門家である鈴木雄太郎博士（静岡大）にご教示いただいた。
出典：著者個人蔵

滅以前には発光種で溢れていたという可能性はないだろうか。

　実は、発光器らしき構造を持った古生代の生物化石が1例だけ（正確には1
属だけ）見つかっている。それは、三葉虫。三葉虫は、カンブリア紀に出現し

古生代で完全に滅びた節足動物の１グループである。このうち、オルドビス紀に栄えたプリサイクロピゲ属 *Pricyclopyge* は、胸部第３節に１対の発光器と思われる構造を持っているのだ（Fortey & Owens 1987）（図 19）。

　もちろん「発光器らしい」からといって発光器とは限らないことは、件のニセ発光ゴキブリ事件（第２章）で重々承知である。しかし、この三葉虫は異常に複眼が発達しており、また多くの三葉虫が底生であるのに対してこのグループは形態的に見て浮遊性だったと考えられるという。しかも、発光器があるのは背側であるが、なんとこの三葉虫は「バック・スイマー」、すなわち背を下にして泳いでいたらしい（Fortey & Owens 1987）。これだけの条件が揃えば、本書を通読してきた読者ならば、プリサイクロピゲがホンモノの発光生物である可能性が十分あることをわかっていただけるはずである。

＊　　　　　＊

　今われわれが目にしている生物世界は、地質年代の節目節目に起こった大量絶滅によりたびたびリセットされながら、白亜紀末の最後の大絶滅以降に作り上げられた「現実世界」である。現在、海と陸には多種多様な発光生物が溢れている。だが、もしかすると大量絶滅によるリセットの度に、われわれの知っている発光生物の世界とはまったく違った構成員による別な発光生物たちの世界が作り上げられては破壊されていたのかもしれない。古生代のプリサイクロピゲはその可能性を物語る今のところ唯一の証人である。

註
1 ）発光する生物種が、匂いを交信手段として使う生物よりもずっと少ないのはまちがいない。フェロモンは、線虫から植物、哺乳類までもが使っているのに、これらの分類群に発光種はひとつもいないのだから。また、おそらく音で交信する生物と比べても発光する生物の数は少ないと考えられる。例えば、発音魚というのはあまり聞いたことがないかもしれないが、魚類のうち音でコミュニケーションする種は魚類全体の推定 10 〜 20％くらいあるという（宗宮 2006）。一方、発光する魚の種は魚類全体の 5％にすぎない。また、昆虫に至っては、セミ、キリギリス、コオロギ類はもちろん「むしろ発音する昆虫を含まないグループの方が、すくないほど」（宮武ら 2008）というくらいだから、音を使う昆虫の数は発光する昆虫の比ではないだろう。
2 ）現生の発光する主な生物分類群（クラウングループ）がいつごろ現れたのかを最近の分子系統解析の結果から見てみると、渦鞭毛藻類は中生代の始め（Fensome et al. 1999）、コロダリア

目の放散虫は新生代（Ishitani et al. 2012）、イカ類は自力発光と共生発光を合わせて考えても
せいぜい白亜紀から（Uribe & Zardoya 2017; Pardo-Gandarillas et al. 2018）、オキアミ科は白
亜紀以降（Jarman 2001）である。カラヌス目発光性カイアシ類の起源は知りたいところであ
るが、カラヌス目全体の起源が三畳紀くらいまで遡れそうだということしか情報がない（Eyun
2017）ので、その後のいつ頃に発光種が現れたのかはわからない。発光サメ類の起源は白亜紀
前期（Straube et al. 2015）、硬骨魚の中の発光するグループは多いが、それら全ては白亜紀以
降の出現だと考えられている（Near et al. 2012; Davis et al. 2014; 2016）。陸上においても、発
光キノコはジュラ紀に出現、一部の系統はその後に発光能を失ったと考えられる（Ke et al.
2020）。甲虫は、ホタル科とコメツキムシ科を合わせて考えたとしても発光形質の起源は白亜
紀から（Fallon et al. 2018）。クシクラゲ類のクラウングループが現れたのは、白亜紀以降と
いう考えと（Podar et al. 2001）石炭紀（古生代）前後だろうという考え（Whelan et al.
2017）の２つがある。発光バクテリアは発光関連遺伝子が乗ったオペロン *lux* の遺伝子水平転
移により多様化してきたので発光バクテリアの出現時期は特定は難しいが、上述のとおり発光
バクテリアで発光する現生のイカと魚類の祖先は白亜紀以降までしか遡れない。以上のように、
分子系統解析による年代推定は（とくに化石記録が乏しく年代のキャリブレーションが難しい
グループでは）解析ごとの値に差が大きいため絶対的に信頼はできないものの、少なくとも現
生で繁栄している発光生物の多くの起源はだいたい中生代までで、古生代まで遡れるグループ
はほとんどないと考えてよさそうである。唯一の例外の可能性は、花虫綱のウミエラのなかま
である。ウミシイタケやウミサボテンを含むウミエラ目の多くは発光種であり、ウミエラ目の
共通祖先は発光性だったと考えられるが、最近報告された分子系統解析によると、ウミエラ目
の起源は石炭紀中期（3 億〜3 億 6000 万年前）と推測されるという（Quattrini et al. 2020）。
さらに、別所らは、ウミエラ目の全てとウミトサカ目の一部が発光の起源を同じくするものと
推定しているが（Bessho-Uehara et a. 2020a）、これが正しければ発光形質の起源は古生代の
シルル紀（約 4 億 5000 万年前）にまで遡ることになる（Quattrini et al. 2020）。

3）ごく最近、フェンゴデス科とイリオモテボタル科が分岐する以前の昆虫と思われる琥珀化石が
ミャンマーから見つかった。年代は約 1 億年前で、論文の著者らによると発光種だという（Li
et al. 2021）。ただし、フェンゴデス科とイリオモテボタル科の共通祖先が発光するだろうこと
に異論はないが、著者らのいう「発光器」については疑問である。ここで見つかったオス成虫
の化石は、腹部の前の方（第 1 〜 3 腹板）にやや透きとおった部分があるが、これが発光器だ
というのだ。フェンゴデス科もイリオモテボタル科もオス成虫は基本的に発光器を持たない。
フェンゴデス科の *Pseudophengodes* だけは腹部に発光器を持つが、それはちゃんとホタル科
と同じように腹部の後の方（第 6 〜 7 腹板）にある。要するに、琥珀化石のその透きとおって
いる部分は本当に発光器なのか？　ということである。ついでながら、この *Cretophengodes
azari* と名付けられた化石昆虫の発光の役割は、敵に対する防御だろうと著者らは考えている
が、これも疑問である。眼が著しく発達しているのだから、まず光による雌雄コミュニケーシ
ョンを考えるのが当然だと思うのだ。

参考文献

外国語文献

Adams, S. T. & Miller, S. C. (2020) Enzymatic promiscuity and the evolution of bioluminescence. *FEBS J* 287, 1369-1380.

Aghamaali, M. R., Jafarian, V., Sariri, R., Malakarimi, M., Rasti, B., Taghdir, M., Sajedi, M. & Hosseinkhani, S. (2011) Cloning, sequencing, expression and structural investigation of mnemiopsin from *Mnemiopsis leidyi*: an attempt toward understanding Ca^{2+}-regulated photoproteins. *Protein J* 30, 566-574.

Aihara, Y., Maruyama, S., Baird, A. H., Iguchi, A., Takahashi, S. & Minagawa, J. (2019) Green fluorescence from cnidarian hosts attracts symbiotic algae. *Proc Natl Acad Sci USA* 116, 2118-2123.

Airth, R. L., Rhodes, W. C. & McElroy, W. D. (1958) The function of coenzyme A in luminescence. *Biochim Biophys Acta* 27, 519-532.

Anctil, M. (1985) Ultrastructure of the luminescent system of the ctenophore *Mnemiopsis leidyi*. *Cell Tissue Res* 242, 333-340.

Anctil, M. (2018) Luminous Creatures: The History and Science of Light Production in Living Organisms. McGill Queens Univ. Press.

Angel, M. V. (1972) Planktonic oceanic ostracods - historical, present and future. *Proc R Soc Edinburgh* 73, 213-228.

Baker, L. J., Freed, L. L., Easson, C. G., Lopez, J. V., Fenolio, D., Sutton, T. T., Nyholm, S. V. & Hendry, T. A. (2019) Diverse deep-sea anglerfishes share a genetically reduced luminous symbiont that is acquired from the environment. *eLife* 8, e47606.

Ballantyne, L. A. & Lambkin, C. L. (2013) Systematics and phylogenetics of Indo-Pacific Luciolinae fireflies (Coleoptera: Lampyridae) and the description of new genera. *Zootaxa* 3653, 1-162.

Barber, H. S. (1908) The glow-worm *Astraptor*. *Proc Entomol Soc Washington* 9, 41-43.

Barnes, A. T. & Case, J. F. (1974) The luminescence of lanternfish (Myctophidae): Spontaneous activity and responses to mechanical, electrical and chemical stimulation. *J Exp Mar Biol Ecol* 15, 203-221.

Barros, M. P. & Bechara, E. J. (1998) Bioluminescence as a possible auxiliary oxygen detoxifying mechanism in elaterid larvae. *Free Radical Biol Med* 24, 767-777.

Bassot, J. M. & Martoja, M. (1968) Présence d'un organe lumineux transitoire chez le Gastéropode Pulmoné, *Hemiplecta weikauffiana* (Crosse et Fischer). *C R Acad Sc Paris D* 266, 1045-1047.

Bay, A. & Vigneron, J. P. (2009) Light extraction from the bioluminescent organs of fireflies. *In*: Biomimetics and Bioinspiration (Martín-Palma, R. J. & Lakhtakia, A., Eds.), *Proc SPIE* 7401, 740108-1.

Bay, A., André, N., Sarrazin, M., Belarouci, A., Aimez, V., Francis, L. A. & Vigneron, J. P. (2013) Optical overlayer inspired by *Photuris* firefly improves light-extraction efficiency of existing light-emitting diodes. *Optics Express* 21, A179-A189.

Bechara, E. J. H. (1988) Luminescent elaterid beetles: Biochemical, biological, and ecological aspects. *In*: Advances in Oxygenated Processes Vol. 1. (Baumstark, A. L., Ed.), pp. 123-179. JAI Press.

Beebe, W. (1937) Preliminary list of Bermuda deep-sea fish. Based on the collections from fifteen hundred metre-net hauls, made in an eight-mile circle south of Nonsuch Island, Bermuda. *Zoologica* 22, 197-208.

Bessho-Uehara, M. & Oba, Y. (2017) Identification and characterization of the Luc2-type luciferase in the Japanese firefly, *Luciola parvula*, involved in a dim luminescence in immobile stages. *Luminescence* 32, 924-931.

Bessho-Uehara, M., Francis, W. R. & Haddock, S. H. D. (2020a) Biochemical characterization of diverse deep-sea anthozoan bioluminescence systems. *Mar Biol* 167, 114.

Bessho-Uehara, M., Yamamoto, N., Shigenobu, S., Mori, H., Kuwata, K. & Oba, Y. (2020b) Kleptoprotein bioluminescence: *Parapriacanthus* fish obtain luciferase from ostracod prey. *Sci Adv* 6, eaax4942.

Bessho-Uehara, M., Huang, W., Patry, W. L., Browne, W. E., Weng, J. -K. & Haddock, S. H. D. (2020c) Evidenee for *de novo* biosynthesis of the luminous substrate coelenterazine in ctenophores. *iScience* 23, 101859.

Bi, W. -X., He, J. -W., Chen, C. -C., Kundrata, R. & Li, X. -Y. (2019) Sinopyrophorinae, a new subfamily of Elateridae (Coleoptera, Elateroidea) with the first record of a luminous click beetle in Asia and evidence for multiple origins of bioluminescence in Elateridae. *ZooKeys* 864, 79-97.

Bitler, B. & McElroy, W. D. (1957) The preparation and properties of crystalline firefly luciferin. *Arch Biochem Biophys* 72, 358-368.

Blick, F. (2017) Flashing flowers and Wordsworth's "Daffodis." *The Wordsworth Circle* 48, 110-115.

Bogatov, V. V., Zhukov, E. P. & Lebedev, Yu. M. (1981) The luminescence of freshwater Oligochaeta. *Hydrobiol J* 16, 50-51.

Bowmaker, J. K., Govardovskii, V. I., Shukolyukov, S. A., Zueva, L. V., Hunt, D. M., Sideleva, V. G. & Smirnova, O. G. (1994) Visual pigments and the photic environment: cottoid fish of Lake Baikal. *Vision Res* 34, 591-605.

Bracken-Grissom, H. D., DeLeo, D. M., Porter, M. L., Iwanicki, T., Sickles, J. & Frank, T. M. (2020) Light organ photosensitivity in deep-sea shrimp may suggest a novel role in counterillumination. *Sci Rep* 10, 4485.

Branham, M. A. (2010) Lampyridae Latreille, 1817. *In*: Handbook of Zoology, Vol. IV, Arthropoda: Insecta, Teilband 39, Coleoptera, Beetles. Vol. 2: Morphology and Systematics (Leschen, R. A. B., Beutel, R. G. & Lawrence, J. F., Eds.), pp. 141-149. Walter de Gruyter.

Brauer, A. (1902) Diagnosen von neuen Tiefseefischen, welche von der Valdivia-Expedition gasammelt sind. *Zool Anz* 25, 277-298.

Brinton, E. (1962) The distribution of pacific euphausiids. *Bull Scripps Inst Oceanograph Univ California* 8, 21-270.

Brinton, E. (1987) A new abyssal euphausiid, *Thysanopoda minyops*, with comparisons of eye size, photophores, and associated structures among deep-living species. *J Crustacean Biol* 7, 636-666.

Briscoe, A. D. & Chittka, L. (2001) The evolution of color vision in insects. *Annu Rev Entomol* 46, 471-510.

Burakova, L. P., Markova, S. V., Golz, S. Frank, L. A. & Vysotski, E. S. (2006) The isospecies of Ca^{2+}-regulated photoprotein bolinopsin from *Bolinopsis infundibulum*. *Luminescence* 21, 273 (Abstract of the 14th International Symposium on Bioluminescence and Chemiluminescence).

Burkenroad, M. D. (1943) A possible function of bioluminescence. *J Mar Res* 5, 161-164.

Bush, V., Conant, J. B. & Harrison, G. R. (1946) Camouflage of Sea-Search Aircraft. *In*: Visibility studies and some applications in the field of camouflage. Summary Technical Report of Division 16, NDRC Vol. 2. pp. 225-241, National Defence Research Committee, Washington D. C.

Buskey, E. J. & Stearns, D. E. (1991) The effects of starvation on bioluminescence potential and egg release of the copepod *Metridia longa*. *J Plankton Res* 13, 885-893.

Campbell, A. K. & Herring, P. J. (1987) A novel red fluorescent protein from the deep sea luminous fish *Malacosteus niger*. *Comp Biochem Physiol* 86B, 411–417.

Campbell, A. K. & Herring, P. J. (1990) Imidazopyrazine bioluminescence in copepods and other marine organisms. *Mar Biol* 104, 219–225.

Chadha, M. S., Eisner, T. & Meinwald, J. (1961) Defence mechanisms of arthropods — IV; *para*-benzoquinones in the secretion of *Eleodes longicollis* Lec. (Coleoptera: Tenebrionidae). *J Insect Physiol* 7, 46–50.

Claes, J. M. & Mallefet, J. (2009) Ontogeny of photophore pattern in the velvet belly lantern shark, *Etmopterus spinax*. *Zoology* 112, 433–441.

Claes, J. M. & Mallefet, J. (2010) Functional physiology of lantern shark (*Etmopterus spinax*) luminescent pattern: differential hormonal regulation of luminous zones. *J Exp Biol* 213, 1852–1858.

Clarke, L. J., Trebilco, R., Walters, A., Polanowski, A. M. & Deagle, B. E. (2018) DNA-based diet analysis of mesopelagic fish from the southern Kerguelen Axis. *Deep-Sea Res. II.* pp. 1–23. Pergamon-Elsevier Science.

Cohen, A. C. & Morin, J. G. (1993) The cypridinid copulatory limb and a new genus *Kornickeria* (Ostracoda: Myodocopida) with four new species of bioluminescent ostracods from the Caribbean. *Zool J Linn Soc* 108, 23–84.

Cohen, A. C. & Morin, J. G. (2010) Two new bioluminescent ostracode genera, *Enewton* and *Photeros* (Myodocopida: Cypridinidae), with three new species from Jamaica. *J Crustacean Biol* 30, 1–55.

Copeland, J. & Daston, M. M. (1993) Adult and juvenile flashes in the terrestrial snail *Dyakia striata*. *Malacologia* 35, 1–7.

Cormier, M. J., Crane, J. M. & Nakano, Y. (1967) Evidence for the identity of the luminescent systems of *Porichthys porosissimus* (fish) and *Cypridina hilgendorfii* (crustacean). *Biochem Biophys Res Commun* 29, 747–752.

Cormier, M. J., Hori, K. & Karkhanis, D. (1970) Studies on the bioluminescence of *Renilla reniformis*. VII. Conversion of luciferin into luciferyl sulfate by luciferin sulfokinase. *Biochemistry* 9, 1184-1189.

Cormier, M. J. (1978) Comparative biochemistry of animal systems. *In*: Bioluminescence in Action (Herring, P. J., Ed.), pp. 75–108. Academic Press.

Cortés-Pérez, A., Desjardin, D. E., Perry, B. A., Ramirez-Cruz, V., Ramírez-Guillén, F., Villalobos-Arámbula, A. R. & Rockefeller, A. (2019) New species and records of bioluminescent *Mycena* from Mexico. *Mycologia* 111, 319–338.

Costa, C., Lawrence, J. F. & Rosa, S. P. (2010) Elateridae Leach, 1815. *In*: Handbook of Zoology, Vol. IV, Arthropoda: Insecta, Teilband 39, Coleoptera, Beetles. Vol. 2: Morphology and Systematics (Leschen, R. A. B., Beutel, R. G. & Lawrence, J. F., Eds.), pp. 75–103. Walter de Gruyter.

Costa, C. & Zaragoza-Caballero, S. (2010) Phengodidae LeConte, 1861. *In*: Handbook of Zoology, Vol. IV, Arthropoda: Insecta, Teilband 39, Coleoptera, Beetles. Vol. 2: Morphology and Systematics (Leschen, R. A. B., Beutel, R. G. & Lawrence, J. F., Eds.), pp. 126–135. Walter de Gruyter.

Cross, W. (1959) Challengers of the Deep. William Sloane Associates.

Crowson, R. A. (1972) A review of the classification of Cantharoidea (Coleoptera), with the definition of two new families, Cneoglossidae and Omethidae. *Revista Univ Madrid* 21, 35–77.

Dahlgren, U. (1916) Production of light by animals. *J Franklin Inst* 181, 525–556.

Davis, M. P., Holcroft, N. I., Wiley, E. O., Sparks, J. S. & Smith, W. L. (2014) Species-specific bioluminescence facilitates speciation in the deep sea. *Mar Biol* 161, 1139-1148.

Davis, M. P., Sparkes, J. S. & Leo Smith, W. (2016) Repeated and widespread evolution of bioluminescence in marine fishes. *PLOS ONE* 11, e0155154.

De Cock, R. (2004) Larval and adult emission spectra of bioluminescence in three European firefly species. *Photochem Photobiol* 79, 339–342.

Deheyn, D., Mallefet, M. & Jangoux, M. (2000) Evidence of seasonal variation in bioluminescence of *Amphipholis squamata* (Ophiuroidea, Echinodermata): effects of environmental factors. *J Exp Mar Biol Ecol* 245, 245-264.

Delroisse, J., Ullrich-Lüter, E., Blaue, S., Ortega-Martinez, O., Eeckhaut, I., Flammang, P. & Mallefet, J. (2017) A puzzling homology: A brittle star using a putative cnidarian-type luciferase for bioluminescence. *Open Biol* 7, 160300.

Delroisse, J., Duchatelet, L., Flammang, P. & Mallefet, J. (2018) *De novo* transcriptome analyses provide insights into opsin-based photoreception in the lanternshark *Etmopterus spinax*. *PLOS ONE* 13, e0209767.

DeLuca, M. & McElroy, W. D., Eds. (1981) Bioluminescence and Chemiluminescence. Academic Press.

Desjardin, D. E., Oliveira, A. G. & Stevani, C. V. (2008) Fungi bioluminescence revisited. *Photochem Photobiol Sci* 7, 170-182.

Dettner, K. & Beran, A. (2000) Chemical defense of the fetid smelling click beetle *Agrypnus murinus* (Coleoptera: Elateridae). *Entomol Gener* 25, 27-32.

Diamond, J. (1985) Filter-feeding on a grand scale. *Nature* 316, 679-680.

Dobzhansky, T. (1973) Nothing in biology makes sense except in the light of evolution. *Am Biol Teacher* 35, 125-129.

Dubois, R. (1885) Fonction photogénique des Pyrophores. *Comptes rendus hebdomadaires des séances et mémoires de la Société de biologie Seires 8* 2, 559-562.

Dubois, R. (1886) Les Élatérides lumineux: contribution a l'étude de la production de la lumière par les êtres vivants. Imprimerie de la Société de France.

Dubois, R. (1887a) Note sur la fonction photogénique chez les Pholades. *Comptes rendus hebdomadaires des séances et mémoires de la Société de biologie Seires 8* 4, 564-568.

Dubois, R. (1887b) De la fonction photogénique chez le *Pholas dactylus*. *Comptes rendus hebdomadaires des séances de l'Académie des sciences* 105, 690-692.

Dubois, R. (1914) La Vie et la Lumière. Librairie Félix Alcan.

Dubuisson, M., Marchand, C. & Rees, J. F. (2004) Firefly luciferin as antioxidant and light emitter: the evolution of insect bioluminescence. *Luminescence* 19, 339-344.

Duchatelet, L., Hermans, C., Duhamel, G., Cherel, Y., Guinet, C. & Mallefet, J. (2019) Coelenterazine detection in five myctophid species from the Kerguelen Plateau. *In*: Proceedings of the Second Kerguelen Plateau Symposium: Marine Ecosystem and Fisheries (Welsford, D., Dell, J. & Duhamel, G., Eds.), pp. 31-41., Australian Antarctic Division.

Dunlap, J. C., Hastings, J. W. & Shimomura, O. (1981) Dinoflagellate luciferin is structurally related to chlorophyll. *FEBS Lett* 135, 273-276.

Dunlap, P. V. & Urbanczyk, H. (2013) Luminous Bacteria. *In*: The Prokaryotes - Prokaryotic Physiology and Biochemistry (Rosenberg, E., DeLong, E. F., Stackebrandt, E., Lory, S. & Thompson, F., Eds.), pp. 495-528, Springer-Verlag.

Dunlap, P. (2014) Biochemistry and genetics of bacterial bioluminescence. *In*: Bioluminescence: Fundamentals and Applications in Biotechnology, Volume 1, Advances in Biochemical Engineering/Biotechnology 144 (Thouand, G. & Marks, R., Eds.), pp. 37-64. Springer-Verlag.

Edwards, A. S. & Herring, P. J. (1977) Observations on the comparative morphology and operation of the photogenic tissues of myctophid fishes. *Mar Biol* 41, 59-70.

Eisner, T., Wiemer, D. F., Haynes, L. W. & Meinwald, J. (1978) Lucibufagins: defensive steroids from the fireflies *Photinus ignitus* and *P. marginellus* (Coleoptera: Lampyridae). *Proc Natl Acad Sci USA* 75, 905-908.

Eizirik, E., Yuhki, N., Johnson, W. E., Menotti-Raymond, M., Hannah, S. S. & O'Brien, S. J. (2003) Molecular genetics and evolution of melanism in the cat family. *Curr Biol* 13, 448-453.

Ellis, E. A. & Oakley, T. H. (2016) High rates of species accumulation in animals with bioluminescent courtship displays. *Curr Biol* 26, 1916–1921.

Endler, J. A. (1992) Signals, signal conditions, and the direction of evolution. *Am Nat* 139, S125–S153.

Eyun, S. (2017) Phylogenomic analysis of Copepoda (Arthropoda, Crustacea) reveals unexpected similarities with earlier proposed morphological phylogenies. *BMC Evol Biol* 17, 23.

Fagan, T. F., Ohmiya, Y., Blinks, J. R., Inouye, S. & Tsuji, F. I. (1993) Cloning, expression and sequence analysis of cDNA for the Ca^{2+}-binding photoprotein, mitrocomin. *FEBS Lett* 333, 301–305.

Falaschi, R. L., Amaral, D. T., Santos, I., Domingos, A. H. R., Johnson, G. A., Martins, A. G. S., Viroomal, I. B., Pompeia, S. L., Mirza, J. D., Oliveira, A. G., Bechara, E. J. H., Viviani, V. R. & Stevani, C. V. (2019) *Neoceroplatus betaryiensis* nov. sp. (Diptera: Keroplatidae) is the first record of a bioluminescent fungus-gnat in South America. *Sci Rep* 9, 11291.

Fallon, T. R., Li, F. -S., Vicent, M. A. & Weng, J. -K. (2016) Sulfoluciferin is biosynthesized by a specialized luciferin sulfotransferase in fireflies. *Biochemistry* 55, 3341–3344.

Fallon, T. R., Lower, S. E., Chang, C. -H., Bessho-Uehara, M., Martin, G. J., Bewick, A. J., Behringer, M., Debat, H. J., Wong, I., Day, J. C., Suvorov, A., Silva, C. J., Stanger-Hall, K. F., Hall, D. W., Schmitz, R. J., Nelson, D. R., Lewis, S., Shigenobu, S., Bybee, S. M., Larracuente, A. M., Oba, Y. & Weng, J. -K. (2018) Firefly genomes illuminate parallel origins of bioluminescence in beetles. *eLife* 7, e36495.

Faust, L. F. (2017) Fireflies, Glow-worms, and Lightning Bugs. Univ. Georgia Press.

Felder, D. L. (1982) A report of the ostracode *Vargula harveyi* Kornicker & King, 1965 (Myodocopida, Cypridinidae) in the Southern Bahamas and its implication in luminescence of a ghost crab, *Ocypode quadrata*. *Crustaceana* 42, 222–224.

Fensome, R. A., Saldarriaga, J. F. & Taylor F. J. R. (1999) Dinoflagellate phylogeny revisited: reconciling morphological and molecular based phylogenies. *Grana* 38, 66–80.

Ferguson, B. A., Dreisbach, T. A., Parks, C. G., Filip, G. M. & Schmitt, C. L. (2003) Coarse-scale population structure of pathogenic *Armillaria* species in a mixed-conifer forest in the Blue Mountains of northeast Oregon. *Can J Forest Res* 33, 612–623.

Fishelson, L., Gon, O., Goren, M., Ben-David-Zaslow, R. (2005) The oral cavity and bioluminescent organs of the cardinal fish species *Siphamia permutata* and *S. cephalotes* (Perciformes, Apogonidae). *Mar Biol* 147, 603–609.

Fleisher, K. J. & Case, J. F. (1995) Cephalopod predation facilitated by dinoflagellate luminescence. *Biol Bull* 189, 263–271.

Fontes, R., Ortiz, B., de Diego, A., Sillero, A. & Günther Sillero, M. A. (1998) Dehydroluciferyl-AMP is the main intermediate in the luciferin dependent synthesis fo Ap_4A catalyzed by firefly luciferase. *FEBS Lett* 438, 190–194.

Fortey, R. A. & Owens, R. M. (1987) The Arenig Series in South Wales: Stratigraphy and Palaeontology I. The Arenig Series in South Wales. *Bull British Mus (Nat Hist) Geology* 41, 69–307.

Fourrage, C., Swann, K., J. R. G. Garcia, Campbell, A. K. & Houliston, E. (2014) An endogenous green fluorescent protein-photoprotein pair in *Clytia hemisphaerica* eggs shows co-targeting to mitochondria and efficient bioluminescence energy transfer. *Open Biol* 4, 130206.

Francis, W. R., Shaner, N. C., Christianson, L. M., Powers, M. L. & Haddock, S. H. D. (2015) Occurrence of isopenicillin-N-synthase homologs in bioluminescent ctenophores and implications for coelenterazine biosynthesis. *PLOS ONE* 10, e0128742.

Francis, W. R., Christianson, L. M. & Haddock, S. H. D. (2017) Symplectin evolved from multiple duplications in bioluminescent squid. *PeerJ* 5, e3633.

Frank, T. M., Widder, E. A., Latz, M. I. & Case, J. F. (1984) Dietary maintenance of bioluminescence in a deep-sea mysid. *J Exp Biol* 109, 385–389.

Freed, L. L., Easson, C., Baker, L. J., Fenolio, D., Sutton, T. T., Khan, Y., Blackwelder, P., Hendry, T.

A. & Lopez, J. V. (2019) Characterization of the microbiome and bioluminescent symbionts across life stages of ceratioid anglerfishes of the Gulf of Mexico. *FEMS Microbiol Ecol* 95, fiz146.

Fu, X. H. & Ballantyne, L. (2008) Taxomony and behabiour of lucioline fireflies (Coleoptera: Lampyridae: Luciolinae) with redefinition and new species of *Pygoluciola* Wittmer from mainland China and review of *Luciola* LaPorte. *Zootaxa* 1733, 1–44.

Fujii, T., Ahn, J. -Y., Kuse, M., Mori, H., Matsuda, T. & Isobe, M. (2002) A novel photoprotein from oceanic squid (*Symplectoteuthis oualaniensis*) with sequence similarity to mammalian carbon-nitrogen hydrolase domains. *Biochem Biophys Res Commun* 293, 874–879.

Galeazzo, G. A., Mirza, J. D., Dorr, F. A., Pinto, E., Stevani, C. V., Lohrmann, K. B. & Oliveira, A. G. (2019) Charactering the bioluminescence of the Humboldt squid, *Dosidicus gigas* (d'Orbigny, 1835): One of the largest luminescent animals in the world. *Photochem Photobiol* 95, 1179–1185.

Galt, C. P. & Flood, P. R. (1998) Bioluminescence in the Appendicularia. *In*: The Biology of Pelagic Tunicates (Bone, Q. Ed.), pp. 215–229. Oxford Univ. Press.

Gan, H. H., Perlow, R. A., Roy, S., Ko, J., Wu, M., Huang, J., Yan, S., Nicoletta, A., Vafai, J., Sun, D., Wang, L., Noah, J. E., Pasquali, S. & Schlick, T. (2002) Analysis of protein sequence/structure similarity relationships. *Biophys J* 83, 2781–2791.

Gaskill, M. (2011) End of an era for research subs. *Nature* Doi: 10.1038/news.2011.488.

Ghiradella, H. & Schmidt, J. T. (2004) Fireflies at one hundred plus: a new look at flash control. *Integr Comp Biol* 44, 203–212.

Gimenez, G., Metcalf, P., Paterson, N. G. & Sharpe, M. L. (2016) Mass spectrometry analysis and transcriptome sequencing reveal glowing squid crystal proteins are in the same superfamily as firefly luciferase. *Sci Rep* 6, 27638.

Glime, J. M. (2017) Light: Reflection and Fluorescence. *In*: Bryophyte Ecology Volume 1. Physiological Ecology. Ebook by Michigan Technology University (Updated 11 Nov, 2017).

González, A., Schroeder, F., Meinwald, J. & Eisner, T. (1999) *N*-Methylquinolium 2-carboxylate, a defensive betaine from *Photuris versicolor* fireflies. *J Nat Prod* 62, 378–380.

Gouveneaux, A., Gielen, M. -C. & Mallefet, J. (2018) Behavioural responses of the yellow emitting annelid *Tomopteris helgolandica* to photi stimuli. *Luminescence* 2018, 1–10.

Grimaldi, D. & Engel, M. S. (2005) Evolution of the Insects. Cambridge Univ. Press.

Grober, M. S. (1988) Brittle-star bioluminescence functions as an aposematic signal to deter crustacean predators. *Anim Behav* 36, 493–501.

Haddock, S. H. D. & Case, J. F. (1994) A bioluminescent chaetognath. *Nature* 367, 225–226.

Haddock, S. H. D. & Case, J. F. (1995) Not all Ctenophore are bioluminescent: *Pleurobrachia*. *Biol Bull* 189, 356–362.

Haddock, S. H. D., Rivers, T. J. & Robison, B. H. (2001) Can coelenterates make coelenterazine? Dietary requirement for luciferin in cnidarian bioluminescence. *Proc Natl Acad Sci USA* 98, 11148–11151.

Haddock, S. H. D., Dunn, C. W., Pugh, P. R. & Schnitzler, C. E. (2005) Bioluminescent and red-fluorescent lures in a deep-sea siphonophore. *Science* 309, 263.

Haddock, S. H. D., Moline, M. A. & Case, J. F. (2010) Bioluminescence in the sea. *Annu Rev Mar Sci* 2, 443–493.

Haddock, S. H. D., Mastroianni, N. & Christianson, L. M. (2015) A photoactivatable green-fluorescent protein from the phylum Ctenophora (retraction). *Proc R Soc B* 282, 20151055.

Hall, M. P., Unch, J., Binkowski, B. F., Valley, M. P. Butler, B. L., Wood, M. G., Otto, P., Zimmerman, K., Vidugiris, G., Machleidt, T., Robers, M. B., Benink, H. A., Eggers, C. T., Slater, M. R., Meisenheimer, P. L., Klaubert, D. H., Fan, F., Encell, L. P. & Wood, K. V. (2012) Engineered luciferase reporter from a deep sea shrimp utilizing a novel imidazopyrazinone substrate.

ACS Chem Biol 16, 1848-1857.

Haneda, Y., Johnson, F. H. & Sie, E. H. -C. (1958) Luciferin and luciferase extracts of a fish, *Apogon marginatus*, and their luminescent cross-reactions with those of a crustacean, *Cypridina hilgendorfii*. *Biol Bull* 115, 336.

Haneda, Y. & Johnson, F. H. (1962) The photogenic organs of *Parapriacanthus beryciformes* Franz and other fish with the indirect type of luminescent system. *J Morphol* 110, 187-198.

Haneda, Y., Johnson, F. H. & Shimomura, O. (1966) The origin of luciferin in the luminous ducts of *Parapriacanthus ransonneti, Pempheris klunzingeri*, and *Apogon ellioti*. *In*: Bioluminescence in Progress (Johnson, F. H. & Haneda, Y., Eds.), pp. 533-545, Princeton Univ. Press.

Haneda, Y., Tsuji, F. I. & Sugiyama, N. (1969) Newly observed luminescence in apogonid fishes from the Philippines. *Sci Rep Yokosuka City Mus* 15, 1-9 + 2 plts.

Hansen, K. & Herring, P. J. (1977) Dual bioluminescent systems in the anglerfish genus *Linophryne* (Pisces: Ceratioidea). *J Zool Lond* 182, 103-124.

Happ, G. M. (1968) Quinone and hydrocarbon production in the defensive glands of *Eleodes longicollis* and *Tribolium castaneum* (Coleoptera, Tenebrionidae). *J Insect Physiol* 14, 1821-1837.

Harvey, E. N. (1916a) The light-producing substances, photogenin and photophelein, of luminous animals. *Science* 44, 652-654.

Harvey, E. N. (1916b) Report on the chemistry and physiology of some luminous animals of Japan. *In*: Carnegie Institution of Washington Year Book No. 15. pp. 204-207, Carnegie Institution.

Harvey, E. N. (1920a) The Nature of Animal Light. J. B. Lippincott Co.

Harvey, E. N. (1920b) Is the luminescence of *Cypridina* an oxidation? *Am J Physiol* 51, 580-587.

Harvey, E. N. (1929) Phosphorescence. The Encyclopædia Britannica 14th edition, Vol. 17, The Encyclopædia Britannica Co. Ltd.

Harvey, E. N. (1952) Bioluminescence. Academic Press.

Harvey, E. N. & Tsuji, F. I. (1954) Luminescence of Cypridina luciferin without luciferase together with an appraisal of the term luciferin. *J Cell Comp Physiol* 44, 63-76.

Harvey, E. N. (1957) A History of Luminescence: From the Earliest Times Until 1900. American Philosophical Society.

Hastings, J. W. (1983) Biological diversity, chemical mechanisms, and the evolutionary origins of bioluminescent systems. *J Mol Evol* 19, 309-321.

Hastings, J. W. & Johnson, C. H. (2003) Bioluminescence and chemiluminescence. *Methods Enzymol* 360, 75-104.

Hauser, F., Waadt, R. & Schroeder, J. I. (2011) Evolution of abscisic acid synthesis and signaling mechanisms. *Curr Biol* 21, R346-R355.

Hawes, J. (1991) Fireflies in the Night. HarperCollins Pub.

Haygood, M. G. (1993) Light organ symbioses in fishes. *Crit Rev Microbiol* 19, 191-216.

Hendry, T. A., de Wet, J. R. & Dunlap, P. V. (2014) Genomic signatures of obligate host dependence in the luminous bacterial symbiont of a vertebrate. *Environ Microbiol* 16, 2611-2622.

Hendry, T. A., Freed, L. L., Fader, D., Fenolio, D., Sutton, T. T. & Lopez, J. V. (2018) Ongoing transposon-mediated genome reduction in the luminous bacterial symbionts of deep-sea ceratioid anglerfishes. *mBio* 9, e01033-18.

Herring, P. J. (1976) Bioluminescence in decapod Crustacea. *J Mar Biol Ass UK* 56, 1029-1047.

Herring, P. J. (1982) Aspects of the bioluminescence of fishes. *Oceanogr. Mar Biol Rev* 20, 415-470.

Herring, P. J. (1983) The spectral characteristics of luminous marine organisms. *Proc R Soc Lond B* 220, 183-217.

Herring, P. J. (1987) Systematic distribution of bioluminescence in living organisms. *J Biolumin Chemilumin* 1, 147-163.

Herring, P. J. (1988) Copepod luminescence. *In*: Biology of Copepods (Boxshall, G. A. & Schminke,

H. K., Eds.), *Hydrobiologia* 167/168, pp. 183–195, Kluwer Acad. Pub.

Herring, P. J. & Widder, E. A. (2004) Bioluminescence of deep-sea coronate medusa (Cnidaria: Scyphozoa). *Mar Biol* 146, 39–51.

Herring, P. J. (2007) Sex with the lights on? A review of bioluminescent sexual dimorphism in the sea. *J Mar Biol Ass UK* 87, 829–842.

Holder, C. F. (1887) Living Lights: A popular account of phosphorescent animals and vegetables. Charles Scribner's Sons.

Honebrink, R., Buch, R., Galpin, P. & Burgess, G. H. (2011) First documented attack on a live human by a cookiecutter shark (Squaliformes, Dalitiidae: *Isistius* sp.). *Pacific Sci* 65, 365–374.

Hosken, D. J. (2007) Sexual selection: signals to die for. *Curr. Biol.* 17, R853–R855.

Huang, R., O'Donnell, A. J., Barboline, J. J. & Barkman, T. J. (2006) Convergent evolution of caffeine in plants by co-option of exapted ancestral enzymes. *Proc Natl Acad Sci USA* 113, 10613–10618.

Illarionov, B. A., Bondar, V. S., Illarionova, V. A. & Vysotski, E. S. (1995) Sequence of the cDNA encoding the Ca^{2+}-activated photoprotein obelin from the hydroid polyp *Obelia longissima*. *Gene* 153, 273–274.

Illarionov, B. A., Frank, L. A., Illarionova, V. A., Bondar, V. S., Vysotski, E. S. & Blinks, J. R. (2000) Recombinant obelin: cloning and expression of cDNA, purification and characterization as a calcium indicator. *Methods Enzymol* 305, 223–249.

Inoue, S. & Kakoi, H. (1976) *Oplophorus* luciferin, bioluminescent substance of the decapod shirimps, *Oplophorus spinosus* and *Heterocarpus laevigatus*. *J C S Chem Commun* 1056–1057.

Inoue, S., Kakoi, H. & Goto, T. (1976) Squid bioluminescence III. Isolation and structure of *Watasenia* luciferin. *Tetrahedron Lett* 36, 2971–2974.

Inouye, S., Noguchi, M., Sakaki, Y., Takagi, Y., Miyata, T., Iwanaga, S., Miyata, T. & Tsuji, F. I. (1985) Cloning and sequence analysis of cDNA for the luminescent protein aequorin. *Proc Natl Acad Sci USA* 82, 3154–3158.

Inouye, S. & Tsuji, F. I. (1993) Cloning and sequence analysis of cDNA for the Ca^{2+}-activated photoprotein, clitin. *FEBS Lett* 315, 343–346.

Inouye, S., Watanabe, K., Nakamura, H. & Shimomura, O. (2000) Secretional luciferase of the luminous shrimp *Oplophorus gracilirostris*: cDNA cloning of a novel imidazopyrazinone luciferase. *FEBS Lett* 481, 19–25.

Inouye, S. (2007) Expression, purification and characterization of calcium-triggered luciferin-binding protein of *Renilla reniformis*. *Protein Expr Purif* 52, 66–73.

Inouye, S., Sahara-Miura, Y., Nakamura, M. & Hosoya, T. (2020) Expression, purification, and characterization of recombinant apoPholasin. *Protein Expr Purif* 171, 105615.

Ishitani, Y., Ujiié, Y., de Vargas, C., Not, F. & Takahashi, K. (2012) Phylogenetic relationships and evolutionary patterns of the order Collodaria (Radiolaria). *PLOS ONE* 7, e35775.

Jarman, S. N. (2001) The evolutionary history of krill inferred from nuclear large subunit rDNA sequence analysis. *Biol J Linn Soc* 73, 199–212.

Jeng, M. -L., Lai, J. & Yang, P. -S. (2003) Lampyridae: A synopsis of aquatic fireflies with description of a new species. *In*: Water Beetles of China, Vol. III, Zoologisch-Botanische Gesellschaft in Österreich (Jäch, M. A. & Ji, L., Eds.), pp. 539–562, Wiener Coleopterologenverein.

Jerlov, N. G. (1976) Marine Optics. Elsevier Scientific.

Jin, S. & Sato, N. (2003) Benzoquinone, the substance essential for antibacterial activity in aqueous extracts from succulent young shoots of the pear *Pyrus* spp. *Phytochemistry* 62, 101–107.

Johnsen, S., Frank, T. M., Haddock, S. H. D., Widder, E. A. & Messing C. G. (2012) Light and vision in the deep-sea benthos: I. Bioluminescence at 500–1000 m depth in the Bahamian Islands. *J Exp Biol* 215, 3335–3343.

Johnson, F. H., Sugiyama, N., Shimomura, O., Saiga, Y. & Haneda, Y. (1961) Crystalline luciferin from a luminescent fish, *Parapriacanthus beryciformes*. *Proc Natl Acad Sci USA* 47, 486-489.

Johnson, F. H. (1967) Edmund Newton Harvey 1887-1959. *Biographical Memoir of National Academy of Sciences* 39, 193-266.

Johnson, F. H. (1988) Luminescence, Narcosis, and Life in the Deep Sea. Vantage Press.

Johnson, M. E. M. (1917) On the biology of *Panus stypticus*. *Trans British Mycol Soc* 6, 348-352 + 1 plt.

Jones, A. & Mallefet, J. (2013) Why do brittle stars emit light? Behavioural and evolutionary approaches of bioluminescence. *Cah Biol Mar* 54, 729-734.

Kanie, S., Nishikawa, T., Ojika, M. & Oba, Y. (2016) One-pot non-enzymatic formation of firefly luciferin in a neutral buffer from *p*-benzoquinone and cysteine. *Sci Rep* 6, 24794.

Karplus, I. (2014) Symbiosis in Fishes: The Biology of Interspecific Partnerships. Wiley-Blackwell.

Kato, S., Oba, Y., Ojika, M. & Inouye, S. (2004) Identification of the biosynthetic units of Cypridina luciferin in *Cypridina* (*Vargula*) *hilgendorfii* by LC/ESI-TOF-MS. *Tetrahedron* 60, 11427-11434.

Kato, S., Oba, Y., Ojika, M. & Inouye, S. (2007) Biosynthesis of Cypridina luciferin in *Cypridina noctiluca*. *Heterocycles* 72, 673-676.

Kawashima, I., Lawrence, J. F. & Branham, M. A. (2010) Rhagophthalmidae Olivier, 1907. *In*: Handbook of Zoology, Vol. IV, Arthropoda: Insecta, Teilband 39, Coleoptera, Beetles. Vol. 2: Morphology and Systematics (Leschen, R. A. B., Beutel, R. G. & Lawrence, J. F., Eds.), pp. 135-140. Walter de Gruyter.

Kazantsev, S. V. (2015) *Protoluciola albertalleni* gen.n., sp.n., a new Luciolinae firefly (Insecta: Coleoptera: Lampyridae) from Burmite amber. *Russian Entomol J* 24, 281-283.

Ke, H. -M., Lee, H. -H., Lin, C. -Y. I., Liu, Y. -C., Lu, M. R., Hsieh, J. -W. A., Chang, C. -C., Wu, P. -H., Lu, M. J., Li, J. -Y., Shang, G., Lu, R. J. -H., Nagy, L. G., Chen, P. -Y., Kao, H. -W. & Tsai, I. J. (2020) *Mycena* genomes resolve the evolution of fungal bioluminescence. *Proc Natl Aead Sci USA* 117, 31267-31277.

Kenaley, C. P. (2010) Comparative innervation of cephalic photophores of the loosejaw dragonfishes (Teleostei: Stomiiformes: Stomiidae): evidence for parallel evolution of long-wave bioluminescence. *J Morphol* 271, 418-437.

Khakhar, A., Starker, C. G., Chamness, J. C., Lee, N., Stokke, S., Wang, C., Swanson, R., Rizvi, F., Imaizumi, T. & Voytas D. F. (2020) Building customizable auto-luminescent luciferase-based reporters in plants. *eLife* 9, e52786.

Kim, J. -J., Lee, Y., Kim, H. G., Choi, K. -J., Kweon, H. -S., Park, S. & Jeong, K. -H. (2012) Biologically inspired LED lens from cuticular nanostructures of firefly lantern. *Proc Natl Acad Sci USA* 109, 18674-18678.

Kim, J. -J., Lee, J., Yang, S. -P., Kim, H. -G., Kweon, H. -S., Yoo, S. & Jeong, K. -H. (2016) Biologically inspired organic light-emitting diodes. *Nano Lett* 16, 2994-3000.

Kin, I., Jimi, N. & Oba, Y. (2019) Bioluminescence properties of *Thelepus japonicus* (Annelida: Terebelliformia). *Luminescence* 34, 602-606.

Kin, I. & Oba, Y. (2020) Bioluminescent properties of *Mesochaetopterus japonicus* (Polychaeta: Chaetopteridae) with comparison to *Chaetopterus*. *Plankton Benthos Res* 15, 228-231.

Kin, I., Jimi, N. & Oba, Y. (2021) Bioluminescence of the polychaete *Tharyx* sp. (Annelida: Cirratulidae) in the deep-ocean water from Toyama Bay, Japan. *Plankton Benthos Res* (*in press*).

Kishi, Y., Goto, T., Inoue, S., Sugiura, S. & Kishimoto, H. (1966) Cypridina bioluminescence III. Total synthesis of *Cypridina* luciferin. *Tetrahedron Lett* 7, 3445-3450.

Kishi, Y., Matsuura, S., Inoue, S., Shimomura, O. & Goto, T. (1968) Luciferin and luciopterin isolated from the Japanese firefly, *Luciola cruciata*. *Tetrahedron Lett* 9, 2847-2850.

Knight, C. M., Gutzke, W. H. N. & Quesnel, V. C. (2004) Shedding light on the luminous lizard

(*Proctoporus shrevei*) of Trinidad: a brief natural history. *Caribb J Sci* 40, 422-426.

Knight, M., Glor, R., Smedley, S. R., González, A., Adler, K. & Eisner, T. (1999) Firefly toxicosis in lizards. *J Chem Ecol* 25, 1981-1986.

Kotlobay, A. A., Sarkisyan, K. S., Mokrushina, Y. A., Marcet-Houben, M., Serebrovskaya, E. O., Markina, N. M., Somermeyer, L. G., Gorokhovatsky, A. Y., Vvedensky, A., Purtov, K. V., Petushkov, V. N., Rodionova, N. S., Chepurnyh, T. V., Fakhranurova, L. I., Guglya, E. B., Ziganshin, R., Tsarkova, A. S., Kaskova, Z. M., Shender, V., Abakumov, M., Abakumova, T. O., Povolotskaya, I. S., Eroshkin, F. M., Zaraisky, A. G., Mishin, A. S. Dolgov, S. V., Mitiouchkina, T. Y., Kopantzev, E. P., Waldenmaier, H. E., Oliveira, A. G., Oba, Y., Barsova, E., Bogdanova, E. A., Gabaldón, T., Stevani, C. V., Lukyanov, S., Smirnov, I. V., Gitelson, J. I., Kondrashov, F. A. & Yampolsky, I. V. (2018) Genetically encodable bioluminescent system from fungi. *Proc Natl Acad Sci USA* 115, 12728-12732.

Krönström, J., Dupont, S., Mallefet, J., Thorndyke, M. & Holmgren, S. (2007) Serotonin and nitric oxide interaction in the control of bioluminescence in northern krill, *Meganyctiphanes norvegica* (M. Sars). *J Exp Biol* 209, 3179-3187.

Krönström, J. & Mallefet, J. (2010) Evidence for a widespread involvement of NO in control of photogenesis in bioluminescent fish. *Acta Zoologica Stockholm* 91, 474-483.

Kubota, S. (2012) Green fluorescence protein (GFP) firstly detected in an immature medusa of *Nausithoe* sp. from Japan. *Kuroshio Biosphere* 8, 17-18 + 1plt.

Kubota, S. & Minemizu, R. (2014) Green fluorescence protein (GFP) detected in a medusa of *Atorella vanhoefeni* (Cnidaria, Scyphozoa, Coronatae). *Kuroshio Biosphere* 10, 1-2 + 1 plt.

Kumar, S., Harrylock, M., Walsh, K. A., Cormier, M. J. & Charbonneau, H. (1990) Amino acid sequence of the Ca^{2+}-triggered luciferin binding protein of *Renilla reniformis*. *FEBS Lett* 268, 287-290.

Kuse, M., Kanakubo, A., Suwan, S., Koga, K., Isobe, M. & Shimomura, O. (2001) 7,8-Dihydropterin-6-carboxylic acid as light emitter of luminous millipede, *Luminodesmus sequoiae*. *Bioorg. Med Chem Lett* 11, 1037-1040.

Kusy, D., Motyka, M., Bocek, M., Vogler, A. P. & Bocak, L. (2018) Genome sequences identify three families of Coleoptera as morphologically derived click beetles (Elateridae). *Sci Rep* 8, 17084.

Kusy, D., He, J. -W., Bybee, S. M., Motyka, M., Bi, W. -X., Podsiadlowsky, L, Li, X. -Y. & Bocak, L. (2021) Phylogenomic relationships of bioluminescent elateroids define the 'lampyroid'clade with clicking Sinopyrophoridae as its earliest member. *Syst Entomol* 46, 111-123.

Lall, A. B., Seliger, H. H., Biggley, W. H. & Lloyd, J. E. (1980) Ecology of colors of firefly bioluminescence. *Science* 210, 560-562.

Latz, M. I. (1995) Physiological mechanisms in the control of bioluminescent countershading in a midwater shrimp. *Mar Fresh Behav Physiol* 26, 207-218.

Lau, E. S. & Oakley, T. H. (2021) Multi-level convergence of complex traits and the evolution of bioluminescence. *Biol Rev* 96, 673-691.

Leavell, B. C., Rubin, J., McClure, C. J. W., Miner, K. A., Branham, M. A. & Barber, J. R. (2018) Fireflies thwart bat attack with multisensory warning. *Sci Adv* 4, eaat6601.

Lembert, N. (1996) Firefly luciferase can use L-luciferin to produce light. *Biochem J* 317, 273-277.

Lhéritier, G. (1955) Observations sur le comportement de *Pelania mauritanica* L. (Col. Lampyridae). *Bull Soc Sci Nat Phys Maroc* 35, 223-233.

Li, Y. -D., Kundrata, R., Tihelka, E., Liu, Z., Huang, D. & Cai, C. (2021) Cretophengodidae, a new Cretaceous beetle family, sheds light on the evolution of bioluminescence. *Proc R Soc B* 288, 20202730.

Liberles, D. A. (Ed.) (2007) Ancestral Sequence Reconstruction. Oxford Univ. Press.

Lindström, J. L., Grebner, W., Rigby, K. & Selander, E. (2017) Effects of predator lipids on dinoflagellate defence mechanisms - increased bioluminescence capacity. *Sci Rep* 7, 13104.

Lloyd, J. E. (1973) A firefly inhabitant of coastal reefs in New Guinea (Coleoptera: Lampyridae). *Biotropica* 5, 168–174.

Lloyd, J. E. (1975) Aggressive mimicry in Photuris fireflies: Signal repertories by Femmes Fatales. *Science* 187, 452–453.

Lloyd, J. E. (1983) Bioluminescence and communication in insects. *Ann Rev Entomol* 28, 131–160.

Lloyd, J. E. (1984) Occurrence of aggressive mimicry in fireflies. *Florida Entomol* 67, 368–376.

Long, S. M., Lewis, S., Jean-Louis, L., Ramos, G., Richmond, J. & Jakob, E. M. (2012) Firefly flashing and jumping spider predation. *Anim Behav* 83, 81–86.

Machado, R. A. R., Wüthrich, D., Kuhnert, P., Arce, C. C. M., Thönen, L., Ruiz, C., Zhang, X., Robert, C. A. M., Karimi, J., Kamali, S., Ma, J., Bruggmann, R. & Erb, M. (2018) Whole-genome-based revisit of *Photorhabdus* phylogeny: proposal for the elevation of most *Photorhabdus* subspecies to the species level and description of one novel species *Photorhabdus bodei* sp. nov., and one novel subspecies *Photorhabdus laumondii* subsp. *clarkei* subsp. nov. *Int J Syst Evol Microbiol* 68, 2664–2681.

Majka, C. G. & MacIvor, J. S. (2009) The European lesser glow worm, *Phosphaenus hemipterus* (Goeze), in North America (Coleoptera, Lampyridae). *ZooKeys* 29, 35–47.

Makemson, J. C. (1986) Luciferase-dependent oxygen consumption by bioluminescent vibrios. *J Bacteriol* 165, 461–466.

Mallefet, J. & Shimomura, O. (1995) Presence of coelenterazine in mesopelagic fishes from the strait of Messina. *Mar Biol* 124, 381–385.

Mallefet, J. (2009) Echinoderm bioluminescence: Where, how and why do so many ophiuroids glow? *In*: Bioluminescence in Focus - A Collection of Illuminating Essays (Meyer-Rochow, V. B., Ed.), pp. 67–83, Research Signpost.

Mallefet, J., Parmentier, B. & Mulliez, X. (2013) Characterisation of *Amphiura filiformis* luciferase (Ophiuroidea, Echinodermata). *In*: Echinoderms in a Changing World. Proceedings on the 13th International Echinoderm Conference, Univ. Tasmania (Johnson, C. Ed.), p. 293, CRC Press.

Mallefet, J., Duchatelet, L. & Coubris, C. (2020) Bioluminescence induction in the ophiuroids *Amphiura filiformis* (Echinodermata). *J. Exp. Biol.* 223, jeb.218719.

Marcinko, C. L. J., Painter, S. C., Martin, A. P. & Allen, J. T. (2013) A review of the measurement and modelling of dinoflagellate bioluminescence. *Prog Oceanogr* 109, 117–129.

Markova, S. V., Burakova, L. P., Golz, S., Malikova, N. P. Frank, L. A. & Vysotski, E. S. (2012) The light-sensitive photoprotein berovin from the bioluminescent ctenophore *Beroe abyssicola*: a novel type of Ca^{2+}-regulated photoprotein. *FEBS J* 279, 856–870.

Marshall, N. B. (1954) Aspects of Deep Sea Biology. Hutchinson.

Martini, S. & Haddock, S. H. D. (2017) Quantification of bioluminescence from the surface to the deep sea demonstrates its predominance as an ecological trait. *Sci Rep* 7, 45750.

Martini, S., Schultz, D. T., Lundsten, L. & Haddock, S. H. D. (2020) Bioluminescence in an undescribed species of carnivorous sponge (Cladorhizidae) from the deep sea. *Front Mar Sci* 7, 576476.

Matsuki, H., Suzuki, A., Kamaya, H. & Ueda, I. (1999) Specific and non-specific binding of long-chain fatty acids to firefly luciferase: cutoff at octanoate. *Biochim Biophys Acta* 1426, 143–150.

McDermott, F. A. (1953) Glow-worms in a marine littoral habitat in Jamaica (Coleoptera; Lampyridae). *Entomol News* 64, 89–90.

McElroy, W. D. (1947) The energy source for bioluminescence in an isolated system. *Proc Natl Acad Sci USA* 33, 342–345.

McElroy, W. D. & Green, A. A. (1955) Enzymatic properties of bacterial luciferase. *Arch Biochem Biophys* 56, 240–255.

McElroy, W. D. & Seliger, H. H. (1962a) Origin and evolution of bioluminescence. *In*: Horizons in

Biochemistry (Kasha, M. & Pullman, B., Eds.), pp. 91-101. Academic Press.

McElroy, W. D. & Seliger, H. H. (1962b) Mechanism of action of firefly luciferase. *Fed Proc* 21, 1006-1012.

McElroy, W. D., DeLuca M. & Travis, J. (1967) Molecular uniformity in biological catalyses. *Science* 157, 150-160.

McKenna, D. D., Wild, A. L., Kanda, K., Bellamy, C. L., Beutel, R. G., Caterino, M. S., Farnum, C. W., Hawks, D. C., Ivie, M. A., Jameson, M. L., Leschen, R. A. B., Marvaldi, A. E., McHugh, J. V., Newton, A. F., Robertson, J. A., Thayer, M. K., Whiting, M. F., Lawrence, J. F., Ślipiński, A., Maddison, D. R. & Farrell, B. D. (2015) The beetle tree of life reveals that Coleoptera survived end-Permian mass extinction to diversify during the Cretaceous terrestrial revolution. *Syst Entomol* 40, 835-880.

Merritt, D. J. (2013) Standards of evidence for bioluminescence in cockroaches. *Naturwissenschaften* 100, 697-698.

Meyer-Rochow, V. B. (1976) Loss of bioluminescence in *Anomalops katoptron* due to starvation. *Experientia* 32, 1175-1176.

Meyer-Rochow, V. B. & Eguchi, E. (1984) Thoughts on the possible function and origin of bioluminescence in the New Zealand glowworm *Arachnocampa luminosa* (Diptera: Keroplatidae), based on electrophysiological recordings of spectral responses from the eyes of male adults. *New Zealand Entomologists* 8, 111-119.

Meyer-Rochow, V. B. & Moore, S. (1988) Biology of *Latia neritoides* Gray 1850 (Gastropoda, Pulmonata, Basommatophora): the only light-producing freshwater snail in the world. *Int Revue ges Hydrobiol* 73, 21-42.

Meyer-Rochow, V. B. (2007) Glowworms: a review of *Arachnocampa* spp. and kin. *Luminescence* 22, 251-265.

Michelson, A. M. (1978) Purification and properties of *Pholas dactylus* luciferin and luciferase. *Methods Enzymol* 57, 385-406.

Miller, R. R. (1950) A new genus and species of deep-sea fish of the family Myctophidae from the Philippine Islands. *Proc US Natl Mus* 97, 81-90.

Miller, S. D., Haddock, S. H. D., Elvidge, C. D. & Lee, T. F. (2005) Detection of a bioluminescent milky sea from space. *Proc Natl Acad Sci USA* 102, 14181-14184.

Minnaert, M. (1954) The nature of LIGHT & COLOR in the open air. Dover Pub. (translated).

Mitiouchkina, T., Mishin, A. S., Somermeyer, L. G., Markina, N. M., Chepurnyh, T. V., Guglya, E. B., Karataeva, T. A., Palkina, K. A., Shakhova, E. S., Fakhranurova, L. I., Chekova, S. V., Tsarkova, A. S., Golubev, Y. V., Negrebetsky, V. V., Dolgushin, S. A., Shalaev, P. V., Shlykov, D., Melnik, O. A., Shipunova, V. O., Deyev, S. M., Bubyrev, A. I., Pushin, A. S., Choob, V. V., Dolgov, S. V., Kondrashov, F. A., Yampolsky, I. V. & Sarkisyan, K. S. (2020) Plants with genetically encoded autoluminescence. *Nat Biotechnol* 38, 944-946.

Miya, M., Pietsch, T. W., Orr, J. W., Arnold, R. J., Satoh, T. P., Shedlock, A. M., Ho, H. -C., Shimazaki, M., Yabe, M. & Nishida, M. (2010) Evolutionary history of anglerfishes (Teleostei: Lophiiformes): a mitogenomic perspective. *BMC Evol Biol* 10, 58.

Mofford, D. M., Reddy, G. R. & Miller, S. C. (2014) Latent luciferase activity in the fruit fly revealed by a synthetic luciferin. *Proc Natl Acad Sci USA* 111, 4443-4448.

Mooi, R. D. & Jubb, R. N. (1996) Descriptions of two new species of the genus *Pempheris* (Pisces: Pempherididae) from Australia, with a provisional key to Australian species. *Records Australian Mus* 48, 117-130.

Moriguchi, M., Takahashi, R., Kang, B. & Kuse, M. (2020) Expression of recombinant apopholasin using a baculovirus-silkworm multigene expression system and activation via dehydrocoelenterazine. *Bioorg Med Chem Lett* 30, 127177.

Morin, J. G. & Hastings, J. W. (1971) Energy transfer in a bioluminescent system. *J Cell Physiol* 77,

313-318.

Morin, J. G. & Reynolds, G. T. (1972) Spectral and kinetic characteristics of bioluminescence in *Pelagia noctiluca* and other coelenterates. *Biol Bull* 143, 470-471 (Abstract of papers presented at the Marine Biological Laboratory).

Morin, J. G. (1983) Coastal bioluminescence: Patterns and functions. *Bull Mar Sci* 33, 787-817.

Morin, J. G. (2011) Based on a review of the data, use of the term 'cypridinid' solves the *Cypridina/Vargula* dilemma for naming the constituents of the luminescent system of ostracods in the family Cypridinidae. *Luminescence* 26, 1-4.

Morin, J. G. (2019) Luminaries of the reef: The history of luminescent ostracods and their courtship displays in the Caribbean. *J Crustacean Biol* 39, 227-243.

Müller, W. E. G., Kasueske, M., Wang, X., Schröder, H. C. Wang, Y., Pisignano, D. & Wiens, M. (2009) Luciferase a light source for the silica-based optical waveguides (spicules) in the demosponge *Suberites domuncula*. *Cell Mol Life Sci* 66, 537-552.

Muramatsu, K., Yamamoto, J., Abe, T., Sekiguchi, K., Hoshi, N. & Sakurai, Y. (2013) Oceanic squid do fly. *Mar Biol* 160, 1171-1175.

Murray, A. (1868) On an undescribed light-giving coleopterous larvae (provisionally named *Astraptor illuminator*). *J Linn Soc Lond Zool* 10, 74-82.

Nakamura, H., Oba, Y. & Murai, A. (1993) Synthesis and absolute configuration of the ozonolysis product of krill fluorescent compound F. *Tetrahedron Lett* 34, 2779-2782.

Nakamura, M., Suzuki, T., Ishizaka, N., Sato, J. & Inouye, S. (2014) Identification of 3-enol sulfate of Cypridina luciferin, Cypridina luciferyl sulfate, in the sea-firefly *Cypridina* (*Vargula*) *hilgendorfii*. *Tetrahedron* 70 2161-2168.

Nakatsu, T., Ichiyama, S., Hiratake, J., Saldanha, A., Kobashi, N., Sakata, K. & Kato, H. (2006) Structural basis for the spectral difference in luciferase bioluminescence. *Nature* 440, 372-376.

Near, T. J., Eytan, R. I., Dornburg, A., Kuhn, K. L., Moore, J. A., Davis, M. P., Wainwright, P. C., Friedman, M. & Leo Smith, W. (2012) Resolution of ray-finned fish phylogeny and timing of diversification. *Proc Natl Acad Sci USA* 109, 13698-13703.

Nett, R. S., Montanares, M., Marcassa, A., Lu, X., Nagel, R., Charles, T. C., Hedden, P., Rojas, M. C. & Peters, R. J. (2017) Elucidation of gibberellin biosynthesis in bacteria reveals convergent evolution. *Nat Chem Biol* 13, 69-74.

Niwa, K., Nakamura, M. & Ohmiya, Y. (2006) Stereoisomeric bio-inversion key to biosynthesis of firefly D-luciferin. *FEBS Lett* 580, 5283-5287.

Oba, Y., Kato, S., Ojika, M. & Inouye, S. (2002) Biosynthesis of luciferin in the sea firefly, *Cypridina hilgendorfii*: L-tryptophan is a component in Cypridina luciferin. *Tetrahedron Lett* 43, 2389-2392.

Oba, Y., Ojika, M. & Inouye, S. (2003) Firefly luciferase is a bifunctional enzyme: ATP-dependent monooxygenase and a long chain fatty acyl-CoA synthetase. *FEBS Lett* 540, 251-254.

Oba, Y., Ojika, M. & Inouye, S. (2004a) Characterization of *CG6178* gene product with high sequence similarity to firefly luciferase in *Drosophila melanogaster*. *Gene* 329, 137-145.

Oba, Y., Tsuduki, H., Kato, S., Ojika, M. & Inouye, S. (2004b) Identification of the luciferin-luciferase system and quantification of coelenterazine by mass spectrometry in the deep-sea luminous ostracod *Conchoecia pseudodiscophora*. *ChemBioChem* 5, 1495-1499.

Oba, Y., Sato, M., Ojika, M. & Inouye, S. (2005) Enzymatic and genetic characterization of firefly luciferase and *Drosophila* CG6178 as a fatty acyl-CoA synthetase. *Biosci Biotechnol Biochem* 69, 819-828.

Oba, Y., Sato, M., Ohta, Y. & Inouye, S. (2006a) Identification of paralogous genes of firefly luciferase in the Japanese firefly, *Luciola cruciata*. *Gene* 368, 53-60.

Oba, Y., Sato, M. & Inouye, S. (2006b) Cloning and characterization of the homologous genes of firefly luciferase in the mealworm beetle, *Tenebrio molitor*. *Insect Mol Biol* 15, 293-299.

Oba, Y., Iida, K., Ojika, M. & Inouye, S. (2008a) Orthologous gene of beetle luciferase in non-luminous click beetle, *Agrypnus binodulus* (Elateridae), encodes a fatty acyl-CoA synthetase. *Gene* 407, 169–175.

Oba, Y., Shintani, T., Nakamura, T., Ojika, M. & Inouye, S. (2008b) Determination of the luciferin contents in luminous and non-luminous beetles. *Biosci Biotechnol Biochem* 72, 1384–1387.

Oba, Y., Iida, K. & Inouye, S. (2009a) Functional conversion of fatty acyl-CoA synthetase to firefly luciferase by site-directed mutagenesis: A key substitution responsible for luminescence activity. *FEBS Lett* 583, 2004–2008.

Oba, Y., Kato, S., Ojika, M. & Inouye, S. (2009b) Biosynthesis of coelenterazine in the deep-sea copepod, *Metridia pacifica. Biochem Biophys Res Commun* 390, 684–688.

Oba, Y., Kumazaki, M. & Inouye, S. (2010) Characterization of luciferases and its paralogue in the Panamanian luminous click beetle *Pyrophorus angustus*: A click beetle luciferase lacks the fatty acyl-CoA synthetic activity. *Gene* 452, 1–6.

Oba, Y., Branham, M. A. & Fukatsu, T. (2011) Terrestrial bioluminescent animals of Japan. *Zool Sci* 28, 771–789.

Oba, Y., Yoshida, N., Kanie, S., Ojika, M. & Inouye, S. (2013) Biosynthesis of firefly luciferin in adult lantern: Decarboxylation of L-cysteine is a key step for benzothiazole ring formation in firefly luciferin synthesis. *PLOS ONE* 8, e84023.

Oba, Y. & Schultz, D. T. (2014) Eco-Evo Bioluminescence on Land and in the Sea. *In*: Bioluminescence: Fundamentals and Applications in Biotechnology, Volume 1, Advances in Biochemical Engineering/Biotechnology 144 (Thouand, G. & Marks, R., Eds.), pp. 3–36. Springer-Verlag.

Oba, Y. (2015) Insect Bioluminescence in the Post-Molecular Biology Era. *In*: Insect Molecular Biology and Ecology (Hoffmann, K. H. Ed.), pp. 94–120. CRC Press.

Oba, Y., Konishi, K., Yano, D., Shibata, H., Kato, D. & Shirai, T. (2020) Resurrecting the ancient glow of fireflies. *Sci Adv* 6, eabc5705.

Ogoh, K. & Ohmiya, Y. (2005) Biogeography of luminous marine ostracod driven irreversibly by the Japan Current. *Mol Biol Evol* 22, 1543–1545.

Ogoh, K., Kinebuchi, T., Murai, M., Takahashi, T., Ohmiya, Y. & Suzuki, H. (2013) Dual-color-emitting green fluorescent protein from the sea cactus *Cavernularia obesa* and its use as a pH indicator for fluorescence microscopy. *Luminescence* 28, 582–591.

Ohba, N. & Hidaka, T. (2002) Reflex bleeding of fireflies and prey-predator relationship. *Sci Rep Yokosuka City Mus* 49, 1–12.

Okamura, O. (1970) Studies on the macrouroid fishes of Japan. *Rep Usa Marine Biol Station* 17, 179 + 5 plt.

Okamoto, M. & Gon, O. (2018) A review of the deepwater cardinalfish genus *Epigonus* (Perciformes: Epigonidae) of the Western Indian Ocean, with description of two new species. *Zootaxa* 4382, 261–291.

Okanishi, M., Oba, Y. & Fujita, Y. (2019) Brittle stars from a submarine cave of Christmas Island, northwestern Australia, with description of a new bioluminescent species *Ophiopsila xmasilluminans* (Echinodermata: Ophiuroidea) and notes on its behaviour. *Raffles Bull Zool* 67, 421–439.

Oliveira, A. G., Stevani, C. V., Waldenmaier, H. E., Viviani, V., Emerson, J. M., Loros, J. J. & Dunlap, J. C. (2015) Circadian control sheds light on fungal bioluminescence. *Curr Biol* 25, 964–968.

Omori, M., Latz, M. I., Fukami, H. & Wada, M. (1996) New observations on the bioluminescence of the pelagic shrimp, *Sergia lucens* (Hansen, 1922). *In*: Zooplankton: sensory ecology and physiology (Lenz, P. H., Hartline, D. K., Purcell, J. E. & Macmillan, D. L., Eds.), pp. 175–184. Gordon and Breach Pub.

Paitio, J., Oba, Y. & Meyer-Rochow, V. B. (2016) Bioluminescent fishes and their eyes. *In*:

Luminescence - An outlook on the phenomena and their applications (Meyer-Rochow, V. B., Ed.), pp. 297-332, InTech Pub.

Paitio, J., Yano, D., Muneyama, E., Takei, S., Asada, H., Iwasaka, M. & Oba, Y. (2020) Reflector of the body photophore in lanternfish is mechanistically tuned to project the biochemical emission in photocytes for counterillumination. *Biochem Biophys Res Commun* 521, 821-826.

Paitio, J. & Oba, Y. (2021) Bioluminescence and Pigment. *In*: Pigments, Pigment Cells and Pigment Patterns (Hashimoto, H., Goda, M., Futahasni, R. & Kelsh, R. N., Eds.), Speringer Verlag (in press).

Pankey, M. S., Minin, V. N., Imholte, G. C., Suchard, M. A. & Oakley, T. H. (2014) Predictable transcriptome evolution in the convergent and complex bioluminescent organs of squid. *Proc Natl Acad Sci USA* 111, E4736-E4742.

Pardo-Gandarillas, M. C., Torres, F. I., Fuchs, D. & Ibéñez, C. M. (2018) Updated molecular phylogeny of the squid family Ommastrephidae: Insights into the evolution of spawning strategies. *Mol Phylogenet Evol* 120, 212-217.

Petersen, M. E. (1999) Reproduction and development in Cirratulidae (Annelida: Polychaeta). *Hydrobiologia* 402, 107-128.

Patterson, W., Upadhyay, D., Mandjiny, S., Bullard-Dillard, R., Storms, M., Menefee, M. & Holmes, L. D. (2015) Attractant role of bacterial bioluminescence of *Photorhabdus luminescens* on a *Galleria mellonella* model. *Am J Life Sci* 3, 290-294.

Pavan, M. (1959) Biochemical aspects of insect poisons. *Proc 4th Int Congr Biochem* 12, 15-36.

Pes, O., Midlik, A., Schlaghamersky, J., Zitnan, M. & Taborsky, P. (2016) A study on bioluminescence and photoluminescence in the earthworm *Eisenia lucens*. *Photochem Photobiol Sci* 15, 175-180.

Petushkov, V. N., Dubinnyi, M. A., Tsarkova, A. S., Rodionova, N. S., Baranov, M. S., Kublitski, V. S., Shimomura, O. & Yampolsky, I. V. (2014) A novel type of luciferin from the Siberian luminous earthworm *Fridericia heliota*: structure elucidation by spectral studies and total synthesis. *Angew Chem Int Ed* 53, 5566-5568.

Pietsch, T. W. (2009) Oceanic Anglerfishes, Extraordinary Diversity in the Deep Sea. University of California Press.

Podar, M., Haddock, S. H. D., Sogin, M. L. & Harbison, G. R. (2001) Molecular phylogenetic framework for the phylum Ctenophora using 18S rRNA genes. *Mol Phylogenet Evol* 21, 218-230.

Powers, M. L., McDermott, A. G., Shaner, N. & Haddock, S. H. D. (2013) Expression and characterization of the calcium-activated photoprotein from the ctenophore *Bathocyroe fosteri*: insights into light-sensitive photoproteins. *Biochem Biophys Res Commun* 431, 360-366.

Prado, R. A., Barbosa, J. A., Ohmiya, Y. & Viviani, V. R. (2011) Structural evolution of luciferase activity in *Zophobas* mealworm AMP/CoA-ligase (protoluciferase) through site-directed mutagenesis of the luciferin binding site. *Photochem Photobiol Sci* 10, 1226-1232.

Prado, R. A., Santos, C. R., Kato, D. I. Murakami, M. T. & Viviani, V. R. (2016) The dark and bright sides of an enzyme: a three dimensional structure of the N-terminal domain of *Zophobas morio* luciferase-like enzyme, inferences on the biological function and origin of oxygenase/luciferase activity. *Photochem Photobiol Sci* 15, 654-665.

Priede, I. G. (2017) Deep-Sea Fishes: Biology, Diversity, Ecology and fisheries. Cambridge University Press.

Pugh, P. R. & Haddock, S. H. D. (2006) A description of two new species of the genus *Erenna* (Siphonophora: Physonectae: Erennidae), with notes on recently collected specimens of other *Erenna* species. *Zootaxa* 4189, 401-446.

Purcell, J. E. (1991) Predation by *Aequorea victoria* on other species of potentially competing pelagic hydrozoans. *Mar Ecol Prog Ser* 72, 255-260.

Purdy, D. M. (1931) Spectral hue as a function of intensity. *Am J Psychol* 43, 541-559.

Purtov, K. V., Petushkov, V. N., Baranov, M. S., Mineev, K. S., Rodionova, N. S., Kaskova, Z. M., Tsarkova, A. S., Petunin, A. I., Bondar, V. S., Rodicheva, E. K., Medvedeva, S. E., Oba, Y., Oba, Y., Arseniev, A. S., Lukyanov, S., Gitelson, J. I. & Yampolsky, I. V. (2015) The chemical basis of fungal bioluminescence. *Angew Chem Int Ed* 54, 8124-8128.

Quattrini, A. M., Rodriguez, E., Faircloth, B. C., Cowman, P. F., Brugler, M. R., Farfan, G. A., Hellberg, M. E., Kitahara, M. V., Morrison, C. L., Paz-García, D. A., Reimer, J. D. & McFadden, C. S. (2020) Palaeoclimate ocean conditions shaped the evolution of corals and their skeletons through deep time. *Nat Ecol Evol* 4, 1531-1538.

Ramesh, C. (2020) Terrestrial and marine bioluminescent organisms from the Indian subcontinent: a review. *Environ Monit Assess* 192, 747.

Rawat, R. & Deheyn, D. D. (2016) Evidence that ferritin is associated with light production in the mucus of the marine worm *Chaetopterus*. *Sci Rep* 6, 36854.

Rees, J. F., de Wergifosse, B., Noiset, O., Dubuisson, M., Janssens, B. & Thompson, E. M. (1998) The origins of marine bioluminescence: Turning oxygen defence mechanisms into deep-sea communication tools. *J Exp Biol* 201, 1211-1221.

Reeve, B., Sanderson, T., Ellis, T. & Freemont, P. (2014) How synthetic biology will reconsider natural bioluminescence and its applications. *In*: Bioluminescence: Fundamentals and Applications in Biotechnology, Volume 2, Advances in Biochemical Engineering/Biotechnology 145 (Thouand, G & Marks, R., Eds.), pp. 3-30, Springer.

Reinhard, J., Lacey, M. J., Ibarra, F., Schroeder, F. C., Kaib, M. & Lenz, M. (2002) Hydroquinone: A general phagostimulating pheromone in termites. *J Chem Ecol* 28, 1-14.

Richards, A. M. (1960) Observation on the New Zealand glow-worm *Arachnocampa luminosa* (Skuse) 1890. *Trans R Soc New Zealand* 88, 559-574.

Robison, B. & Connor, J. (1999) The Deep Sea. Monterey Bay Aquarium.

Robison, B. H., Reisenbicher, K. R., Hunt, J. C. & Haddock, S. H. D. (2003) Light production by the arm tips of the deep-sea cephalopod *Vampyroteuthis infernalis*. *Biol Bull* 205, 102-109.

Roda, A. (2011) A History of Bioluminescence and Chemiluminescence from Ancient Times to the Present. *In*: Chemiluminescence and Bioluminescence: Past, Present and Future (Roda, A., Ed.), pp. 1-50, RSC Publishing.

Rosa, S. P. (2007) Análise filogenética e revisão taxonômica da tribo Pyrophorini Candèze, 1863 (Coleotera, Elateridae, Agrypninae). Doctoral thesis of Universidade de São Paulo.

Rosa, S. P. & Costa, C. (2013) Description of the larva of *Alampoides alychnus* (Kirsch, 1873), the first known species with bioluminescent immatures in Euplinthini (Elateridae, Agrypninae). *Pap Avulsos Zool* 52, 301-307.

Rosenblum, E. B., Parent, C. E. & Brandt, E. E. (2014) The molecalar basis of phenotypic convergence. *Annu Rev Ecol Evol* 45, 203-226.

Ross, R. M. & Quetin, L. B. (1988) *Euphausia superba*: a critical review of estimates of annual production. *Comp Biochem Physiol* 90B, 499-505.

Rota, E., Martinsson, S. & Erséus, C. (2018a) Two new bioluminescent *Henlea* from Siberia and lack of molecular support from *Hepatogaster* (Annelida, Clitellata, Enchytraeidae). *Org Divers Evol* 18, 291-312.

Rota, E., Martinsson, S., Erséus, C., Petushkov, V. N., Rodionova, N. S. & Omodeo, P. (2018b) Green light to an integrative view of *Microscolex phosphoreus* (Dugès, 1837) (Annelida: Clitellata: Acanthodrilidae). *Zootaxa* 4496, 175-189.

Roth, L. M. & Stay, B. (1958) The occurrence of *para*-quinones in some arthropods, with emphasis on the quinone-secreting tracheal glands of *Diploptera punctata* (Blattaria). *J Insect Physiol* 1, 305-318.

Sagegami-Oba, R., Takahashi, N. & Oba, Y. (2007a) The evolutionary process of bioluminescence and aposematism in cantharoid beetles (Coleoptera: Elateroidea) inferred by the analysis of 18S ribosomal DNA. *Gene* 400, 104–113.

Sagegami-Oba, R., Oba, Y. & Ôhira, H. (2007b) Phylogenetic relationships of click beetles (Coleoptera: Elateridae) inferred from 28S ribosomal DNA: Insights into the evolution of bioluminescence in Elateridae. *Mol Phylogenet Evol* 42, 410–421.

Saxton, N. A., Powell, G. S., Martin, G. J. & Bybee, S. M. (2020) Two new species of coastal *Atyphella* Olliff (Lampyridae: Luciolinae). *Zootaxa* 4722, 270–276.

Schildknecht, H. (1957) Zur Chemie des Bombardierkäfers. *Angew Chem* 69, 62.

Schnitzler, C. E., Pang, K., Powers, M. L., Reitzel, A. M., Ryan, J. F., Simmons, D., Tada, T., Park, M., Gupta, J., Brooks, S. Y., Blakesley, R. W., Yokoyama, S., Haddock, S. H. D., Martindale, M. Q. & Baxevanis, A. D. (2012) Genomic organization, evolution, and expression of photoprotein and opsin genes in *Mnemiopsis leidyi*: a new view of ctenophore photocytes. *BMC Biol*. 10, 107.

Schröder, J. (1989) Protein sequence homology between plant 4-coumarate:CoA ligase and firefly luciferase. *Nucleic Acids Res* 17, 46.

Seesamut, T., Yano, D., Paitio, J., Kin, I., Panha, S. & Oba, Y. (2021) Occurrence of bioluminescent and nonbioluminescent species in the littoral earthworm genus *Pontodrilus*. *Sci Rep* 11, 8407.

Selander, E., Kubanek, J., Hamberg, M., Andersson, M. X., Cervin, G. & Pavia, H. (2015) Predator lipids induce paralytic shellfish toxins in bloom-forming algae. *Proc Natl Acad Sci USA* 112, 6395–6400.

Seliger, H. H., Buck, J. B., Fastie, W. G. & McElroy, W. D. (1964) The spectral distribution of firefly light. *J Gen Physiol* 48, 95–104.

Seliger, H. H. & McElroy, W. D. (1965) Light: Physical and Biological Action. Academic Press.

Seliger, H. H. (1975) The origin of bioluminescence. *Photochem Photobiol* 21, 355–361.

Sharpe, M. L., Dearden, P. K., Gimenez, G. & Krause, K. L. (2015) Comparative RNA seq analysis of the New Zealand glowworm *Arachnocampa luminosa* reveals bioluminescence-related genes. *BMC Genomics* 15, 825.

Shimomura, O., Goto, T. & Hirata, Y. (1957) Crystalline Cypridina luciferin. *Bull Chem Soc Japan* 30, 929–933.

Shimomura, O., Johnson, F. H. & Saiga, Y. (1962) Extraction, purification and properties of aequorin, a bioluminescent protein from the luminous hydromedusan, *Aequorea*. *J Cell Comp Physiol* 59, 223–239.

Shimomura, O. & Johnson, F. H. (1966) Partial purification and properties of the *Chaetopterus* luminescence system. *In*: Bioluminescence in Progress (Johnson, F. H. & Haneda, Y., Eds.), pp. 495–521, Princeton Univ. Press.

Shimomura, O., Inoue, S., Johnson, F. H. & Haneda, Y. (1980) Widespread occurrence of coelenterazine in marine bioluminescence. *Comp Biochem Physiol* 65B, 435–437.

Shimomura, O. (1985) Bioluminescence in the sea: Photoprotein systems. *Symp Soc Exp Biol* 39, 351–372.

Shimomura, O. & Shimomura, A. (1985) Halistaurin, phialidin and modified forms of aequorin as Ca^{2+} indicator in biological systems. *Biochem J* 228, 745–749.

Shimomura, O. & Haneda, Y. (1986) Bioluminescence of the terrestrial snail *Quantula striata*: chemical nature of the luminescence system. *Sci Rep Yokosuka City Mus* 34, 1–5.

Shimomura, O. (1986) Bioluminescence of the brittle star *Ophiopsila californica*. *Photochem Photobiol* 44, 671–674.

Shimomura, O. (1987) Presence of coelenterazine in non-bioluminescent marine organisms. *Comp Biochem Physiol* 86B, 361–363.

Shimomura, O., Satoh, S. & Kishi, Y. (1993) Structure and non-enzymatic light emission of two luciferin precursors isolated from the luminous mushroom *Panellus stipticus*. *J Biolumin*

Chemilumin 8, 201-205.

Shimomura, O. (2006) Bioluminescence: Chemical Principles and Methods. World Scientific Pub.

Shimomura, O. & Yampolsky, I. V. (2019) Bioluminescence: Chemical Principles and Methods 3rd Edition. World Scientific Pub.

Sivinski, J. (1981) Arthropods attracted to luminous fungi. *Psyche* 88, 383-390.

Sivinski, J. M., Lloyd, J. E., Beshers, S. N., Davis, L. R., Sivinski, R. G., Wing, S. R., Sullivan, R. T., Cushing, P. E. & Petersson, E. (1998) A natural history of *Pleotomodes needhami* Green (Coleoptera: Lampyridae): A firefly symbiont of ants. *Coleopterists Bull* 52, 23-30.

Smith, M. L., Bruhn, J. N. & Anderson, J. B. (1992) The fungus *Armillaria bulbosa* is among the largest and oldest living organisms. *Nature* 356, 428-431.

Stolz, U., Velez, S., Wood, K. V., Wood, M. & Feder, J. L. (2003) Darwinian natural selection for orange bioluminescent color in a Jamaican click beetle. *Proc Natl Acad Sci USA* 100, 14955-14959.

Straube, N., Li, C., Claes, J. M., Corrigan, S. & Naylor, G. J. P. (2015) Molecular phylogeny of Squaliformes and first occurence of bioluminescence in sharks. *BMC Evol Biol* 15, 162.

Strause, L. G., DeLuca, M. & Case, J. F. (1979) Biochemical and morphological changes accompanying light organ development in the firefly, *Photuris pennsylvanica*. *J Insect Physiol* 25, 339-347.

Sutton, T. T. (2005) Trophic ecology of the deep-sea fish *Malacosteus niger* (Pisces: Stomiidae): An enigmatic feeding ecology to facilitate a unique visual system? *Deep-Sea Res* 52, 2065-2076.

Suzuki, H., Kawarabayasi, Y., Kondo, J., Abe, T., Nishikawa, K., Kimura, S., Hashimoto, T. & Yamamoto, T. (1990) Structure and regulation of rat long-chain acyl-CoA synthetase. *J Biol Chem* 265, 8681-8685.

Swann, J. B., Holland, S. J., Petersen, M., Pietsch, T. W. & Boehm, T. (2020) The immunogenetics of sexual parasitism. *Science* 369, 1608-1615.

Taboada, S., Silva, A. S., Díez-Vives, C., Neal, L., Cristobo, J., Rios, P., Hestetun, J. T., Clark, B., Rossi, M. E., Junoy, J., Navarro, J. & Riesgo, A. (2020) Sleeping with the enemy: unravelling the symbiotic relationships between the scale worm *Neopolynoe chondrocladiae* (Annelida: Polynoidae) and its carnivorous sponge hosts. *Zool J Linn Soc* zlaa 146.

Takenaka, Y., Yamaguchi, A., Tsuruoka, N., Torimura, M., Gojobori, T. & Shigeri, Y. (2012) Evolution of bioluminescence in marine planktonic copepods. *Mol Biol Evol* 29, 1669-1681.

Taki, I. (1964) On eleven new species of the Cephalopoda from Japan, including two new genera of Octopodinae. *J Fac Fish Anim Husb Hiroshima Univ* 5, 277-343.

Tanaka, E., Kuse, M. & Nishikawa, T. (2009) Dehydrocoelenterazine is the organic substance constituting the prosthetic group of Pholasin. *Chem Bio Chem* 10, 2725-2729.

Terao, A. (1917) Notes on the photophores of *Sergestes prehensilis* Bate. *Annot Zool Japon* 9, 299-316.

Tessler, M., Gaffney, J. P., Crawford, J. M., Trautman, E., Gujarati, N. A., Alatalo, P., Pieribone, V. A. & Gruber, D. F. (2018) Luciferin production and luciferase transcription in the bioluminescent copepod *Metridia lucens*. *PeerJ* 6, e5506.

Tessler, M., Gaffney, J. P., Oliveira, A. G., Guarnaccia, A., Dobi, K. C., Gujarati, N. A., Galbraith, M., Mirza J. D., Sparks, J. S., Pieribone, V. A., Wood, R. J. & Gruber, D. F. (2020) A putative chordate luciferase from a cosmopolitan tunicate indicates convergent bioluminescence evolution across phyla. *Sci Rep* 10, 117724.

Taylor, L. R., Compagno, L. J. V. and Struhsaker, P. J. (1983) Megamouth - A new species, genus and family of lamnoid shark (*Megachasma pelagios*, family Megachasmidae) from the Hawaiian Islands. *Proc California Acad Sci* 43, 87-110.

Thancharoen, A., Ballantyne, L. A., Branham, M. A. & Jeng, M. -L. (2007) Description of *Luciola aquatilis* sp. nov., a new aquatic firefly (Coleoptera: Lampyridae: Luciolinae) from Thailand.

Zootaxa 1611, 55–62.

Thompson, E. M., Nafpaktitis, B. G. & Tsuji, F. I. (1987) Induction of bioluminescence in the marine fish, *Porichthys*, by *Vargula* (Crustacean) luciferin. Evidence for *de novo* synthesis or recycling of luciferin. *Photochem Photobiol* 45, 529–533.

Thompson, E. M., Nafpaktitis, B. G. & Tsuji, F. I. (1988a) Dietary uptake and blood transport of *Vargula* (Crustacean) luciferin in the bioluminescent fish, *Porichthys notatus*. *Comp Biochem Physiol* 89A, 203–209.

Thompson, E. M., Toya, Y., Nafpaktitis, B. G., Goto, T. & Tsuji, F. I. (1988b) Induction of bioluminescence capability in the marine fish, *Porichthys notatus*, by *Vargula* (Crustacean) [^{14}C] luciferin and unlabeled analogues. *J Exp Biol* 137, 39–51.

Thompson, E. M. & Rees, J. -F. (1995) Origins of luciferins: ecology of bioluminescence in marine fishes. *In:* Biochemistry and Molecular Biology of Fishes, vol. 4. Metabolic Biochemistry (Hochachka, P. & Mommsen, T. P., Eds.), pp. 435–466. Elsevier Science.

Thompson, J. V. (1829) On the luminosity of the ocean, with descriptions of some remarkable species of luminous animals (*Pyrosoma pigmœa* and *Sapphirina indicator*) and particularly of the four new genera, *Nocticula, Cynthia, Lucifer* and *Podopsis*, of the Shizopodæ. *Zool Res* 1, 37–61.

Thomson, C. M., Herring, P. J. & Campbell, A. K. (1995) Evidence for de novo biosynthesis of coelenterazine in the bioluminescent midwater shrimp, *Systellaspis debilis*. *J Mar Biol Ass UK* 75, 165–171.

Tominaga, Y. (1963) Revision of the fishes of the family Pempheridae of Japan. *J Fac Sci Univ Tokyo Sec IV* 10, 269–290 + 1 plt.

Tong, D., Rozas, N. S., Oakley, T. H., Mitchell, J., Colley, N. J. & McFall-Ngai, M. J. (2009) Evidence for light perception in a bioluminescent organ. *Proc Natl Acad Sci USA* 106, 9836–9841.

Trawavas, E. (1977) The sciaenid fishes (croakers or drums) of the Indo-West-Pacific. *Trans Zool Soc Lond* 33, 253–541.

Trimmer, B. A., Aprille, J. R., Dudzinski, D. M., Lagace, C. J., Lewis, S. M., Michel, T., Qazi, S. & Zayas, R. M. (2001) Nitric oxide and the control of firefly flashing. *Science* 292, 2486–2488.

Trowell, S. C., Dacres, H., Dumancic, M. M., Leitch, V. & Rickards, R. W. (2016) Molecular basis for the blue bioluminescence of the Australian glow-worm *Arachnocampa richardsae* (Diptera: Keroplatidae). *Biochem Biophys Res Commun* 478, 533–539.

Tschinkel, W. R. (1969) Phenols and quinones from the defensive secretions of the tenebrionid beetle, *Zophobas rugipes*. *J Insect Physiol* 15, 191–200.

Tsuji, F. I., Barnes, A. T. & Case, J. F. (1972) Bioluminescence in the marine teleost, *Porichthys notatus*, and its induction in a non-luminous form by *Cypridina* (ostracod) luciferin. *Nature* 237, 515–516.

Uchida, H. (2004) Actinologia Japonica (1) On the actiniarian family Halcuriidae from Japan. *Kuroshio Biosphere* 1, 7–26.

Ueda, I. & Suzuki, A. (1998) Irreversible phase transition of firefly luciferase: contrasting effects of volatile anesthetics and myristic acid. *Biochim Biophys Acta* 1380, 313–319.

Underwood, T. J., Tallamy, D. W. & Pesek, J. D. (1997) Bioluminescence in firefly larvae: A test of the aposematic display hypothesis (Coleoptera: Lampyridae). *J Insect Behavior* 10, 365–370.

Uribe, J. E. & Zardoya, R. (2017) Revisiting the phylogeny of Cephalopoda using complete mitochondrial genomes. *J Mollus Stud* 83, 133–144.

Valiadi, M. & Iglesias-Rodriguez, D. (2013) Understanding bioluminescence in dinoflagellates - How far have we come? *Microorganisms* 1, 3–25.

Vanderlinden, C. & Mallefet, J. (2004) Synergic effects of tryptamine and octopamine on ophiuroids luminescence (Echinodermata). *J Exp Biol* 207, 3749–3756.

van Soest, R. W. M. (1981) A monograph of the order Pyrosomatida (Tunicata, Thaliacea). *J*

Plankton Res 3, 603–631.

Vassel, N., Cox, C. D., Naseem, R., Morse, V., Evans, R. T., Power, R. L., Brancale, A., Wann, K. T. & Campbell, A. K. (2012) Enzymatic activity of albumin shown by coelenterazine chemiluminescence. *Luminescence* 27, 234–241.

Vencl, F. V., Ottens, K., Dixon, M. M., Candler, S., Bernal, X. E., Estrada, C. & Page, R. A. (2016) Pyrazine emission by a tropical firefly: An example of chemical aposematism? *Biotropica* 48, 645–655.

Verdes, A. & Gruber, D. F. (2017) Glowing worms: chemical, and functional diversity of bioluminescent annelids. *Integr Comp Biol* 57, 18–32.

Viviani, V. (1996) Occurrence of aggressive mimicry in a Brazilian *Bicellonycha* firefly (Lampyridae; Photurinae). *Fireflyer Companion & Letter* 1 (2), 22.

Viviani, V. R. & Bechara, E. J. H. (1997) Bioluminescence and biological aspects of Brazilian railroad-worms (Coleoptera: Phengodidae). *Ann Entomol Soc Am* 90, 389–398.

Viviani, V. R. & Ohmiya, Y. (2006) Bovine serum albumin displays luciferase-like activity in presence of luciferyl adenylate: insights on the origin of protoluciferase activity and bioluminescence colours. *Luminescence* 21, 262–267.

Volodyaev, I. & Beloussov, L. V. (2015) Revisiting the mitogenetic effect of ultra-weak photon emission. *Front Physiol* 6, 241.

Voss, G. L. (1981) A redescription of *Octopus ornatus* Gould, 1852 (Octopoda: Cephalopoda) and the status of *Callistoctopus* Taki, 1964. *Proc Biol Soc Wash* 94, 525–534.

Vršanský, P., Chorvát, D., Fritzsche, I., Hain, M. & Ševčík, R. (2012) Light-mimicking cockroaches indicate Tertiary origin of recent terrestrial luminescence. *Naturwissenschaften* 99, 739–749.

Vršanský, P. & Chorvát, D. (2013) Luminescent system of *Lucihormetica luckae* supported by fluorescence lifetime imaging. *Naturwissenchaften* 100, 1099–1101.

Wada, N. (1998) Sun-tracking flower movement and seed production of mountain avens, *Dryas octopetala* L. in the high arctic, Ny-Ålesund, Svalbard. *Proc NIPR Symp Polar Biol* 11, 128–136.

Warner, J. A. & Case, J. F. (1980) The zoogeography and dietary induction of bioluminescence in the midshipman fish, *Porichthys notatus*. *Biol Bull* 159, 231–246.

Watkins, O. C., Sharpe, M. L., Perry, N. B. & Krause, K. L. (2018) New Zealand glowworm (*Arachnocampa luminosa*) bioluminescence is produced by a firefly-like luciferase but an entirely new luciferin. *Sci Rep* 8, 3278.

Whelan, N. V., Kocot, K. M., Moroz, T. P., Mukherjee, K., Williams, P., Paulay, G., Moroz, L. L. & Halanych, K. M. (2017) Ctenophore relationships and their placement as the sister group to all other animals. *Nat Ecol Evol* 1, 1737–1746.

White, E. H., McCapra, F., Field, G. F. & McElroy, W. D. (1961) The structure and synthesis of firefly luciferin. *J Am Chem Soc* 83, 2402–2403.

Widder, E. A., Latz, M. I., Herring, P. J. & Case, J. F. (1984) Far red bioluminescence from two deep-sea fishes. *Science* 225, 512–514.

Wilson, T., & Hastings, J. W. (1998) Bioluminescence. *Ann Rev Cell Dev Biol* 14, 197–230.

Wilson, T. & Hastings, J. W. (2013) Bioluminescence: Living Lights, Lights for Living. Harvard University Press.

Wong, J. M., Pérez-Moreno, J. L., Chan, T. -Y., Frank, T. M. & Bracken-Grissom, H. D. (2015) Phylogenetic and transcriptomic analyses reveal the evolution of bioluminescence and light detection in marine deep-sea shrimps of the family Oplophoridae (Crustacea: Decapoda). *Mol Phylogenet Evol* 83, 278–292.

Wood, K. V. (1995) The chemical mechanism and evolutionary development of beetle bioluminescence. *Photochem Photobiol* 62, 662–673.

Woods Jr., W. A., Hendrickson, H., Mason, J. & Lewis, S. M. (2007) Energy and predation costs of firefly courtship signals. *Am Nat* 170, 702-708.

Yokoyama, S., Toda, T., Zhang, H. & Britt, L.（2008）Elucidation of phototypic adaptations: Molecular analyses of dim-light vision proteins in vertebrates. *Proc Natl Acad Sci USA* 105, 13480-13485.

Yoshida, T., Ujiie, R., Savitzky, A. H., Jono, T., Inoue, T., Yoshinaga, N., Aburaya, S., Aoki, W., Takeuchi, H., Ding, L., Chen, Q., Cao, C., Tsai, T. -S., de Silva, A., Mahaulpatha, D., Nguyen, T. T., Tang, Y., Mori, N. & Mori, A.（2020）Dramatic dietary shift maintains sequestered toxins in chemically defended snakes. *Proc Natl Acad Sci USA* 117, 5964-5969.

Young, R. E.（1983）Oceanic bioluminescence: an overview of general functions. *Bull Mar Sci* 33, 829-845.

Yue, J. -X., Holland, N. D., Holland, L. Z. & Deheyn, D. D.（2016）The evolution of genes encoding for green fluorescent proteins: insights from cephalochordates（amphioxus）. *Sci Rep* 6, 28350.

Zeng, J. & Jewsbury, R. A.（1995）Chemiluminescence of flavins in the presence of Fe（II）. *J Photochem Photobiol A Chemistry* 91, 117-120.

Zompro, O. & Fritzsche, I.（1999）*Lucihormetica fenestrata* n.gen., n.sp., the first record of luminescence in an orthopteroid insect（Dictyoptera: Blaberidae: Blaberinae: Brachycolini）. *Amazoniana* 15, 211-219.

日本語文献

阿部勝巳（1994）『海蛍の光―地球生物学にむけて』ちくまプリマーブックス，筑摩書房.
尼岡邦夫（2013）『深海魚ってどんな魚―驚きの形態から生態，利用』ブックマン社.
安藤憲孝（1996）『日本一長生きした男 医師 原志免太郎』千年書房.
池内了（2012）『科学の限界』ちくま新書.
石井美樹子（1983）『友情は戦火をこえて―博物館を戦争からまもった科学者たち』PHP研究所.
稲場文男，清水慶昭（2011）『生物フォトンによる生体情報の探求』東北大学出版会.
稲村修（1994）『ほたるいかのはなし』魚津水族館.
井上信也（2017）『細胞生物物理学者への道―井上信也自伝』青土社.
上真一（2010）「沿岸海洋生態系における動物プランクトンの機能的役割に関する研究」『海の研究』19巻，283-299頁.
上田一作（2006）『麻酔の作用機序―麻酔研究50年の蓄積』真興公益（株）医書出版部.
上谷浩一（2007）車胤の研究―古代中国における学芸と政治」『大阪体育大学紀要』38巻，24-35頁.
遠藤広光（2006）「ソコダラ類の形とその意味」『国立科学博物館ニュース』444号，10-11頁.
大久保修三，黒川忠英，鈴木徹，船越将二，辻井禎（1997）「ウコンハネガイ（*Ctenoides ales*）外套膜の発する閃光の機序について」『貝雑VENUS』56巻，259-269頁.
大塚攻（2006）『カイアシ類・水平進化という戦略』NHKブックス.
S. オオノ（1977）『遺伝子重複による進化』山岸秀夫・梁永弘訳，岩波書店.
大場信義（1999）「パプア・ニューギニアのホタル *Pteroptyx effulgens* の集団同時明滅」『横須賀市博物館研究報告（自然）』46巻，33-40頁.
大場信義（2003）『ホタルの木』どうぶつ社.
大場信義（2004）『ホタル点滅の不思議―地球の奇跡』横須賀市自然・人文博物館.
大場信義（2009）『ホタルの不思議』どうぶつ社.
大場裕一，井上敏（2007）「生物発光の進化―ルシフェリンの由来・ルシフェラーゼの起源」『化学と生物』45巻，681-688頁.
大場裕一（2009）「役に立つとは思っていなかった―私にとっての下村脩先生と生物発光」『化学と生物』47巻，290-292頁.
大場裕一（2013）『ホタルの光は、なぞだらけ―光る生き物をめぐる身近な大冒険』くもん出版.
大場裕一（2015）『光る生きものはなぜ光る？―ホタル・クラゲからミミズ・クモヒトデまで』（生きもの好きの自然ガイド このは）文一総合出版.

大場裕一（2016）『恐竜はホタルを見たか－発光生物が照らす進化の謎』岩波科学ライブラリー.

大場裕一（2019）「発光生物の発光メカニズム」『発光イメージング実験ガイド』（別冊実験医学）羊土社, 16-21 頁.

大場裕一（2020）「日本における発光生物学の歴史」『新しい科学の考え方をもとめて―東アジア科学文化の未来』（アリーナ特別号）風媒社, 203-212 頁.

岡田節人（1999）「岡田節人の歴史放談：「場」の概念のパイオニア― Alexander G. Gurwitsch」『季刊 生命誌』25 号.

岡田要（1935）「螢の發光裝置（I, II, III, IV）」各『植物及動物』3 巻, 1312-1318 頁, 1475-1482 頁, 1638-1648 頁, 1799-1806 頁.

奥谷喬司（1994）「ウコンハネガイ Ctenoides ales（Finley, 1927）の発光」『貝雑 VENUS』53 巻, 57-59 頁.

奥谷喬司（2015）『新編世界イカ類図鑑』東海大学出版部.

奥山美佐雄（1938）『細胞分裂誘起線』三省堂.

マーク・オシー, ティム・ハリデイ（2001）『完璧版 爬虫類と両生類の写真図鑑』（地球自然ハンドブック）日本ヴォーグ社.

神田左京（1918a）「生物發光物質の理化學的研究 一, 海螢の Luciférine 及び Luciférase に就て」『動物學雜誌』360 号, 409-412 頁.

神田左京（1918b）「生物發光物質の理化學的研究 一, 海螢の Luciférine 及び Luciférase に就て（承前）」『動物學雜誌』361 号, 445-451 頁.

神田左京（1919）「生物發光物質の理化學的研究（二）二 海螢の發光は酸化作用でない」『動物學雜誌』367 号, 150-154 頁.

神田左京（1920）「海螢の發光と酸素の量（報豫）」『動物學雜誌』378 号, 124-126 頁.

神田左京（1922）「研究しないのが一番悪い」『動物學雜誌』402 号, 541-543 頁.

神田左京（1923）『光る生物』越山堂.

神田左京（1936）『ホタル』日本發光生物研究會.

P.S. キャラハン（1980）『自然界の調律』奥井一満訳, 海鳴社.

スティーヴン・ジェイ・グールド（1988）『ニワトリの歯』渡辺政隆・三中信宏訳, 早川書房.

スティーヴン・ジェイ・グールド（2000）『干草のなかの恐竜』渡辺政隆訳, 早川書房.

久世雅樹（2014）「ヒカリカモメガイ由来の発光タンパク質（フォラシン）―小さな発見に至るまでの長い道のり」『化学と生物』52 号, 166-171 頁.

国松俊英（1990）『ゲンジボタルと生きる―ホタルの研究に命を燃やした南喜市郎』くもん出版.

合田真, 鈴木慶介, 岡田尚史, 長野主税, 高橋一, 山岸聖明, 市江更治, 山中孝二, 飯田昌宏（2002）「遠心偏光顕微鏡の開発と応用」『電子顕微鏡』37 巻, 145-147 頁.

小枝圭太, 藤井琢磨, 吉野哲夫（2014）「沖縄島で採集された日本初記録のヒカリキンメダイ科オオヒカリキンメ Photoblepharon palpebratum」『魚類学雑誌』61 巻, 27-31 頁.

E.J.H. コーナー（1982）『思い出の昭南博物館―占領下シンガポールと徳川侯』石井美樹子訳, 中公新書.

小菅丈治（2018）「ベトナム産ヌノメアカガイ科の二枚貝ウマノクツワの発光」『南紀生物』60 巻, 53-55 頁.

小西正泰（1979）「ホタルに憑かれた人・神田左京」『アニマ』75 号, 40-44 頁.

小西正泰（1981）「解説 ホタルに憑かれた人・神田左京」『ホタル 復刻』サイエンティスト社, i-xii 頁.

小西正泰（2007）『虫と人と本と』創森社.

齊藤宏明（2010）『海のトワイライトゾーン―知られざる中深層生態系』（ベルソーブックス）成山堂書店.

坂野徹（2019）『島の科学者―パラオ熱帯生物研究所と帝国日本の南洋研究』勁草書房.

坂本節子, 長崎慶三, 松山幸彦, 小谷祐一（1999）「徳山湾に発生した Alexandrium catenella 赤潮による二枚貝類の毒化」『瀬戸内水研報』1 号, 55-61 頁.

重金敦之（2010）『作家の食と酒と』左右社.

マーク・ジマー（2017）『発光する生物の謎』近江谷克裕訳，西村書店．

下村脩（2010）『クラゲに学ぶ』長崎文献社．

下村脩（2014）『光る生物の話』朝日選書．

フランソワ・ジャコブ（1994）『可能世界と現実世界—進化論をめぐって』田村俊英・安田純一訳，みすず書房．

末友靖隆編（2013）『日本の海産プランクトン図鑑 第2版』共立出版．

須藤裕介，山川正太，尾崎緑子，中川佳恵（2006）「取水ピットのストレーナーから回収した深海生物IV」『沖深層水研報』5号，65-68頁．

角南靖夫，平川和正（2000）「富山湾におけるカイアシ類 *Metridia pacifica*（Calanoida）のバイオマスモデル」*Nippon Suisan Gakkaishi*』66巻，1014-1019頁．

宗宮弘明（1995）「追悼 羽根田弥太博士」『魚類学雑誌』42巻（会員通信・News & Comments），217-219頁．

宗宮弘明（2006）「魚類の発音システム」『サウンド』21号，10-13頁．

チャールズ・ダーウィン（1959）『ビーグル号航海記（上・中・下）』島地威雄訳，岩波文庫．

チャールズ・ダーウィン（2016）『人間の由来（上・下）』長谷川眞理子訳，講談社学術文庫．

瀧端真理子（2004）「横須賀市自然・人文博物館の研究と教育（1）—羽根田弥太と柴田敏隆の時代」『博物館学雑誌』29巻，1-26頁．

竹中泰浩，山口篤，茂里康（2015）「カイアシ類（海洋プランクトン）ルシフェラーゼの構造と進化」『生化学』87巻，138-143頁．

土田真二，Dhugal J. Lindsay（2000）「深海に生きる不思議な生物たち—深海の厳しい生活環境に適応して暮らす多彩でユニークな海の生き物たち」『海と地球の情報誌 Blue Earth』12巻，2-11頁．

R.J.デュボス（1998）『遺伝子発見伝』（地球人ライブラリー）田沼靖一訳，小学館．

寺尾新，山下金義（1950）「トビウオの発光器」『動物學雑誌』59巻，38-39頁．

藤博幸（2004）『タンパク質機能解析のためのバイオインフォマティクス』講談社サイエンティフィク．

R.ドーキンス（1987）『延長された表現型』日高敏隆・遠藤彰・遠藤知二訳，紀伊國屋書店．

戸川幸夫（1990）『昭南島物語（上・下）』読売新聞社．

友永得郎，須山弘文（1953）「海中の生物（ウミホタル）によると考えられる溺死体皮膚の特異な創傷について」『第37次日本法医学会総会会誌』7巻，271-272頁．

鳥山石燕（2005）『画図百鬼夜行全画集』角川ソフィア文庫．

永田武明，福元孝三郎，小嶋亨（1967）「フトヒゲソコエビ及びウミホタルによる水中死体損壊例」『日法医誌』21巻，524-530頁．

中坊徹次編（2013）『日本産魚類検索 全種の同定 第三版』東海大学出版会．

ニュートン，ハーヴェー（1917）「ウミホタルの發光現象に就いて」『動物學雑誌』350号，389-392頁．（谷津直秀訳）

長谷川眞理子（2002）『生き物をめぐる4つの「なぜ」』集英社新書．

羽根田彌太（1946）「マライの光るカタツムリ」『生物』1巻，294-298頁．

羽根田彌太（1950）「熱帯の奇虫 シンガポールの星虫 Ulat bintang」『新昆虫』3巻，338-341頁．

羽根田弥太（1961）「ポンペイおよび香港の新らしい発光魚2種（予報）」『横須賀市博物館研究報告（自然科学）』（*Sci Rep Yokosuka City Mus*）6号，45-50頁．

羽根田弥太，北杜夫（1963）「どくとるマンボウ談話室⑤発光動物を求めて世界中をひとり旅」『科学朝日』23号，165-172頁．

羽根田弥太（1970）「アルファフィリックス号ニューギニア探検に参加」『横須賀市博物館雑報』15号，33-38頁．

羽根田弥太（1972）『発光生物の話』（よみもの動物記）北隆館．

羽根田弥太（1981a）「神田さんと私」神田左京『ホタル 復刻』サイエンティスト社，2頁．

羽根田弥太（1981b）「無計画で無茶苦茶に生き抜いた私の人生」『岩山会会報』13号，1-3頁．

羽根田弥太（1985）『発光生物』恒星社厚生閣．

林清志，平川和正（1997）「富山湾産ホタルイカの餌生物組成」『日水研報告』47 号，57-66 頁．
原志免太郎（1940）『螢』實業之日本社．
ヴィンセント・ピエリボン，デヴィッド・F・グルーバー（2010）『光るクラゲ―蛍光タンパク質開発物語』滋賀陽子訳，青土社．
ウィリアム・ビービ（1970）『深海探検記〈珍奇な魚と生物〉』（現代教養文庫）日下実男訳，社会思想社．
廣井勝（2006）「きのこ類の発光現象について」『きのこ研だより』28 号，10-20 頁．
弘中満太郎，針山孝彦（2014）「昆虫が光に集まる多様なメカニズム」『日本応用動物昆虫学会誌』58巻，93-109 頁．
付新華（2014）『中国蛍火虫生態図鑑』商務印書館出版（中国語）．
ベーコン（1978）『ノヴム・オルガヌム』桂寿一訳，岩波文庫．
ピーター・ヘリング（2006）『深海の生物学』沖山宗雄訳，東海大学出版会．
クロード・ベルナール（1938）『実験医学序説』三浦岱栄訳，岩波文庫．
ぼうずコンニャク 藤原昌髙（2015）『美味しいマイナー魚介図鑑』マイナビ．
槙原寛，竹野功一，中條道崇（1972）「英彦山におけるツキヨタケより得られた昆虫類Ⅰ」『九大農学芸誌』26 巻，595-600 頁．
松本清張（1973）『黒の様式』新潮文庫．
松本正勝（2019）『生物発光と化学発光』（化学の要点シリーズ）共立出版．
馬渕浩司，林公義，Thomas H. Fraser（2015）「テンジクダイ科の新分類体系にもとづく亜科・族・属の標準和名の提唱」『魚類学雑誌』62 巻，29-49 頁．
溝口元（2001）「ウッズホール臨海実験所における日本人研究者の活動」『生物科学ニュース』353 号（Znews），16-20 頁．
南喜市郎（1961）『ホタルの研究』太田書店．
宮正樹（2016）『新たな魚類大系統―遺伝子で解き明かす魚類 3 万種の由来と現在』（シリーズ・遺伝子から探る生物進化 4）慶應義塾大学出版会．
宮武頼夫，市川顕彦，初宿成彦（2008）「鳴く虫の基礎知識」大阪市立自然史博物館・大阪自然史センター編著『鳴く虫セレクション』東海大学出版会，163-187 頁．
山口英二（1970）『ミミズの話―読みもの動物記』北隆館．
山本勝博（稲村修監修）（2016）『ホタルイカ―不思議の海の妖精たち』桂書房．
吉葉繁雄（1995）「憧れの型破り先輩羽根田彌太先生のこと」『みたまき』30 号，19-21 頁．
サラ・ルイス（2018）『ホタルの不思議な世界』髙橋功一訳，大場裕一監修，エクスナレッジ．
ジョナサン・B・ロソス（2019）『生命の歴史は繰り返すのか？』的場知之訳，化学同人．
渡辺治夫（1994）「生体微弱発光とその機構」『臨床化学』23 巻，250-258 頁．
James D. Watson ほか（2010）『ワトソン 遺伝子の分子生物学 第 6 版』東京電機大学出版局．

新聞記事・雑誌記事・報告書等

Alpha Helix Research Program: 1969-1970. University of California, San Diego.
Alpha Helix Research Program 1975-1976 Combined Annual Reports. 1978.
MBARI News（2005）Deep-sea jelly uses glowing red lures to catch fish. Jul 7, 2005. https://www.mbari.org/deep-sea-jelly-uses-glowing-red-lures-to-catch-fish/
National Geographic（2012）Glow, little spewing shrimp, glow. Jan 23, 2012. https://www.nationalgeographic.com/science/phenomena/2012/01/23/glow-little-spewing-shrimp-glow/
Newsweek TECH & SCIENCE（2020）Otherworldy, string-like organism spotted in deep sea is made up of 'millions of interconnected clones'. 7 Apr, 2020. https://www.newsweek.com/otherworldly-150-foot-long-string-like-organism-deep-sea-millions-interconnected-clones-1496512
The Quanta Newletter（2016）In the deep, clues to how life makes light. 1 Dec, 2006. https://www.quantamagazine.org/new-clues-about-how-bioluminescence-works-20161201

伊勢新聞（総合地方版）「おれはなにダコ」1960 年 3 月 20 日
大阪毎日新聞「孤獨の老學者 神田左京を憶ふ／益子歸來也」（上・下）1940 年 2 月 7 日・2 月 8 日
産業経済新聞（三重版）「オヤ珍しい夜光タコ」1960 年 3 月 20 日
南海タイムス「発光生物の宝庫 八丈島がなぜ？」2007 年 9 月 14 日
南海タイムス「光るホタルミミズ 島全域に高密度で生息」2012 年 2 月 24 日
日経サイエンス編集部（出村政彬）（2020）「光るサメの謎（特集深海生物）」『日経サイエンス』50 巻，
　　54-62 頁.
NHK スペシャル「ディープオーシャン」制作班（監修）（2017）『NHK スペシャル ディープオーシ
　　ャン 深海生物の世界』宝島社.

映画・DVD

Attenborough（2016）*LIFE THAT GLOWS*, ABC.
NHK スペシャル DEEP OCEAN（2017）『潜入！　深海大渓谷 光る生物たちの王国』NHK エンター
　　プライズ.
映画『ドラえもん のび太の新恐竜』（2020）東宝.

ウエブサイト

ITIS（Integrated Taxonomic Information System）. https://www.itis.gov
LLL（Living Light List）. https://www3.chubu.ac.jp/faculty/oba_yuichi/living_light_list/
MilliBase. http://www.millibase.org
MolluscaBase. https://www.molluscabase.org
WoRMS（World Register of Marine Species）. http://www.marinespecies.org

おわりに

　入門書が何冊もあって同じ内容が何回も繰り返し紹介されているが、その次のステップとなるといきなり英文総説や原著論文を当たるしかない——そういう「階段の2歩目」が抜けている状況にある学問分野は少なくない。入門書が多いということは、学問の入り口としてそれだけ魅力ある分野だという証拠に他ならないが、入門の次のステップを導く本がなければ、未来の研究者は育たない。本書のテーマである発光生物学も、まさにその例である。私はこれまで、少年少女向けの入門書や図鑑などを手がけて発光生物学の「階段の1歩目」に少なからず貢献してきたつもりであるが、その先を案内する良い本がこの分野にここ数十年なかったことを気にかけていた。だから本書は、発光生物学の「階段の2歩目」として書いたものである。

　執筆は、簡単すぎずかつ難しすぎないレベルをキープすることを最大限に腐心して書いたつもりであるが、一度ならず質問を受けたことのある「需要のある疑問」を細大漏らさず書こうとしたせいで、読む人によっては説明が細かすぎるように感じた部分があったかもしれない。その代わり、発光生物に関する大概の疑問の答えはぜんぶこの本に書いてあるはずだ。これまでの著作ではできなかった文献リストを掲載できたことも、本書の重要な役割である。これにより、特定の項目により深く興味を持った読者が原著論文に当たることができる。私が示した階段の2歩目がぴったりとフィットして、第3歩目、つまり研究の道に踏み出してくれる読者が多くあらわれることを心から願っている。

　発光生物の研究に関わって20年。筆者も本書執筆中に50歳を迎え、第2部に紹介したような自分なりに満足できる研究成果をいくつか挙げることができた。しかし、こう言っては大学教員として何だが、たくさんの学生さんや若い人を動員して（自分では実験器具にほとんど触れることなく）インターナショナルに行われる大規模な研究というものに少し飽きが出てきた。研究に自分の手触りがなくなってきた、というところだろうか。ちなみに、ホタルゲノムの論

文は著者が 22 人（Fallon et al. 2018）、発光キノコルシフェラーゼの論文は著者が 40 人もいるが（Kotlobay et al. 2018）、その大半には会ったこともない！だから、本書を執筆できたおかげで「発光生物の分野には面白くてわかっていないことがこんなにたくさんあるんだ」という私の手の内を隠さず紹介し尽した今、何か自分自身がひとりで専念できるようなもう少し手のひらサイズの研究がしたくなってきた。近ごろは、ユメエビが発光するのかどうかをぜひ自分の手で調べてみたいと思っている。ちなみに、ユメエビとは *Lucifer* の属名を持つグループで、19 世紀に最初に記載されたときは発光するとされていたが（Thompson 1829）、それから約 200 年、本当に光るのかよくわからないままになっている謎の甲殻類である。

　動機は違うが、こうした私の中における研究の方向転換は、池内了の提案する〈等身大の科学〉（池内 2012）と不思議に呼応していることに最近気がついた。池内は、現代におけるビッグサイエンスの限界と科学そのものの閉塞感を打開する策として（私の単に「飽きてきたから」というのとは格が違う！）、あまり費用のかからない身の丈にあった科学を〈等身大の科学〉と呼び、それを実践することで「科学が再び文化のみに寄与する営みを取り戻すべき」だと説いた。そうすることで、市民は科学信仰でも科学否定でもなく、正しく身近に科学に関心を寄せ「それが結果的に市民に勇気や喜びを与える」という。

　そういえば、本書でも度々紹介した羽根田弥太は、まさに発光生物でそれを実践したのではなかったか。そして、何より羽根田自身がそれを楽しんでいたように感じられる。そんなわけで最近は、横須賀市自然・人文博物館のサポートのもと羽根田の人物史研究も開始した。期せずして本書の執筆は、私自身の将来の研究方向性を占う重要な契機となったように思う。

　原稿は、発光生物に関する知識において特段の信頼を置いている若手研究者である別所学博士（名古屋大）と小江克典博士（オリンパス）に目を通していただき、多くの私の思いつかなかったサジェスチョンをもらうことができた。ここに深く感謝の意を表したい。また、日本評論社の永本潤氏には、執筆のあいだいつも変わらぬ激奨をいただいた。こんなに好き放題を書かせていただけたことは今までありません。このようなわがままな本を世に出していただけることを感謝いたします。

索 引

*重要語は太字で示し、うち頻出するものは重要箇所のみ掲載した。また、註にでてくる語は省略した。数字のあとの f はその語が図やその説明に含まれることを示す。

●人名索引

大場裕一（おおば　ゆういち）

中部大学応用生物学部環境生物科学科 教授
　1992年　北海道大学理学部化学科 卒業
　1994年　北海道大学理学研究科化学専攻 修士課程修了
　1997年　総合研究大学院大学大学院生命科学研究科 博士課程修了、博士
　　　　　（理学）
　1997-2000年　岡崎国立共同研究機構基礎生物学研究所 博士研究員
　2000年　名古屋大学大学院生命農学研究科 助手を経て助教
　2016年　中部大学応用生物学部環境生物科学科 准教授を経て現在に至る

［著書］『ホタルの光は、なぞだらけ』（くもん出版）、『光る生きものはなぜ
光る？』（文一総合出版）、『恐竜はホタルを見たか』（岩波書店）ほか

生態系の情報世界
光る生き物の科学 発光生物学への招待

2021年6月30日　第1版第1刷発行

著　者―――大場裕一
発行所―――株式会社 日本評論社
　　　―――〒170-8474 東京都豊島区南大塚3-12-4
　　　　　　https://www.nippyo.co.jp/
電　話―――03-3987-8621（販売）-8601（編集）
振　替―――00100-3-16
印　刷―――平文社
製　本―――井上製本所
装　幀―――図工ファイブ

検印省略　©Yuichi OBA 2021　　　ISBN978-4-535-80511-8　Printed in Japan